すっきりわかった!
スイッチ&ルータ

ネットワークマガジン編集部 編

ASCII

ご注意
・本書の記述については正確を期すよう努力していますが、執筆者および出版社はその内容について保証するものではありません。なお、本書で説明する操作手順その他は一例として紹介するものであり、実際とは異なる場合があります。
・本書の内容をもとにして運用した結果については、執筆者および出版社は一切責任を負いません。
・本書で紹介しているURLや製品やサービスは、執筆時点のものです。そのため、メーカーその他の都合により、予告なく価格や内容が変更されたり、公開や販売が終了されたりする場合があります。

本文中に記載されている会社名、製品名は、それぞれの会社の商標および登録商標です。なお、本文中では、™、©、®マーク表示は明記しておりません。

表紙カバー・扉・本文イラスト　岩瀬　貴之

まえがき

　現在、当たり前のように使われているネットワークが普及する前は、コンピュータでのデータ交換はとても面倒なものでした。フロッピーディスクなどの記録媒体にデータを入れ、これを別のコンピュータで読み出したわけです。もちろん遠くの拠点にデータを送るのにも、フロッピーディスクを郵送するといった面倒な手段が使われていました。

　やがて、コンピュータ同士を接続してデータ交換を行なえるようにするためにネットワークが使われるようになりました。しかし、最初の頃はメーカーごとにネットワークの仕様が異なっていたため、一度導入すると、別の安い機器や魅力的なネットワークサービスが登場してもすぐに乗り換えることはできませんでした。メーカー間でのネットワーク仕様の違いという壁が、依然ユーザーに不便を強いていたわけです。

　そうしたネットワークの状況を一変させたのがTCP/IPでした。TCP/IPによって、ネットワーク仕様の統合が図られ、安価で高性能な機器が自由に選択できるようになりました。また、ネットワーク上で利用するアプリケーションの幅も、ファイル交換やプリンタ共有ばかりでなく、WWWを応用した各種サービスや電子メール、ゲームやIP電話などへと大きく広がったのです。

　この「すっきりわかった！ネットワーク」シリーズでは、TCP/IPを中心にネットワークの基礎から応用についてのさまざまなテーマを扱います。本シリーズは月刊NETWORK MAGAZINE誌でわかりやすいと好評だった記事を、雑誌の雰囲気を残しつつ再構成して作っています。いずれの記事も、わかりやすい図をふんだんに使って説明されているので、初心者にもすっきりと理解できることでしょう。

　本書で扱うスイッチとルータは、ネットワークの基盤を構成する重要な機器です。スイッチは「スイッチングハブ」ともいい、主にLANで使われる

Ethernet用の集線機器です。一方、ルータはネットワーク同士を相互に接続して、その間でやり取りされるデータの橋渡しをする役目を担っています。そのため、ネットワークの管理に関わる人にとって、スイッチやルータの知識は必須のものといえます。

　この2種類の機器を使いこなすには、それぞれが力を発揮する場所と持っている機能について十分理解する必要があります。そこで本書では、スイッチとルータの理解に必要な知識を吟味し、5つの記事を選びました。特に近年よく使われるようになった「レイヤ3スイッチ」と呼ばれる機器については特に1部を割いて説明します。各部はそれぞれ完結しているため、どの部から読み始めても理解することが可能です。また、それぞれが完結していることから、繰り返し説明される重要事項もあります。こうした大切な知識は、違った角度から眺めることでさらに理解を深めることができるでしょう。

　本書によって、ネットワークに興味のある人はもとより、これまで苦手だった人にもネットワークの勉強が楽しいものだと思えるようになることを願います。

2005年2月
ネットワークマガジン編集部

CONTENTS

第1部 スイッチ&ルータ入門 ……… 1

第1章 スイッチとルータを学ぶための基礎 ……… 2
OSI参照モデルとEthernetスイッチングハブ ……… 2
TCP/IPとルータネットワークの要件 ……… 12

第2章 スイッチングハブの内部処理と導入 ……… 19
低価格化で普及が進むスイッチングハブ ……… 19
企業向けに管理機能を備えた多ポートスイッチングハブ ……… 27

第3章 ルータからレイヤ3スイッチへの移行 ……… 37
社内ルータをめぐる事情の変化 ……… 37
レイヤ3（L3）スイッチの登場 ……… 45

第4章 WANルータを用途別に徹底解析 ……… 52
ADSL/CATV/FTTHで使うブロードバンドルータ ……… 52
拠点間接続に使うアクセスルータ ……… 63

第2部 ルータ設定の実際 ……… 71

第1章 ルータ設定の基礎 ……… 72
ルータ設定を極めよう ……… 72
復習IPアドレス&サブネット ……… 75

第2章 IPアドレスの割り当ての実際 ……… 82
IPアドレスを割り当てよう ……… 82

第3章 ルーティング ……… 89
ルーティングの仕組み ……… 89
ルーティングをやってみよう ……… 100

第4章 高度なトピック ……… 108
NATとフィルタリングの設定 ……… 108
基幹ルータと回線の冗長化 ……… 115

第3部　レイヤ3スイッチ徹底理解 ……………… 123
第1章　レイヤ3スイッチの機能 ……………………… 124
　市場に受け入れられたレイヤ3スイッチ…………………… 124
　用途で見るレイヤ3スイッチの機能………………………… 127
第2章　ボックス型スイッチ ………………………… 139
　各社のボックス型スイッチはここが違う ………………… 139
第3章　シャーシ型スイッチ ………………………… 147
　機能を選べるシャーシ型スイッチの仕組み ……………… 147

第4部　動的ルーティングを極めよう ……………… 155
第1章　動的ルーティングとは何か ………………… 156
第2章　RIPの動作 …………………………………… 162
第3章　OSPFを極める ……………………………… 170
第4章　BGPを学ぼう ………………………………… 187

第5部　100Mbps&ギガビットEthernetのすべて ……… 197
第1章　Ethernetの歴史と仕組み …………………… 198
　OSI参照モデルにおけるEthernetの位置づけ …………… 198
　Ethernetとは ………………………………………………… 202
第2章　100Mbps Ethernet ………………………… 213
　100Mbps Ethernetはこう動作している ………………… 213
第3章　ギガビットEthernet ………………………… 226
　100Mbpsからギガビットネットへ ………………………… 226
第4章　LANからWANへ …………………………… 238
　LANからWANへ進むEthernet …………………………… 238

INDEX …………………………………………………… 246

スイッチ&ルータ入門

第1部

TCP/IPなどのプロトコルは、ネットワーク機器に実装されて初めて意味のあるものとなる。そこで第1部では、各種の通信規格やプロトコルをスイッチやルータがどのように実装しているかを解説する。実際に目の前で動いているネットワーク機器の役割や機能、そして歴史的な変遷を知ることで、ネットワークについてより深く理解できるようになるだろう。

必要最低限の知識を再チェック

第1章 スイッチとルータを学ぶための基礎

スイッチングハブとルータは、現在のネットワークを根底から支える屋台骨のような存在である。第1章では、まずこの2種類のネットワーク機器の特徴と相違点、そして、それぞれがどのような役割を果たすのかについて解説する。

OSI参照モデルとEthernetスイッチングハブ

ネットワークを構築するためには、ホスト（＝PCなど）同士を接続する必要がある。また、自分のネットワークに所属していない場合は、他のネットワークに接続できるようにしなければならない。こうしたときに必要なのがスイッチングハブやルータなどのネットワーク機器である。ネットワーク機器は、別のホストやネットワークと相互接続し、通信を可能にする。また、大きなネットワークをより小さなネットワークに分割する働きも持っている。

ネットワークの分類

さて、第1部で紹介するスイッチングハブやルータの解説の前に、ネットワークにはそもそもどんな種類があるかを分類してみよう。

ユーザーにとってもっともなじみが深いネットワークが、LAN（Local Area Network）だろう。LANは自らが管轄する敷地内において、自前で構築したプライベートなネットワークである。LANはホスト同士がファイルやメッセージを交換するために構築されているが、最近ではWebブラウズやメールの利用のためにインターネットに接続される場合がほとんどである。ご存知の通り、LANでは現在Ethernet（イーサネット）と呼ばれる通信規格を用いるのが主流で、ネットワーク機器としてはEthernet対応のスイッチングハブやルータが用いられる。

ユーザーが利用するPCはEthernetで

用いられるUTP（Unshielded TwistPair＝より対線）ケーブルで最寄りのスイッチングハブに接続されており、そのスイッチングハブは、さらに上位のルータに接続されている。ルータは各ホストからのトラフィックを、その他のLANやサーバ、あるいはインターネットに流す。こうした多段的な構成が、典型的な社内LANの形態である（図1-1）。

企業などのLANは通信事業者が提供するWAN（Wide Area Network）に接続されることが多い。WANは公衆のエリアにケーブルや設備の敷設権をもつ通信事業者がサービスとして提供している場合がほとんどである。具体的なサービスとしては、拠点間を直結する専用線や通信事業者のネットワークを利用するフレームリレー、IP-VPNなどが挙げられる。ネットワークはあくまで通信事業者の所有であるため、ユーザーは料金を支払って、このWANを利用することになる。

インターネットは通信事業者のWANや企業内LANなどネットワーク同士をつなぎ込んだ巨大ネットワークである。ここではデータの伝送はTCP/IPによって行なわれている。広義には全世界規模のWANと考えられるが、WANと大きく異なるのは所有者

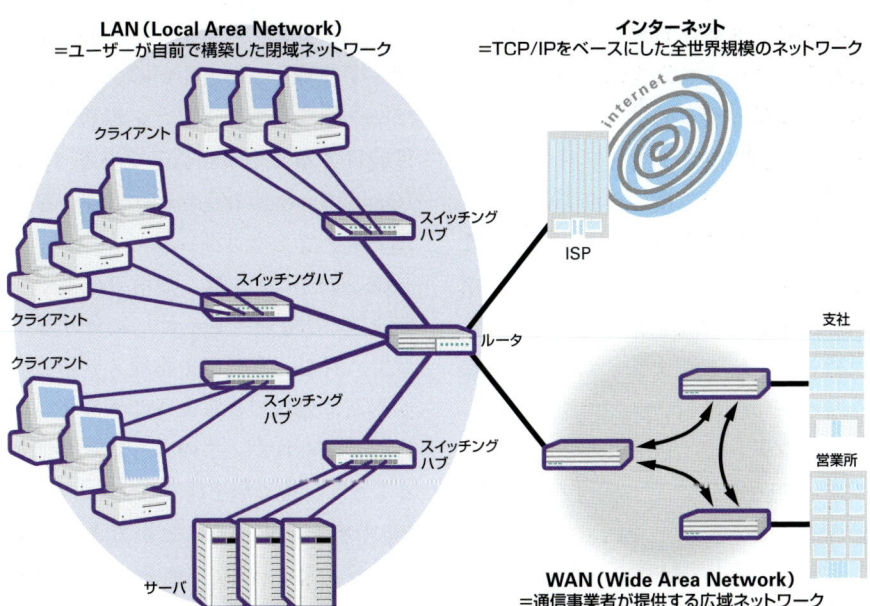

図1-1●LANとWAN、そしてインターネットの区分。以前はまったく独立したネットワークとして存在していたが、最近ではIPを使って相互通信できるようになっている

や管理機関がなく、非営利であるという点である。もちろん、各種のプロトコル規格を定めるIETF（Internet Engineering Task Force）や、名前やアドレスなどを管理するICANN（Internet Corporation for Assigned Names and Numbers）などは存在するが、これらはインターネットで共通の通信環境を実現するための組織であり、インターネット自体の管理団体ではない。

　従来、こうしたLAN、WAN、インターネットネットワークは完全に独立した存在であった。ファイルやプリンタ共有、社内メールの交換のためにLANがあり、企業の拠点同士を接続するために専用線があった。つまり役割は完全に分担されており、利用する機器も当然異なっていたのである。LANの世界では、使われていたのはEthernetだけではなく、FDDIやトークンリング、ATMなども用いられていた。こうした異なった通信規格に対応した機器が、LAN内のあちこちにあったのである。一方、通信事業者は伝統的に交換機と呼ばれるオーダーメイドの高価なスイッチを使っていた。さらに、インターネットはTCP/IP以外のプロトコルが通る必要がないため、IPルータで構成されている。

　しかし、最近ではTCP/IPという共通のプロトコルでこのLAN、WAN、インターネットが継ぎ目なく結ばれるようになってきた。また、今まで伝送距離の関係でLANでしか利用されなかったEthernetも、「広域Ethernetサービス」というWANサービスとして展開されるようになっている（第5部参照）。

　こうした現状になったため、現在ネットワークといえばTCP/IP＋Ethernetで構築されるのが当たり前になっている。つまり、ネットワーク機器に関しても、このTCP/IPとEthernetの仕組みを押さえていれば、きちんと理解できるというわけだ。

OSI参照モデルの意味

　スイッチングハブやルータを知る上で必ず理解しておきたいのが、ネットワーク機器やマシンなどを相互に通信可能にするための枠組みである「OSI（Open System Interconnection）参照モデル」である（図1-2）。

　OSI参照モデルは、通信の役割や機能を7つの階層（レイヤ）に分けることで、異なった規格や物理メディアでも相互に通信できるようにするという目的で作られた。このように階層化することで、他の層を作り直すことなく、1つの層を変更することができるようになる。たとえば、Ethernetではアクセス制御を定める規格とデータの符号化、電気的信号、伝送に必要なクロッ

第1章 スイッチとルータを学ぶための基礎

第1部 スイッチ&ルータ入門

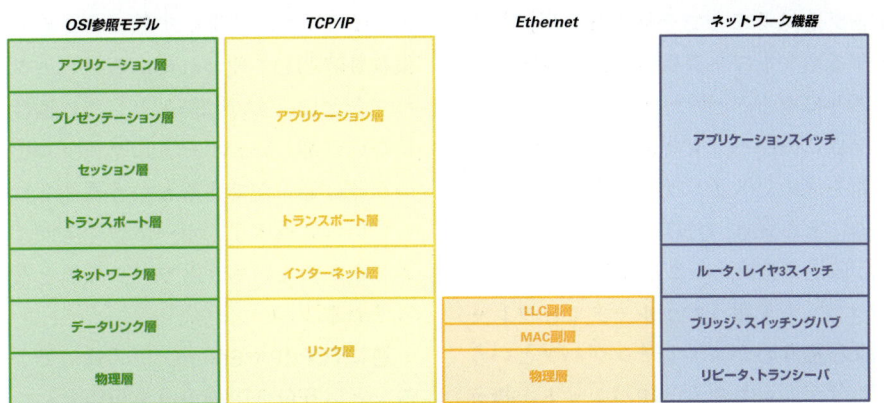

図1-2●OSI参照モデルと、TCP/IP、Ethernetなどの通信規格、そしてネットワーク機器動作する層の違い。各層が独立しているため、1つの層で機能の追加を行なっても、他の層に影響しないという特徴がある

クを定める規格は動作する層が異なっている。そのため、たとえばEthernetのアクセス制御方式であるCSMA/CD（後述）を変更しなくても、同軸ケーブルだけでなく、より対線ケーブルや光ファイバにも対応することができたわけである。また、同じLANカードをわざわざ変更しなくとも、TCP/IP、IPX、AppleTalkなどが利用できるのはなぜか。これも各層が独立しているからこそ実現できるというわけだ。

こうしたメリットにより、現在ある通信プロトコルのほとんどはこの階層化モデルに従っている。ANSI（アメリカ規格協会）やIEEE（米国電気電子学会）といった標準化団体もこれに基づいており、EthernetやTCP/IPもこの階層構造に基づいて規格が決められている。具体的に見ると、Ethernetが規定しているのは、第1層の物理層と第2層のデータリンク層までである。また、TCP/IPはOSIの7階層モデルを4階層に分けて構成されている。

このようにEthernetとTCP/IPは異なった層で動作する通信技術である。しかし、OSI参照モデルを考えてみれば、下位の部分をEthernetが担当し、その上位でTCP/IPの各アプリケーションが動作するというモデルがイメージできる。Ethernetでは、送信するデータの固まりを「フレーム」と呼び、TCP/IPでは「パケット」と呼ぶ。

OSI参照モデルの層構造では送信側はアプリケーション上からデータを扱うため、上位から下位の層に向けてデータが渡されることになる。一方、受信側は下位から上位に渡されてきたデータを最終的に受け取ることになる。この間、送受信されるデータにはそれぞれの層でヘッダが追加され、そのヘ

5

ッダを見ることでそれぞれの層で動作するネットワーク機器が処理を行なうことになる。パケットを処理するルータはこのIPヘッダを調べることで転送先を決め、スイッチングハブはフレームにあるMACアドレスを元にそれぞれが転送先を決めることになる。つまり、パケットを扱うのがルータで、フレームを扱うのがスイッチングハブというわけだ。もちろん、IPパケットを扱うレイヤ3スイッチの登場により、こうした分類はすでに陳腐化しつつあるが、基本的にはこうした機能の差があることをまず覚えておこう。

標準規格と独自機能

スイッチやルータなどがOSI参照モデルに従って機能を実装しているという点はわかった。そのため、規格に準拠していれば、他のベンダーの機器であっても、相互接続することが「理論的に」可能になる。理論的にと書いたのは、各ベンダーの実装によって通信できないということが現場ではよくあるためである。しかし、EthernetやTCP/IPはユーザーが非常に多く、すでに実績のある技術であるため、高い相互接続性が確保されている。

しかし、単に規格に準拠しているものを売っているだけでは、製品の特徴はなくなってしまう。実際、古くから集線装置として使われているリピータハブなどは、すでに製品としての個性はないに等しい。ポートにケーブルをつなげば通信ができるという機能を持っているに過ぎず、ポート数やデザインしか差のないネットワーク機器となっている。

逆にTCP/IPやEthernetは「通信できる」という最低限の手段を規格としてまとめただけにすぎない。つまり、「快適に使える」、「便利に使える」というのは、ネットワーク機器自体が独自に実装しなければならないのだ。逆にいえば、これが製品の「売り」になるわけで、こうした部分で各ベンダーの特徴が現われる。さらに、こうした機能をIEEEなどの標準化団体に提出し、規格として勧告されれば、それは独自機能ではなく、業界標準の機能になる。

ネットワーク機器の歴史を見ていくと、1つのネットワーク技術が標準化されていく過程はこうした例がほとんどである。そもそもEthernet自体が、DEC、インテル、ゼロックスの3社が開発者のボブ・メカトーフ氏とともにDIX規格（各社の頭文字）をIEEE802委員会に提出したのが起源である。そのほか、スイッチやサーバ間を複数の物理リンクで束ねる「ポートトランキング」などのEthernetの補完規格も、ベンダーごとに実装されていた機能

表1-1 ●主要なEthernet規格のスペック

規格名	IEEE仕様	速度(Mbps)	承認の年	トポロジ	セグメント長(m)	対応媒体
10BASE5	802.3	10	1983	バス	500	50Ω同軸（Thick）
10BASE2	802.3a	10	1988	バス	185/300	50Ω同軸（Thin）
10BASE-T	802.3i	10	1990	スター	100	100Ω2対カテゴリ3
100BASE-TX	802.3u	100	1995	スター	100	100Ω2対カテゴリ5UTP
100BASE-FX	802.3u	100	1995	スター	2000	光ファイバ
1000BASE-SX	802.3z	1000	1998	スター	300	マルチモードファイバ
1000BASE-LX	802.3z	1000	1998	スター	550	マルチモードファイバ
1000BASE-LX	802.3z	1000	1998	スター	3000	シングルモードファイバ
1000BASE-T	802.3ab	1000	1999	スター	100	100Ω4対カテゴリ5以上のUTP

を、IEEEがリンクアグリゲーション（IEEE802.3ad）として標準化したものである。このようにベンダー主導で標準規格が作られてきたのが、ネットワーク機器の世界なのだ。

そのため、以下で紹介するネットワーク機器に関しても、標準化されている機能とベンダーが独自に実装している機能がある。そのため、どんな機器でも利用できる機能ではないことを理解してもらいたい。また、将来的に異なったベンダー間で利用できるようになる可能性もある。

Ethernetの基礎

さて、第2層で動作するスイッチングハブの話をする前に、Ethernetについて整理しておこう。

Ethernetは1970年代前半に米ゼロックスのPARC（パロアルト・リサーチセンター）で開発したALOHANETを元祖とする通信方式である。IEEE802.3委員会によって1983年に標準化された10BASE5から数えてすでに20年を超える歴史を持ち、伝送距離の比較的短いLANの分野で標準的な地位を獲得している。この理由としては、

第1章　スイッチとルータを学ぶための基礎

①開発元であるゼロックスなどが特許を放棄したため（IEEEが保持している）、誰でも機器が作れる、②普及しているため、機器の価格が安価である、③既存の規格との互換性を考慮して規格が作られている、④異ベンダーの機器との相互接続性が高い、といったものが挙げられるだろう。

Ethernetは送受信するデータを「MAC（Media Access Control）フレーム」という固まりに区切って伝送する。各フレームには送信先と送信元として「MACアドレス」と呼ばれるビットの固有番号が含まれる。このMACアドレスはEthernetでの伝送を行なうネットワークインターフェイス固有の番号であり、IEEEが各ベンダーに割り当てているため、基本的に重複はない。通信するためには伝送媒体となるUTP（シールドなしのより対線）ケーブルや同軸ケーブル、光ファイバ、データの送受信を行なう「Ethernetインターフェイス」、リピータ、トランシーバといった信号増幅装置などが必要になる。

そしてEthernetでもっとも基本となる技術が、「CSMA/CD（Carrier Sense Multiple Access with Collision Detection）」と呼ばれるアクセス制御方式である。通常、複数の端末でケーブルなどの媒体を共有すると、伝送路上でフレームが衝突し、ネットワークの伝送能力を低下させる「コリジョン」という現象が起こる。そのためCSMA/CDでは、まず伝送路の空きを確認し、データを伝送する。しかし、同じネットワークに接続されているホストから同時にデータの送信が行なわれると、伝送路上でパケットの衝突が起こってしまう。そこで、送信元は衝突を検知するとランダムなタイミングを待って、データを再送するのである。Ethernetではこうしたアクセス制御機能を実装することによって、物理的な伝送媒体を複数のホストで共有可能にしたのである。

Ethernetは利用する物理媒体の違いにより、いくつかの規格が制定されている。これには、同軸ケーブルの「10BASE5」やUTP（より対線）ケーブルを用いる「10BASE-T」や「100BASE-TX」、そして光ファイバを用いる「100BASE-FX」などが挙げられる。各規格の先頭にある数字は、100Mbpsや10Mbpsといった速度を表わしている（詳細は第5部を参照）。

集線装置「リピータハブ」

Ethernetには、もともとスイッチングハブのような集線装置はなかった。というのも、ネットワークのトポロジから考えて、こうした機器は不要だったのである。

トポロジとは、ネットワークの物理的・論理的な形態を指し示す用語である。ネットワークトポロジには、図1-3のようにスター型、リング型、バス型といった種類があるが、一番最初のEthernet規格である10BASE5では一本の同軸ケーブルを共用するバス型のトポロジを採用していた。バス型のEthernetでは「トランシーバ」と呼ばれる機器で物理メディアである同軸ケーブルを分岐し、通信可能なようにしていた。一方、安価で取り扱いが容易なUTPケーブルを用い、他のLAN規格を一気に駆逐した10BASE-Tは、トポロジとしてスター型のトポロジを採用した。これにともない、複数のホストからの接続をまとめ、より上位のネットワーク機器に流す集線装置が使われるようになっていった。

当初、集線装置として使われたのは、一般的に「ハブ」と呼ばれるリピータハブである。リピータハブはOSI参照モデルの第1層で動作するネットワーク機器で、ホストから受け取った電気信号を増幅し、他のポートに流すという働きを持つ。つまり、バス型のネットワークをまるごと一台の機器に収めたわけである。「イエローケーブル」と呼ばれる10BASE5といった従来のEthernetでは、接続する場所でトランシーバをケーブルにつなぎ、ホストからネットワークを使っていた。それを考えると、ポートにケーブルを差しこむだけで他のホストと通信できるとい

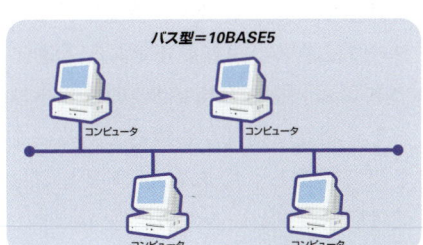

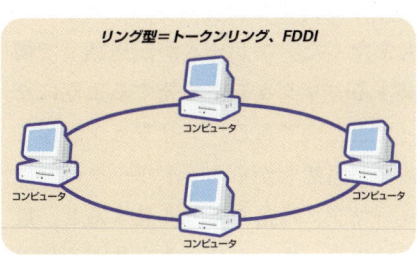

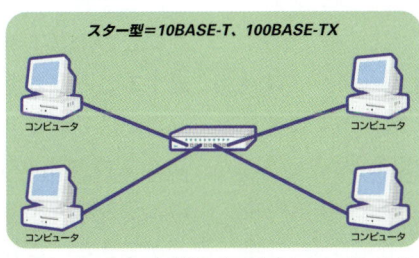

図1-3●ネットワークのトポロジ。Ethernetは当初バス型のトポロジをサポートしていたが、10BASE-T以降、集線装置を中心にしたスター型のトポロジになった

うハブには大きな魅力があった。また、リピータハブ同士を接続することで、接続台数を増やしたり、伝送距離を伸ばすということも可能だった。こうしたメリットがあったため、社内LANの構築において、長らく主役の座に居続けていたのである。

スイッチングハブの登場

　通信がLAN内に閉じていた頃は、このリピータハブでも十分機能していた。しかし、マシンの処理能力が向上して、大きなデータを扱えるようになると、LAN内のトラフィックは一気に増えるようになってきた。ここにおいて、リピータハブ、ひいてはEthernetと呼ばれる規格自体が1つの限界にぶちあたった。フレームが伝送路上で衝突するコリジョンが多発するようになってきたのである。コリジョンが起こると、当然ながらネットワークのパフォーマンスは落ちる。多発すると、最悪の場合、ネットワーク自体が通信不能に陥ってしまう。

　前述したとおり、リピータハブはバス型のネットワークを筐体内で実現しているという類のものである。つまり、1つのバスを接続されている複数のホストが共有するという形になる。1本の線を共有するということは、複数の

ホストが同時にフレームを送出すると、コリジョンが発生することになる。EthernetのCSMA/CDというアクセス制御方式は、もともとコリジョンが発生するのが前提として開発されたものなので、接続台数が多くなり、ケーブルを流れるデータが多くなると当然、コリジョンの起こる可能性も高くなる。

　こうしたコリジョンを抑え、帯域を有効に活用できるよう1990年米カルパナ（その後、シスコシステムズが買収）によって発表されたのがスイッチングハブである。スイッチングハブは、ブリッジの機能をポートごとに搭載することで、送信先のホストが接続されているポートにのみフレームを流すようにした（図1-4）。

　ブリッジとはOSI参照モデルの第2層で動作するネットワーク機器で、インターフェイスの固有番号である「MACアドレス」をもとに、2つのネットワークを相互に接続する機器である（まさに「橋渡し」である）。ブリッジは受け取ったフレームの送信先MACアドレスを学習し、それぞれのネットワークにどのホストが存在しているかを認識することが可能だ。そのため、フレームが送られてきても宛先のMACアドレスを持つホストが存在しない場合は、そのフレームの通過を遮断することができる。これにより、不必要なフレームを他のネットワークに流さない

スイッチとルータを学ぶための基礎 第1章

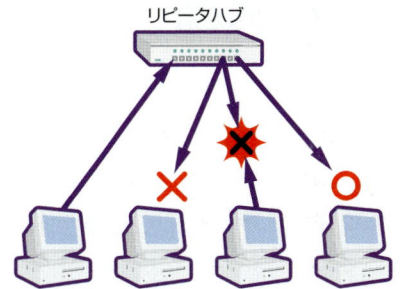
全てのポートのパケットを送り、各ノードが不要なパケットを破棄する。そのため、パケットの衝突（コリジョン）が起こりやすい

リピータハブ

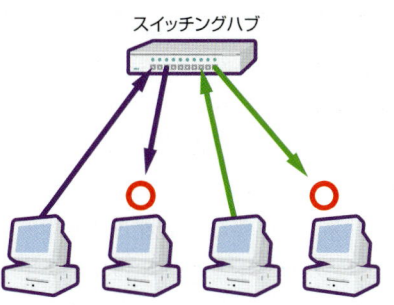
必要なポートだけにパケットを送るので、帯域を有効に使うことができる

スイッチングハブ

図1-4●リピータハブとスイッチングハブの動作の違い

ようにする。つまり、スイッチングハブはこれを全ポートに搭載した「マルチポートブリッジ」である。このスイッチングハブの導入により、まさに電話の交換機（＝スイッチ）のように、通信する相手同士を一対一でつなぐことが可能になったわけだ。

また、スイッチングハブにはUTPケーブルを使ってデータの送受信が同時に行なえる全二重の通信モードが実装されるようになった。こうした機能の実装により、事実上、コリジョンは非常に起こりにくくなった。コリジョンが起こりにくいということは、Ethernetの基本機能であるCSMA/CDの役割が不要になったことを意味している。このように、スイッチングハブはネットワーク機器の機能の実装により、Ethernetが抱える本質的な問題点を解消してしまったのである。

ネットワークの利用効率を大幅に向

上させるスイッチングハブだが、弱点は高価だったことである。当時、高価だったブリッジが筐体内に何台も搭載されているというイメージなので、大企業しか手が出ないという代物だった。しかし、チップの集積化と量産効果により、1997年頃から大きく価格が下がった。現在では8ポートのスイッチングハブが3000円程度から購入できるほどで、リピータハブを完全に駆逐するという状況にまで至っている。

スイッチングハブは搭載するポート数や機能、価格などに差があるが、後述するルータほど大きな違いはない。大別すると8ポート程度の個人・SOHO向け製品と24以上のポートを持つ管理機能付き製品に分けられる。

こうしたスイッチングハブの各種機能や使いこなしについては次章を読んでもらいたい。

第1章　スイッチとルータを学ぶための基礎

TCP/IPと
ルータネットワークの要件

ネットワーク間をつなぐ

　一方、ルータは「異なるネットワーク」にパケットを中継するものとして理解すればよい。たとえば社内LANを通信事業者のWANサービスにつなぐとか、インターネットに接続するといった用途に用いられる。また、1つの大きなネットワークを複数のより小さいネットワークに分割するという役割も持つ。特に自前で構築を行なうLANの場合、ルータの持つ役割としては、この「LANの分割」という機能がメインである。

　ここでいう「異なったネットワーク」とはなにを意味しているだろう。イメージ的には光ファイバと銅線を使ったネットワークやプロトコルの違うネットワーク同士をつなぐものと考えがちだが、ここでは「ネットワークアドレス」の異なったネットワークと考えるのが正しい。このネットワークアドレスとはなんだろうか？　これを知るためには、TCP/IPのアドレスに関して理解していなければならない。

パケット転送のメカニズム

　TCP/IPはインターネットで標準的に用いられているプロトコルで、実際はOSI第3層で動作するIP（Internet Protocol）と第4層のTCP（Transmission Control Protocol）をまとめてこう呼んでいる。

　IPでは送受信先をIPアドレスという番号で表わし、通信ホストを識別する。このIPアドレスにはホストのアドレスだけでなく、そのホストがどのネットワークに属しているかを示すネットワークアドレスが含まれている。このネットワークアドレスとホストアドレスの境目を表わすのが、サブネットマスクという値である。以前は社内LANで用いられるIPアドレス（＝プライベートIPアドレス）はネットワークアドレスの長さに応じて「クラス」という概念があり、ネットワークアドレスと割り当てられるホスト数が固定されていた。そのため、アドレス数とアドレスを振りたいホストの台数が見あわなかったのである。しかし、現在はホスト数を元にサブネットマスクを決める「CIDR（Classless Inter-domain

Routing)」という方法で、IPアドレスを元にLANを自由に分割できるようになった。これが「サブネッティング」という方法である。しかし、異なるネットワークアドレスのホスト同士では直接通信することができない。そのため、ルータによってパケットを中継してもらうのである。

さて、具体的にどのようにパケットは送り先に届くのだろうか。

通常、MACフレームが届く範囲であれば、ホストは相手に対して直接データを送信することができる。送信相手となるIPアドレスから個々のネットワークインターフェイスに割り当てられているMACアドレスを割り出せば、通信が可能だからである。こうした場面でIPアドレスからMACアドレスを知るためのプロトコルとして使われているのが、ARP（Address Resolution Protocol）である。ARPでは、「このIPアドレスを持つホストのMACアドレスを教えて欲しい」というパケットをブロードキャスト（同じネットワークアドレスを持つ全ホストに届く）し、その応答からMACアドレスを得る。そして、こうしてできたIPアドレスとMACアドレスの関連づけは、個々のホストやルータにキャッシュとして保存される。そのため、IPアドレスがARPのキャッシュに残っていれば、パケットを直接送信できるわけである。

しかし、ネットワークが異なる場合、ブロードキャスト範囲（ブロードキャストドメイン）を越えてしまうため、IPアドレスからMACアドレスを知ることができない。そのため、送信元のホストはルータにパケットの中継をお願いすることになるわけだ。

ルータは受け取ったパケットのネットワークアドレスを見て、宛先のネットワークに届けることになる。しかし、送られてきたルータ自身が宛先となるネットワークアドレスを知らない場合も多い。特に、インターネットは多数のTCP/IPネットワークで構成されているため、1つのルータでそれらの情報を保持することができない。そのため、送信先に適切に届けるための経路を設定しなければならない。

この経路を決める作業が「ルーティング」と呼ばれるもので、ルータの一番重要な機能である。具体的には、宛先のIPアドレスがどこのルータに接続されているかを示す「ルーティングテーブル」というデータベースを元にパケットを転送する。そして、宛先が自分のルーティングテーブルにない場合は、あらかじめ指定しておいた「デフォルトゲートウェイ」と呼ばれるルータにパケットを送信するのである。

このルーティングテーブルを設定する方法としては、管理者が手動でテーブルを作成し、経路を設定する「静的

第1章 スイッチとルータを学ぶための基礎

ルーティング」と、ルータ同士が一定期間でルーティングテーブルの情報を交換して、自動的に経路を設定する「動的ルーティング」の2種類がある。

このうち企業や通信事業者などのある程度大きな規模を持つネットワークには動的ルーティングが使われる。管理者がいちいち手動で経路を更新するのは非現実的だからである。

動的ルーティングの方法はいくつかあるが、たとえば社内LANでよく用いられているRIP（Routing Information Protocol）では、送信先までのルータの個数（ホップ数）を元に最短の経路を割り出すという方法を用いる。近隣のルータ同士がルーティング情報を通知し合い（RIPではこれを「広告」と呼ぶ）、つねに最新のルーティングテーブルを保持できるようにする。これにより、ルーティングテーブル更新の自動化が行なわれ、管理者がいちいち手動でテーブルを作成する必要はなくなるのだ（図1-5）。

ルータの種類

さて、スイッチングハブと同様、ルータについても現在ある製品の種類について見ていこう。

まず、大きな区分としてLAN内でルーティングを行なうルータは「ローカルルータ」、WANやインターネットで用いられるルータを「アクセスルータ（リモートルータ）」と呼ぶ。ローカルルータはEthernetインターフェイスを複数搭載しており、主にサブネットの分割に利用される。またさまざまなプ

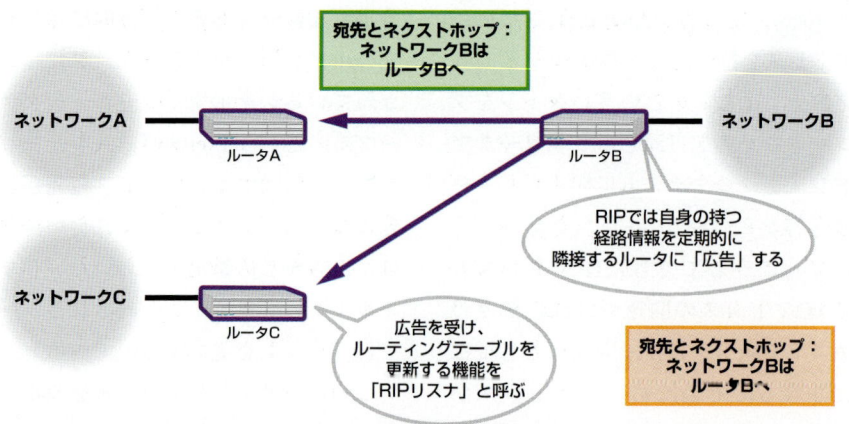

図1-5●ルータ同士でルーティングテーブルを交換するRIPの動作。デフォルトでは30秒ごとに接続されているすべてのルータにルーティングテーブルを「広告」する

ロトコルが用いられる社内LANでの利用を想定し、IPだけでなくIPX/SPX、AppleTalk、SNAなどマルチプロトコルに対応することが多い。しかし、基本的に汎用CPUを用いてソフトウェアでルーティングなどの処理を行なうため、パフォーマンスが出ない。こうしたことから考えると、100Mbps以上の高速なEthernet環境で用いるのには向いていない。そのため、現在では高速でIPのルーティングに特化したレイヤ3スイッチに置き換えられつつある状況である。こうしたローカルルータやレイヤ3スイッチの機能や製品動向に関しては、第3章を読んでもらいたい。

また、Ethernetのポートを複数持つブロードバンドルータも、広義にはローカルルータと位置づけられる。個人向けのインターネット接続用途ということで、企業向けのローカルルータに比べて機能はかなり簡素化されている。その一方で、1つのグローバルIPアドレスを複数のLAN内のマシンで共有するためのアドレス変換機能やフィルタリングなどセキュリティ機能を搭載しているのが特徴だ。また、ADSLなどのサービスで用いられているPPPoEやPPPoAといったEthernet経由でのPPP認証機能もサポートする。

一方、アクセスルータの代表はいわゆるISDNダイヤルアップルータである。こちらもアドレス変換やセキュリティ機能を持っているが、ブロードバンドルータとの大きな違いとしてダイヤルアップの機能を備えていることが挙げられる。また、アナログインターフェイスを搭載することで電話やFAXと接続したり、電話回線経由でリモートアクセスできるなどの機能もISDNダイヤルアップルータならではのものである。

しかし、最近の企業向けのルータはアクセスルータとローカルルータの境目があいまいになっている。というのも、ある程度のクラスになるとシャーシ型というモデルになり、「インターフェイス」が交換可能になるからである。つまり、EthernetやISDNで用いるBRI/PRI、ATMなど利用する通信規格にあわせてモジュールごとにインターフェイスを選択できるのである。また、最近ではVoIP（Voice over IP）やVPN（Virtual Private Network）などを実現するモジュールも提供されている。

こうしたブロードバンドルータやアクセスルータの機能と利用方法については、第4章を読んでもらいたい。

第1章　スイッチとルータを学ぶための基礎

求められる要件

　このように一言でスイッチやルータといっても製品は多彩で、同じ機能でも使うユーザーによって実装が異なってくる。最後に利用するユーザーの要件によって、ネットワーク機器を分類してみよう。

● SOHO・個人ユーザー

　インターネットでメールやWebブラウズを楽しむ個人ユーザーや1～20ユーザー程度のSOHO（Small Office Home Office）のネットワークは小規模で、接続する台数もそれほど多くない（図1-6）。また、ネットワークを含めたITに対して大きな予算が配分できないことが多いため、コスト意識がシビアである。さらに、専任の管理者を置けないことが多いため、機器の設定が複雑だと扱うことはできないし、外部の専門業者を雇うほど潤沢な資金はもっていない。基本的には「Do It Yourself」であり、安価な使いやすいスイッチやルータあたりがメインになるだろう。

　こうした用途に該当する製品としては、リピータハブ替わりに使える安価なスイッチングハブとADSLやCATVインターネットなどに接続するためのブロードバンドルータが挙げられるだろう。また、本書では紹介しないが無線LANもこうしたユーザーに向く製品である。

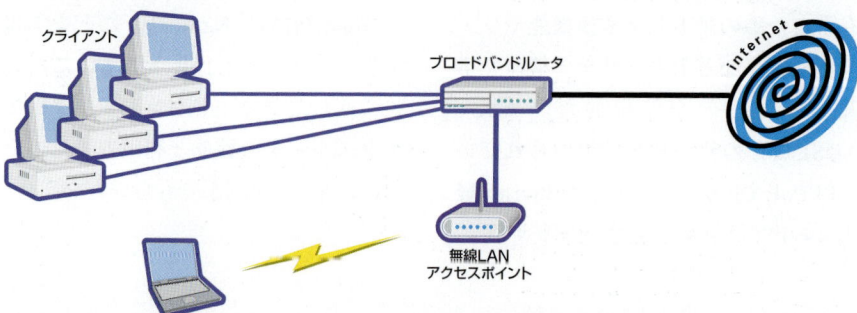

図1-6●SOHO・個人のLANでは、接続する台数も少なく、管理の手間もあまりかからない。また、導入・運用コストが重視される

第1章 スイッチとルータを学ぶための基礎

●企業内LAN

　企業ネットワークは、接続されるマシンや拠点の数によってその規模が違う。しかし、「業務で」ネットワークを利用するという点は共通している。そのため、価格よりも管理機能や信頼性に重きが置かれるのが普通である（図1-7）。

　こうした要件などを考えると、スイッチングハブなどでは多ポートで管理機能をもった製品が求められる。「インテリジェントスイッチ」と呼ばれる製品の管理機能を用いると、接続機器の動作状態や障害をいち早く知ることができる。

　また、複数の拠点を持つ企業であればインターネットへの接続だけでなく、専用線や、フレームリレー、IP-VPNなど通信事業者のWANサービスを用いて、拠点のLAN同士を相互接続することも多い。単にインターネットに接続するだけであれば、安価なブロードバンドルータで十分用をなすが、こうした拠点間の接続は、メールの送受信やデータベースの更新、イントラネットの利用など重要な用途で用いられるため、通信の遮断が致命的になる。そのためWANルータも信頼性が必要であろう。回線を二重化した場合、ダウンした回線の通信を自動的にもう一方の回線に振り分ける機能などがあれば、信頼性の高い社内ネットワークを構成できる。

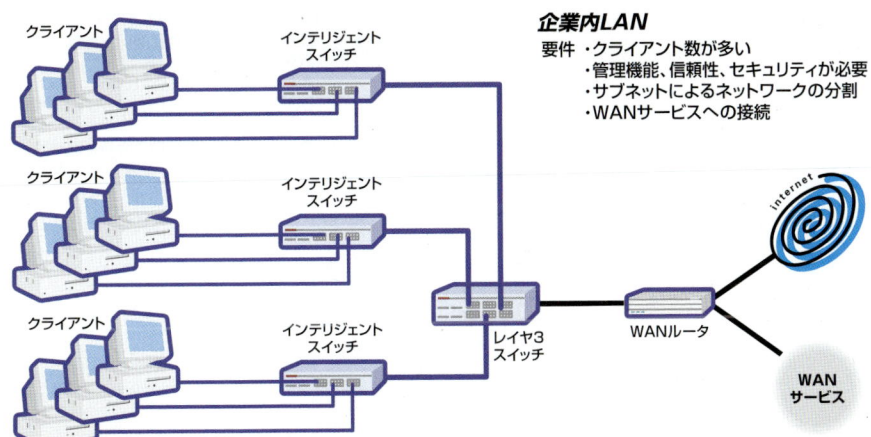

図1-7●企業内LANでは、接続する台数も多く、管理や信頼性が重要になる。また、WANサービスによって、拠点間を接続するといったことも行なわれる

第1章 スイッチとルータを学ぶための基礎

●通信事業者

　読者の多くには直接関係ないだろうが、インターネット接続やWANサービスを展開する通信事業者のネットワークについても見てみよう（図1-8）。

　通信事業者のネットワークは基本的に商用のサービスとして用いるものなので、信頼性やパフォーマンス、通信品質などが特に重視される。そのため、サーバ機と同様、電源やインターフェイス、あるいは本体自体が冗長化されている。これによりどこか一部が破損しても、サービスを継続できるようにしている。また、パフォーマンスも必要になるため、SONET/SDH（同期式の高速回線）やギガビットEthernet、ATMなど高速なインターフェイスを収容し、遅延なく処理できるCPUやバスなどを搭載している場合が多い。さらに、導入や保守などの体制がしっかりしていなければ、通信事業者側も安心して利用できない。

　こうした「キャリアクラス」の製品は、大手のネットワーク機器ベンダであるシスコシステムズ、ノーテルネットワークス、ジュニパーネットワークス、エクストリームネットワークスなどから提供されている。

　以降の章では、ユーザーが知っておかなければならないスイッチングハブとルータの機能と使い方について、じっくり解説していくことにしよう。

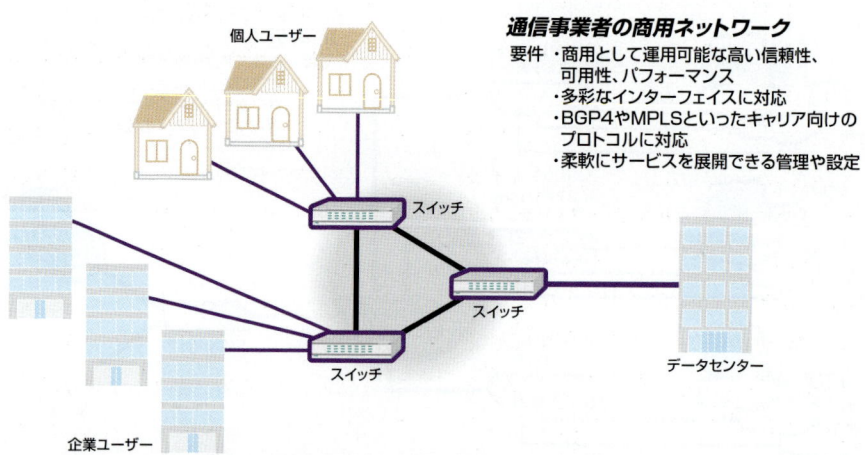

図1-8●WANサービスを提供する側の通信事業者のネットワーク。通信できない状態になると顧客の業務に大きな影響を与えるため、信頼性とパフォーマンスが特に重要視される

Ethernetを理解しよう

第2章 スイッチングハブの内部処理と導入

かつてネットワークの世界では、帯域の効率的な利用を目的として、リピータハブからスイッチングハブへの移行が急速に進んだ。第2章では、個人／SOHO向けと企業向けの2つの分野に分けて、低価格化が進んだスイッチングハブを見ていく。

低価格化で普及が進むスイッチングハブ

スイッチを導入しよう！の理由

　ここ数年、レイヤ2スイッチ（以下、ここでは「スイッチングハブ」と表記する）の普及が急速に進んでいる。スイッチングハブは、1998年末あたりから各ネットワーク機器ベンダー間で急激な価格競争に入ったが、それ以前（1998年夏ごろ）は、8ポートのスイッチングハブで15〜20万円前後というのが一般的だった。しかし現在では、特に個人やSOHO向けのスイッチングハブが1ポートあたり1000円を切る価格で販売されており、個人やSOHOのユーザーでも導入しやすい状況になってきている。ここではまず簡単に、スイッチングハブが登場するまでの経緯をまとめておこう。

　スイッチングハブは、それ以前に利用されていた「リピータハブ」と同じ集線装置だが、その生い立ちが大きく違っている。リピータハブは、ケーブル内で減衰する信号を増幅／整形する「リピータ」と呼ばれる中継機器が元になっている。リピータハブは、リピータ機能を持った多数のポートを搭載した装置で、任意のポートに接続されたマシンからの電気信号を、他のすべてのポートに流す。つまり、リピータハブで構成されたネットワークは、論理的にはすべてが1本のケーブルにつながっている状態（1つのネットワーク）となる。しかしこれではEthernetの仕組み上、フレームのコリジョン（衝突）が発生してしまう。コリジョ

第2章 スイッチングハブの内部処理と導入

ンが発生するとフレームが破壊されるため、ネットワークのスループットが下がってしまい、通信も不安定になる。

そこで登場してきたのが、スイッチングハブである（図2-1）。スイッチングハブは、2つのネットワークを橋渡しするための「ブリッジ」と呼ばれる製品から派生したものだ。ブリッジは、OSI参照モデルの第2層であるデータリンク層で動作するネットワーク機器で、MACアドレスをもとに、Ethernetフレームの転送先を決めている。スイッチングハブも、このブリッジと同じくMACアドレスを学習して必要なポートにのみフレームを流す仕組みである。これにより、コリジョンも起こりにくくなり、リピータハブよりもネットワークを効率的に利用できるようになった。

ただしスイッチングハブは、ブロードキャストのフレームを全ポートに送信してしまうので、完全にコリジョンをなくせるというわけではない。そのため、コリジョンの届く範囲（コリジョンドメイン）は分割できるが、ブロードキャストフレームが届く範囲（ブロードキャストドメイン）を切り分けることはできない。これを行なうには、VLANを使うか、第3章で紹介するルータやレイヤ3スイッチを利用しなければならない。

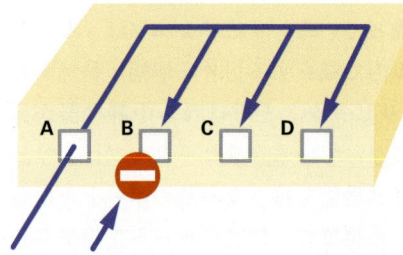

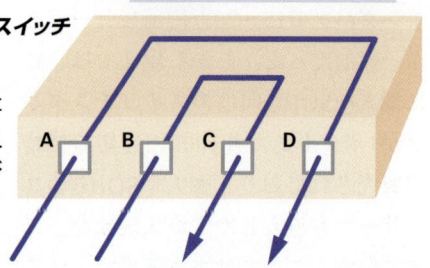

図2-1 ●全ポートにデータを転送するリピータハブと違い、スイッチングハブはMACアドレスを学習して適切にフレームを転送する

効率的なネットワーク運用が可能

またスイッチングハブは、リピータハブで考えなければいけなかったカスケード（多段）接続の制限がないという特徴もある。そのため拡張性も高い。

カスケード接続とは、UTPケーブルを使ってリピータハブやスイッチングハブ同士を接続し、接続台数を増やすためのものだ。リピータハブやスイッチングハブには、通常のポート（MDIポート）以外に、カスケード（MDI-X）ポートと呼ばれる専用ポートが用意されている（もしくはMDIポートと切り替えて使う場合もある）。カスケード接続を行なうには、それぞれのMDI-Xポート同士をクロスケーブルで接続するか、MDIポートとMDI-Xポートをストレートケーブルで接続する。

リピータハブによるカスケード接続は、10BASE-Tであれば4台まで（4段5セグメント）、100BASE-TXであれば2台（2段3セグメント）までという制限がある。この制限は、カスケードされたハブによってできたネットワーク内がそれ以上広がってしまうと、コリジョンを検出できる範囲を超えてしまうからだ。リピータハブのみで構築されたネットワークは、コリジョンドメインを分割することができない。つまり、1つのコリジョンドメイン（サブネット）として認識される。前述のとおりEthernetでは、アクセス制御方式であるCSMA/CD（Carrier Sense Multiple Access with Collision Detection）を使ってコリジョンの検出を行ない、メディアを共有する。しかしコリジョンが検出できる範囲を超えてしまうと、コリジョンが検出できずにEthernetのフレームが実際に衝突してしまう。そこで、10BASE-Tの4段5セグメントや、100BASE-TXの2段3セグメントといった範囲が、リピータハブのカスケード接続の制限となっているのだ。逆に、コリジョンドメインをポートごとに分割できるスイッチングハブには、カスケード接続の制限がないということになる。なお、コリジョンが発生する範囲はできるだけ狭いほうが効率的なネットワークといえる。よってコリジョンドメインが分割できることも、スイッチングハブがリピータハブよりも効率的なネットワークが構築できるという理由だ。

低価格スイッチと企業向けスイッチ

ここまでで、スイッチングハブのメリットはお分かりいただけたと思う。もし、現時点でリピータハブを利用しているのであれば、すぐにでもスイッチングハブを利用したいところだ。導

第2章 スイッチングハブの内部処理と導入

製品名	NM-SW08
発売元	エヌ・マグ社
対応規格	対応規格 IEEE802.3(10BASE-T)、IEEE802.3u(100BASE-TX)、IEEE802.3x(フローコントロール)
アクセス方式	CSMA/CD
インターフェイス	ネットワークポート:10/100BASE-TX(RJ-45)×8ポート カスケードポート:10/100BASE-TX(RJ-45)×1ポート(ポート8を切り換えて利用)
スイッチ処理方法	ストア&フォワード
スループット	148810pps(100Mbps)、14880pps(10Mbps)
MACアドレスエントリー数	4096アドレス
バッファ容量	256KB
フローコントロール	全二重:IEEE802.3x 半二重:バックプレッシャー
推定小売価格	3280円

図2-2●代表的な家庭／SOHO向けスイッチングハブと、その製品スペック。4〜8ポート前後のこれらの製品は、1ポートあたり1000円を切った価格で販売されている

入に関しては特に難しい設定はいらず、現在稼働しているリピータハブをスイッチングハブに置き換えるだけでよい。現在市場に出回っているものは、大きく2つのタイプに分けられる。

その1つが、4〜8ポートの個人／SOHO向けのスイッチングハブで、これは低価格化が非常に進んでいる製品だ。たとえば8ポートの製品であれば、3000円前後で販売されている。一方のリピータハブは現在では流通量もかなり少なくなっている。先に説明した機能やメリットを考慮してもあえて、いまリピータハブを探してまで購入する必要はないだろう。ここは素直にスイッチングハブの導入を検討すればよいだろう。

もう1つが、企業内で利用するために16〜24ポート以上の多ポートを搭載し、管理機能も備えたスイッチングハブである。個人やSOHOと違い、一般的に企業では多くのPCが接続される。そして、その多くのユーザーを、少ない人数で管理しているという場合がほ

とんどだろう。そこで、企業内ではポート数や管理機能も重要な選択基準となってくる。またそれ以上に、ネットワークをダウンさせないようにする信頼性や、もしダウンしたときにも、いかにすばやく復旧できるかも重要になる。さらに、拡張性やギガビットEthernet対応など、個人向け製品にはない機能も必要である。企業向けスイッチングハブについては27ページから解説するとして、ここではまず、個人／SOHO向けのスイッチングハブを見ながら、スイッチングハブの基本的な機能について解説しよう。

フレームの転送方法

まずは外見から見てみよう（図2-2）。ぱっと見た目には、同じポート数のリピータハブと変わりはない。インターフェイスもリピータハブと同じく、10/100BASE-TXで使うRJ-45ポートが複数並んでいるだけだ。唯一違うといえば、廉価版のリピータハブではあまり見かけないインジケータランプが複数用意されている点だろう。このインジケータランプには「10/100M」や「Full Duplex」などと表記されていることが多いが、実はこれがスイッチングハブの一部の機能を表わしている。

スイッチングハブの基本的かつ最大の特徴は、レイヤ2スイッチの名前の由来ということで先にも解説した通り、OSI参照モデルの第2層であるMACアドレスを学習し、各フレームを適切なポートに振り分けるという機能だ。スイッチングハブの内部では、ポートに接続されたネットワークインターフェイスからフレームが送出されるたびに、「MACアドレステーブル」と呼ばれるデータベースに、フレームの送信元となるMACアドレスを登録する。スイッチングハブは、このMACアドレステーブルをもとにして、必要な中継先のポートに適切にフレームを振り分けることができる。つまり、ポートの先に送信先のMACアドレスがあるかどうかをチェックするため、不必要なポートにフレームが中継されないというわけだ。もちろん、学習は最初のみで、ポートに接続されたマシンが変更されれば、新たにMACアドレステーブルも更新されることになる。

スイッチングハブにはその仕組み上、必ずバッファメモリが搭載されている。MACアドレステーブルをもとに適切にフレームを転送するには、スイッチングハブ内部で一度フレームを格納する場所が必要となるからだ。この際のフレームの処理（バッファリングと転送）方法が、スイッチングハブのカタログには必ずといってよいほど掲載されている「ストア＆フォワード」

第2章 スイッチングハブの内部処理と導入

写真2-1●バッファローの8ポートスイッチングハブ「LSW10/100-8NW」は、放熱性に優れたメタル筐体を採用。ポートに接続されたストレート／クロスケーブルを自動判別する「AUTO-MDIX機能」を持つのが特徴だった

と呼ばれる方式だ。

ストア＆フォワード方式は、文字通り、受信したフレームをバッファメモリにすべて格納し、フレームにエラーがないことを確認してから転送するという方式だ。エラーの有無は、Ethernetフレームの最後に含まれるエラーチェック用のFCS（Frame Check Sequence）が利用される。FCSでエラーが発見されなければ、適切なポートにフレームが転送される。もちろんここでエラーが確認できれば、それは壊れたフレームと認識して破棄されるので、ネットワークに無駄なトラフィックが発生しない。

従来、この処理にはいくつかの方式が利用されてきた。それが「カットスルー」や「修正カットスルー」と呼ばれる方式だ。カットスルーは、Ethernetフレームに含まれる宛先アドレスを受信したら、すぐにそのクライアントが接続されたポートへ転送す

る。一方、修正カットスルーは、Ethernetフレームの先頭64バイトまでを確認した時点で転送するという方法だ。なお、64バイトとはEthernetフレームの最少の長さである。エラーフレームのほとんどが64バイト以下のサイズということが統計的に知られており、64バイトまで確認すれば確率的にエラーが減るということだ。

これらの方式は、これまでスイッチングハブの処理負荷を軽減するものとして利用されてきた。これらの方式が利用されていた当時は、現在ほどバッファメモリのI/O性能が高くなく、ストア＆フォワード方式ではバッファリングによる遅延が問題になっていたという実態があった。そこで苦肉の策として、こういった方式が利用されてきたのだ。

しかし現在ではバッファメモリの性能も向上し、それらの遅延も無視できるほどになっている。具体的には、数年前のストア＆フォワード方式では、その処理に50μ（マイクロ）秒（1μ秒＝100万分の1秒）ほどかかっていたが、現在では1～2μ秒程度と、劇的に向上している。そこで現在では、スイッチングハブの本来の姿である、無駄のないストア＆フォワード方式がスタンダードとなっている。

スイッチングハブの速度の見方

スイッチングハブのカタログには、「スループット」という項目も用意されており、これにはあまり見慣れない「pps」という単位が使われている。ここでは、このスイッチングハブのスループットについても知っておこう。

ppsとは、packets per sec（パケット／秒）の略で、1秒間にスイッチングハブ（ルータ）の内部で処理できるパケット数を表わす。具体的には、Ethernetフレームの最少の長さである64バイトに、CSMA/CDの制御情報や待ち時間の20バイトを足した、84バイト（672ビット）のフレームの処理数をもとに計算される。なお、レイヤ2スイッチはOSI参照モデルの第2層で動作するので、これまで「フレーム」という表現を利用してきた。本来はfps（frames per sec）となるだろうが、一般にppsという単位が普及している。

たとえば、100Mbps（100000000bps）で通信を行なうポートであれば、最大で1秒間に1億ビットの通信ができる。そこで、この1億ビットを先の672ビットで割った、約14万8810ppsの処理能力があれば理論的な限界値ということになる。逆にそれ以下であれば、100Mbpsで送信される全パケットを処理できないということだ。なお、10Mbpsの場合は、100Mbps対応Ethernetの10分の1である約1万4881ppsが必要な最大スペック値となる。

なお、この最大スペック値は、一般には「ワイヤスピード（回線速度）」と呼ばれる。ワイヤスピードとは、利用するケーブル（通信媒体）の最大速度（10BASE-Tならば10Mbpsなど）を表わしたものだ。スイッチングハブの各ポートがワイヤスピードをクリアしていれば、そのケーブルで出せる最高速度を満たしているということになる。

全二重通信のサポートとオートネゴシエーション

そのほかのスイッチングハブの基本機能として挙げられるのが、送信と受信を同時に行なう「全二重通信」をサポートしていることだ。同時に1台のホストしか通信できないCSMA/CDでは、その仕組み上、送信もしくは受信のどちらかしかできない。これは、「半二重通信」と呼ばれる。しかしスイッチングハブでは、複数のホストでの送受信を並列的にできるようになったことで、CSMA/CDの限界を超えた全二重通信を実現可能になったわけだ。全二重通信の仕組みは、10/100BASE-TXで利用されるUTPケーブルの構造を利用している。Ethernetで利用されるUTPケーブルは、内部に4本以上の銅

線（芯線）が2本ずつ「対」になった状態で束ねられている。全二重通信では2対の銅線を、それぞれ送信と受信専用に使って、通信を同時に行なうことが可能なのだ。

たとえば、ここで100BASE-TXのEthernetを考えてみよう。半二重通信であれば、上りか下りの「どちらかで」100Mbpsが最大の通信速度となる。しかし全二重通信では「上り100Mbps＋下り100Mbps＝200Mbps」が最高速度となる。つまり全二重通信は、半二重通信の倍の速度による通信環境が利用できるということだ。

スイッチングハブは、この全二重で通信を行なうことが前提になっているが、半二重通信も可能だ。NICによっては、半二重しかサポートしていない場合もあるからだ。これら全二重／半二重の違いに自動的に対応するのが、「オートネゴシエーション（自動認識）」と呼ばれる機能である。オートネゴシエーションは、全二重／半二重通信や、あるいは10/100BASE-TXを判別して、自動的に通信モードを切り替える機能となっている。なお全二重通信は、英語で「Full Duplex」と表記する（半二重は「Half Duplex」）。先に述べたスイッチングハブに搭載されているインジケータランプの「Full」は、この全二重通信を行なっていることを示しているのだ。

通信速度を制御するフロー制御

最後に、もう1つ重要なスイッチングハブの機能について見ていこう。それが「フロー制御」と呼ばれる機能だ。これは、10Mbpsと100Mbpsなど速度が違うクライアントが混在して接続されるスイッチングハブには、必須の機能である。

先のストア＆フォワードの説明で、スイッチングハブは内部のバッファメモリにフレームを格納してから、適切なポートへ転送することを解説した。しかし、たとえば100BASE-TXに対応したPCと、10BASE-Tしか対応していないNICを搭載したPCが通信することを考えてみよう（図2-3）。前者をマシンA、後者をマシンBとして、マシンAからBにデータを転送すると、何が起こるだろうか？ マシンAからは、100Mbpsの速度でデータが送信されるが、それを受け取るマシンBは、10Mbpsでしかデータを受信できない。よって最終的には、その間にあるスイッチングハブに搭載されたバッファメモリの容量があふれてしまうことになる。

これを回避するための機能が、フロー制御である。フロー制御の基本的な仕組みは、擬似的な信号をクライアントに送ることで、データの送信量を調整するというものだ。ここでいう擬似

第2章 スイッチングハブの内部処理と導入

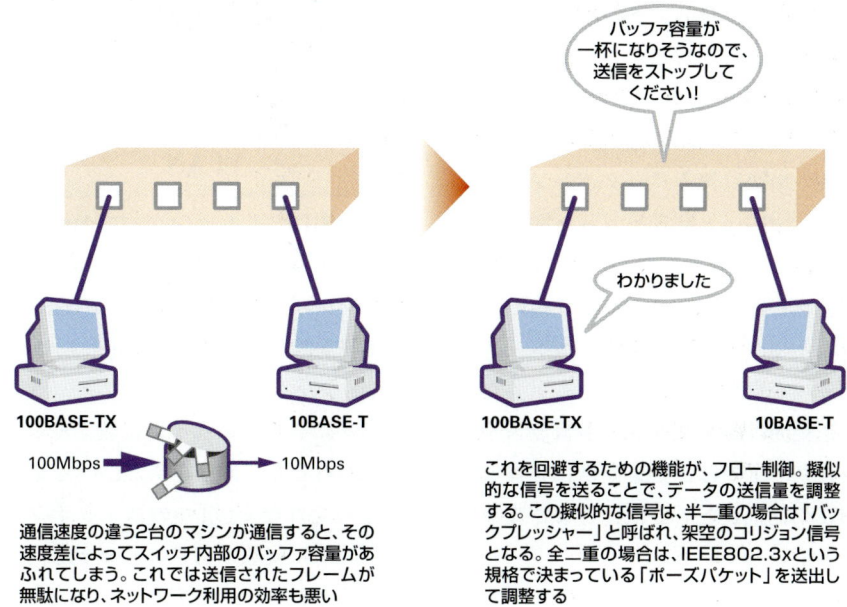

図2-3●フローコントロールの仕組み（バックプレッシャーとIEEE802.3x）

的な信号は、半二重の場合は「バックプレッシャー」と呼ばれる架空のコリジョン信号となる。また全二重の場合は、IEEE802.3xという規格で決まっている「ポーズ（Pause＝中止）パケット」を送出することで、トラフィックを調整する。これにより、無駄なフレームを送信することがなくなり、効率的なネットワーク環境を構築することが可能となる。

企業向けに管理機能を備えた多ポートスイッチングハブ

企業向けスイッチングハブは2種類

これまでに見てきた個人／SOHO向けスイッチングハブは、価格が安いとはいえ、さまざまな機能が搭載されている。しかしある程度の台数のマシンが接続される企業では、さらに多くの機能が必要となる。

まず個人やSOHOと違い、企業では

マシンの数が多い。そのため、24〜32ポートといった数多くのポートを搭載したものが主流だ。もちろん、社員や部署が変化した際の拡張性や、ユーザー数の増加に伴うバックボーンのギガビットEthernet対応といった増強も必要だろう。さらには、ネットワークがダウンしたとき、すみやかに復旧できることや、コンソールやGUIベースのツールで管理ができることも重要だ。

企業向けの多ポート/多機能スイッチングハブでは、企業向けに必要な信頼性や拡張性といった、さまざまな機能を搭載している。

また、管理用のプロトコルであるSNMP（Simple Network Management Protocol）と呼ばれる機能（後述）を搭載した製品もある。これらは、SNMPを搭載しない企業向けスイッチングハブとは差別化を図るために、「インテリジェントスイッチ」と呼ばれることもある。インテリジェントスイッチは、SNMP機能をプラスした企業向けスイッチである。両者の価格を比べてみると価格は、拡張スロットを持った24ポートの企業向けスイッチで、SNMP非対応であれば5〜7万円、SNMP対応のインテリジェントスイッチであれば13〜18万円といったところだ。代表的な企業向けスイッチングハブは、図2-4に挙げているような製品だ。まずは、企業向けスイッチングハブの基本機能から確認していこう。

スイッチでLANを分割するVLAN

企業向けスイッチングハブの機能としてまず挙げられるのが、単体のスイッチングハブに、仮想的にLANを分割して構築するVLAN（Virtual LAN：仮想LAN）である。複数のスイッチングハブにホストを別々に接続することで見た目として分割されたLANを構築するのではなく、1つのスイッチングハブの中に複数の別のスイッチを同居させたというイメージだ。VLANを利用すれば、ホストの物理的な配置に依存せずにLANが構築できるほか、ポートごとにブロードキャストドメインを分割できる。

レイヤ2スイッチでもっともよく利用されるVLANは、「ポートベースVLAN」と呼ばれるものだ（30ページの図2-5）。これは単純に、搭載されているポートを単位にしてグループを分割するものだ。たとえば24ポートのスイッチングハブの場合、6ポートずつを営業部、制作部、総務部、人事部（1〜6/7〜12/13〜18/19〜24ポートなど）に分けて、仮想的に4つの独立したネットワークを構築するといったことが可能だ。これらは、スイッチングハブの設定を変更するだけでよい。

第2章 スイッチングハブの内部処理と導入

製品名	NM-SW24
発売元	エヌ・マグ社
対応規格	IEEE802.3（10BASE-T）、IEEE802.3u（100BASE-TX）、IEEE802.3ab（1000BASE-T）、IEEE802.3z（1000BASE-SX/LX）、IEEE802.3x（フローコントロール）、IEEE802.1D（スパニングツリー）、IEEE802.1Q（VLANタギング）、IEEE802.1p（QoS）
アクセス方式	CSMA/CD
インターフェイス	ネットワークポート：10/100BASE-TX（RJ-45）×24ポート ターミナルポート：RS-232C D-Sub9ピン×1
スイッチ処理方法	ストア&フォワード
スループット	1488095pps（1000Mbps）、148810pps（100Mbps）、14880pps（10Mbps）
MACアドレスエントリー数	32768アドレス
バッファ容量	4MB
VLAN	ポートベースVLAN、VLANタギング
マネージメント	SNMP（MIBⅡ、Ethernet MIB、Bridge MIB、Private MIB）、RMON（1、2、3、9）、Telnet
その他	スパニングツリー、QoS、ポートトランキング、フローコントロール
推定小売価格	12万8000円

図2-4●代表的なインテリジェントスイッチと、その製品スペック。個人向けとは違い、ポート数が多く、管理機能や信頼性を確保する機能も充実している

　またVLANや、これ以降で説明する各種機能の設定は、ほとんどの企業向けスイッチングハブに搭載されているRS-232CポートからTelnetを経由して行なう。また、専用の管理ツールが用意されていることも多く、これらを使えばWebブラウザなどを使ってGUI環境で設定することが可能だ。

　また、グループ化したい社員の机が違うビルにあるなど、物理的に離れている場合はどうしたらよいのだろうか？　ポートベースVLANでは、複数のスイッチングハブ間をケーブルで接続することで、離れた場所で同一の

29

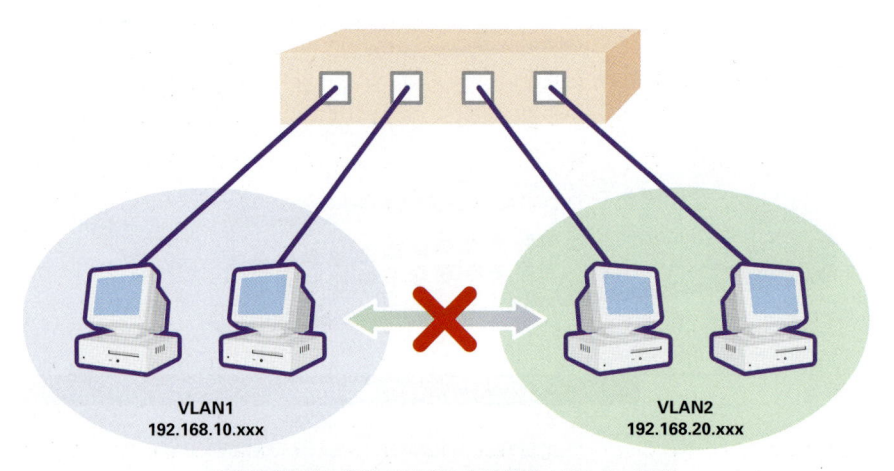

第2章　スイッチングハブの内部処理と導入

VLAN1
192.168.10.xxx

VLAN2
192.168.20.xxx

LANを仮想的に分割できる「VLAN」機能。L2スイッチで使われるのは、ポートごとにLANを切り分ける「ポートベースVLAN」。ポートベースVLANで切り分けられたLAN間は一切通信できず、ブロードキャストパケットも流れない

図2-5●L2スイッチングハブで利用されるのは「ポートベースVLAN」だ。ただし、VLAN間の通信はできない

VLANを構築することも可能だ。たとえば、2台のスイッチングハブをまたがる2つのVLANを作成することもできるわけだ。しかしこの場合は、2台のスイッチングハブ間を結ぶケーブルが、VLANの数だけ（この場合は2本）必要になる。

こういった複数のスイッチングハブ間でVLANを構築するのに便利なのが、「VLANタギング」と呼ばれる機能だ。VLANタギングは、Ethernetフレームに4バイトの「タグヘッダ」と呼ばれる情報を付けることにより、そのフレームがどのVLANに属しているかを識別する。この場合は、スイッチングハブだけでなく、そのサーバに搭載されているNICもVLANタギング（IEEE802.1Q）に対応している必要がある。VLANタギングに対応しているNICは、インテルなどから販売されている。VLANタギングは、1998年にIEEE802.1Qという規格で標準化されている。

フレームを受け取ったスイッチングハブは、タグヘッダを確認して目的のVLANにだけフレームを転送する。この仕組みにより、先のポートベースVLANと違い、スイッチングハブ間のケーブルは1本で済む。これにより、VLANタギングに対応した複数のスイッチングハブ間で同一のVLANが構築できる。

またVLANタギングでは、1つのポートを複数のVLANに所属させることもできる。たとえば、VLANで複数の部署のLANを構築したが、特定のファイルサーバだけは共有したいという場合もあるだろう。この場合は、サーバが接続されたポートを2つのVLANで共有するように設定すればよい。

しかし、レイヤ2スイッチのVLAN機能には限界がある。そもそもは、同じVLAN内でしかフレームが流れないようにする機能なので、VLANが異なると両者で通信ができなくなる。つまり、VLAN同士で通信できるようにするには、ルータを使って第3層でパケットを中継するしかない。ただ、2つのVLANを通信させるためには、ルータ（ローカルルータ）が2つのポートを消費してしまうため、効率が悪い。これを解決するためには、VLAN間のルーティングが可能なレイヤ3スイッチ（次章で解説）を導入する必要がある。レイヤ3スイッチの場合、たとえばポート1〜4とポート5〜8までをVLANとして切り、この間をルーティングするといった処理も1台でできる。そのため、レイヤ2スイッチでのVLANは、1台のスイッチでブロードキャストドメインを分割するものとして割り切る必要があるだろう。

企業では拡張性も重要なポイント

企業でのネットワークは、ユーザー数が変化することもあり得る。そういった場合にはスイッチングハブの拡張性にも気を配りたい。スイッチングハブを拡張するには、大きく3つの方法がある。1つは、すでに紹介したカスケード（多段）接続で、もう1つがスタック接続と呼ばれるものだ。カスケード接続がUTPケーブルを使って多段に接続していくのに対し、スタック接続は専用のインターフェイスでスイッチングハブ自体を相互に接続し、あたかも1台のスイッチングハブのように見せかける。たとえば24ポートのスイッチングハブを3台用意し、これらをスタック接続すると、合計72ポートを搭載した1台のスイッチングハブとして利用できる。

カスケード接続とくらべたスタック接続のメリットとしては、接続ケーブルが専用バスなので高速であることが挙げられる。しかしこれは逆に、他社製品と相互接続できないというデメリットにもなる。ただし、同じベンダーのスイッチングハブを利用するのであれば、有効な拡張方法である。

そしてもう1つの拡張方法が、スイッチングハブに搭載された拡張スロットを利用するものだ（写真2-2）。企業

第2章 スイッチングハブの内部処理と導入

写真2-2●アライドテレシスの「CentreCOM 8224SL」は、10/100BASE-TX対応の24ポートを搭載したインテリジェントスイッチ。左に見えるのが拡張モジュールで、ギガビットEthernetに対応させることが可能

向けスイッチングハブのなかには、さまざまなオプションを追加できる拡張スロットが搭載されている場合がある。オプションとしては、ギガビットEthernet（1000BASE-T/LX/SXなど）対応のカードなどが用意されている。

たとえば、複数のクライアントから大量のアクセスが集中するファイルサーバについて考えてみよう。複数のクライアントから同時アクセスされるサーバは、通常より広い帯域（ビッグパイプ）が必要となる。こうした場合、拡張スロットでギガビットEthernetポートを増設し、そこにファイルサーバを接続すればよいだろう。

なお帯域の確保という意味では、「リンクアグリゲーション」という機能も有効である。リンクアグリゲーションとは、物理的に複数のケーブルを1本の論理的なケーブルに束ねることで、広帯域を確保するための機能だ。これによりスイッチングハブ間や、スイッチングハブとサーバ間を接続して、伝送速度を向上させる。また、1本のケーブルが断線したとしても、他のケーブルで通信できるために、冗長性の確保という観点からもメリットがある。

なお、リンクアグリゲーションは、「ポートトランキング」や「ロードシェアリング」などと呼ばれる場合もあり、ネットワーク機器ベンダーによってその呼び方は異なるが、すべて同じ意味だ。これは、IEEE802.3adとして標準化されている。カタログによって表記が違っていても、通常のカタログにはIEEE規格も掲載されていることが多いので、この名称を覚えておけばよいだろう。

冗長化のためのスパニングツリー

企業内におけるネットワーク利用では、ネットワークの信頼性の高さも重要である。そのための機能が、ネットワークの経路を冗長化する「スパニングツリー」と呼ばれるもので、IEEE802.1Dとして標準化されている（図2-6）。ネットワークを二重化するには、スイッチングハブ間で複数のケーブルを接続し、1本のケーブルが断線しても通信が続けられるようにするのが、もっとも手っとり早い。しかし、単に複数のケーブルを接続しただけでは経路がリング状になるため、ブロー

第2章 スイッチングハブの内部処理と導入

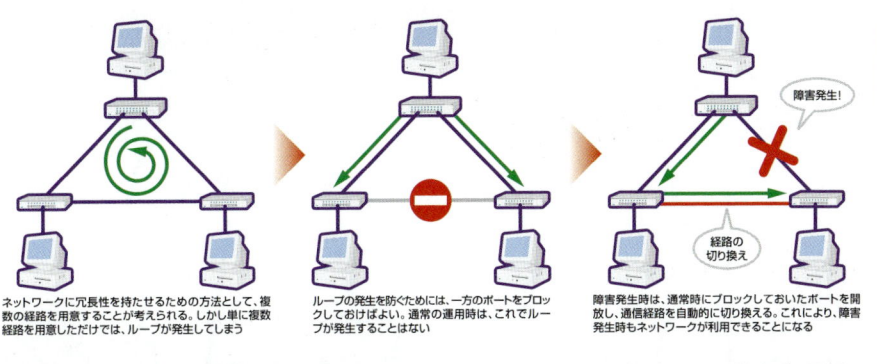

図2-6 ● ネットワークに冗長性を持たせるための「スパニングツリー」の仕組み。これを使えば、万が一のトラブルにもすばやく対応できる

ドキャストフレームなどが延々とループを繰り返す可能性がある。これでは逆に、ネットワークに支障をきたしてしまう。

これを防ぐためにスパニングツリーでは、物理的にはスイッチングハブ間を複数のケーブルで接続しても、普段利用する経路（ケーブル）以外のポートにはフレームを転送しないよう設定ができる。そのケーブルが何らかのトラブルで切断されると、転送できないようにしていたポートを利用可能にして、ネットワークを復旧する。ただし切り換えには、30秒程度の時間がかかってしまうことになる。また、すべてのスイッチがスパニングツリーの機能に対応している必要がある。

そのほかの機能

そのほかにも、企業向けスイッチングハブには、いくつか有用な機能が用意されている。その1つが、「ポートミラーリング」だ（図2-7）。

スイッチングハブの基本的な仕組みとして、MACアドレステーブルをもとに、必要なポートにのみフレームを転送するというものがある。これにより、リピータハブに比べてネットワークが効率的に利用できるわけだが、これはネットワーク管理という側面からは、リピータハブに比べて少々面倒な点もある。たとえば、ネットワークにトラブルが発生した場合を考えてみよう。この際、ネットワークアナライザと呼ばれる監視ツールなどを使って、ネットワークに流れるフレームを監視し、原因を究明することがある。しか

第2章　スイッチングハブの内部処理と導入

特定のポートを経由するフレームを「ミラーリング」

スイッチは通信相手のポート間のみでしかフレームの送受信を行なわない。しかしこれでは、障害発生時などの原因究明に利用するネットワークアナライザを接続しても、他のポートのフレームを監視できない

ポートミラーリングとは、特定のポートを経由するすべてのフレームを、別のポートにコピーする機能。これにより、任意のポートを監視することができる

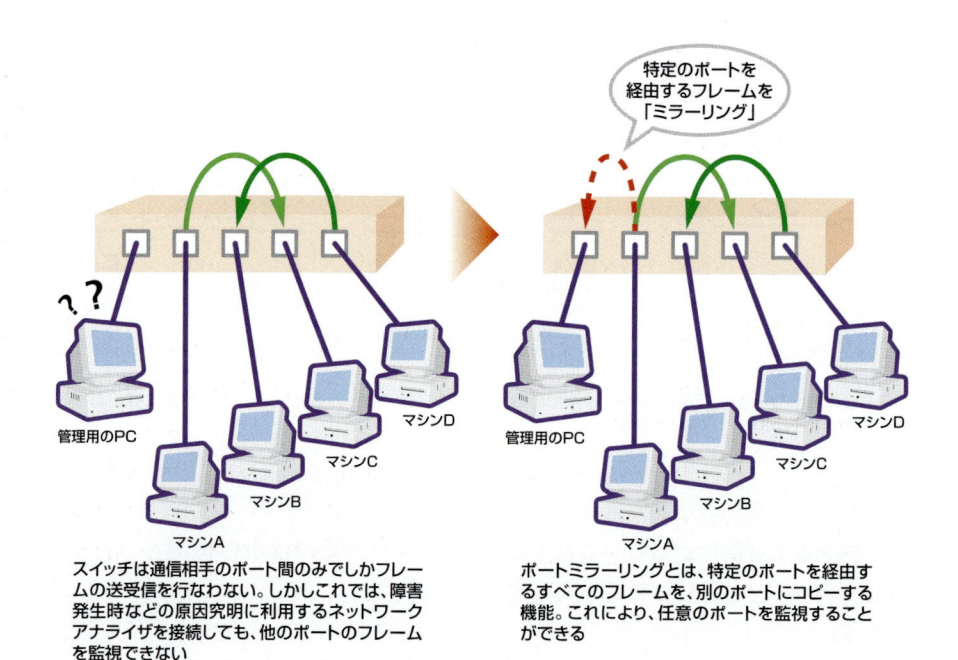

図2-7●特定のポートを流れるフレームを、別のポートにもコピーして転送する「ポートミラーリング」

しスイッチングハブが特定の2者間でしかフレームを送受信しないという特性上、ネットワークアナライザをポートに接続しても、他のポートを流れるフレームを監視できない。

ポートミラーリングとは、その言葉通り、特定のポートを経由するフレームを、ネットワークアナライザなどを接続した別のポート（ミラーリングポート）にもコピーして転送するという機能だ。ミラーリングポートに設定したポートにネットワークアナライザを接続すれば、特定のポートを経由するすべてのフレームを監視することができるようになる。

そのほか、フレームごとに優先順位を付けるQoS（Quality of Service）機能が搭載されているものもある。これは、IEEE802.1pとして標準化されているもので、フレームに対して8段階までの優先順位の設定が可能だ。ただし、実際の製品では4段階程度の実装が多いようだ。たとえば、HighとNormalなどといった2段階の優先度を設定できるとしよう。その場合、Highに設定したポートで5フレーム流した後、Normalに設定したポートで1フレーム送信できるといった動作が行なわれる。これにより、VoIP（Voice over IP）やストリーミング配信などのリア

ルタイム性を必要とするアプリケーションなどの、データ遅延を防ぐことができるようになるというものだ。

管理用プロトコル「SNMP」

企業向けスイッチングハブの機能としてさらに重要なものとして、ネットワーク機器の管理機能が挙げられる。こうした管理のためのプロトコルとしてRFC1157で定義されているSNMP（Simple Network Management Protocol）である。SNMPに対応した企業向けスイッチングハブが、一般的にインテリジェントスイッチと呼ばれるものだ。なおSNMPは、スイッチングハブに特化したものではなく、ネットワーク管理に広く利用されているプロトコルである。

SNMPは、ネットワーク上のデバイスから定期的にさまざまな情報を収集して、ネットワーク機器の状態の監視を行なう。また、SNMPトラップという機能を使えば、機器の障害をいち早く管理者に通知することができる。SNMPを使った管理には、「SNMPエージェント」「SNMPマネージャ」、そし

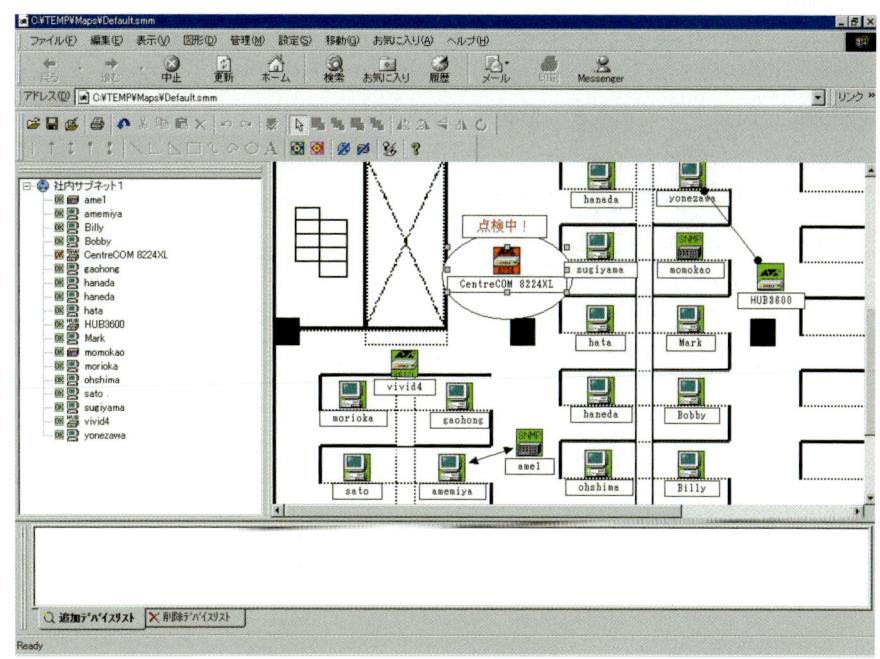

画面2-1●アライドテレシスのSNMPマネージャ「Swim Manager」と、SNMP対応のインテリジェントスイッチを組み合わせると、機器の集中管理が可能になる

てマネージャとエージェント間のプロトコルに「SNMP」が利用される。SNMPに対応する機器には、機器の管理情報にアクセスするためのSNMPエージェントが実装されている。

ここでいう「管理情報」は、MIB（Management Information Base）と呼ばれるデータベースとなっている。MIBには、スイッチングハブの設定情報やトラフィック量、エラー回数などが含まれる。またMIBは、RFCによって定義された「標準MIB」と、企業が自社のネットワーク機器やOSを管理するために独自拡張を行なった「プライベートMIB」に分けられる。標準MIBには、広く使われている「MIB-Ⅱ」のほかに、リピータMIB、ブリッジMIB、Ethernet MIBなど、さまざまな機器用に定義されたものがある。

そして管理する側は、管理用のPCにインストールして使う「SNMPマネージャ」を利用する。マネージャはエージェントに対して、MIBの情報の問い合わせを行なうものだ。SNMPマネージャの機能は、日本ヒューレット・パッカードの「OpenView」などが搭載しているが、スイッチングハブを提供しているベンダーでも開発されている。たとえば、アライドテレシスの「Swim Manager」などがそれにあたる（前ページの画面2-1）。これらのSNMPマネージャを利用すれば、GUIベースでスイッチングハブを管理することができる。また製品によっては、これまで説明したＶＬＡＮの設定などを、SNMPマネージャから行なうことも可能だ。

第3章 ルータからレイヤ3スイッチへの移行

社内LANでのルータの役割を学ぼう

従来の企業ネットワークのバックボーンにはルータが導入されてきた。だが、今ではルータは企業ネットワークの処理要件に合わなくなってきため、レイヤ3スイッチが台頭している。本章では、レイヤ3スイッチ登場の経緯を見てみよう。

社内ルータをめぐる事情の変化

社内LANの展開とルータ設置

　日本の社内LANはユーザー部門が必要に応じて導入したファイルやプリンタ共有のための「草の根ネットワーク」から出発した例が多い。つまり汎用機を中心として情報システム部門が業務として構築してきた「基幹業務用ネットワーク」とは明らかに別物だったのである。

　最初のうちはほとんど何も考えず、同軸ケーブルや原始的なリピータハブに数台〜十数台程度のパソコンをつなげるだけで、ほぼ問題なく運用できていた。しかし、便利さが理解されるにつれてネットワークの規模が台数的・距離的に拡大し、流れるパケットの量も増えてくるようになった。これに伴って、コリジョンの多発や伝送効率の低下などネットワークの障害も発生するようになり、ユーザーが「なんかネットワークが遅くなったような気がするんだけど……」といった事態が起こり始めた。これを解決するため、いろいろなネットワーク接続機器を導入する必要が出てきた。

　LANに接続するパソコンを増やすには、規格上の総延長距離の上限やハブの接続段数の制約、またコリジョンの加速的増加という問題があるため、LANを分割する必要が出てくる。

　この「分割」という作業を行なう機器として、リピータハブやブリッジ、そしてルータなどが挙げられる。それぞれの機能の違いは「OSI参照モデル」

第3章　ルータからレイヤ3スイッチへの移行

のどの階層で分割するかにより生じている（図3-1）。OSI階層の上位層で分割する機器ほど、分割後の個々のLAN内のトラフィックを減少させることができる。この違いはレイヤ2スイッチとレイヤ3スイッチにも共通するので、必ず頭に入れておこう。

ブリッジからルータへ

スイッチが出現するまでは、ネットワーク規模の拡大に伴ってリピータ→ブリッジと導入され、端末が数十台を超える規模になるとルータが必要になった。

LANで使われるプロトコルは、TCP/IPやIPX、NetBEUIなどすべて例外なく、端末間の通信を始めるにあたってブロードキャストパケットを送受信する。ブロードキャストは物理アドレスの解決などを目的に使われている。つまり、すべてのネットワーク端末が受信しなんらかのソフトウェア的な処理を要求されるパケットである。

しかし、これが大量に送信されると、個々の端末の処理能力を奪いとる。また、スイッチ導入以前のCSMA/CD方式のEthernetでは、コリジョンの多発にも直結するためLANの効率を著しく

接続機器	OSI層	機能
ルータ	レイヤ3：ネットワーク層	ネットワーク層のアドレス（TCP/IPならIPアドレス）でフィルタすることが可能。ブロードキャスト・パケットも遮断できる
ブリッジ	レイヤ2：データリンク層	MACアドレスやフレームタイプでフィルタすることが可能。コリジョンは遮断できるがブロードキャスト・パケットは中継する
リピータ	レイヤ1：物理層	Ethernetの電気信号レベルで分割する。すべてのフレームを中継するためトラフィックは減らない。コリジョンも伝達する

図3-1● 「つなぐ」ではなく「分割する」という観点からスイッチ以前のネットワーク接続機器の機能を比較

実際、秒あたり100程度のブロードキャストパケットが送信されると、コリジョンの多発やパソコンの処理能力の低下により、LAN全体が動作しなくなる「ブロードキャストストーム」が発生することがよく知られている。これは50台程度のパソコンからなるフラットな（全体にブロードキャストが伝播する）ネットワークであれば、始業時の電源投入などのタイミングで頻繁に発生する問題だ。これを解決するのは、OSIの第3層（ネットワーク層）以上でネットワークを分割するルータであった。

社内LANでのルータの使われ方

社内LANにおけるルータの最大の役割は、複数の小規模のブロードキャストドメインに分割することだった（図3-2）。

多くの社内LANでは、ルータの導入と同時、あるいは導入に先行して、LANで使用するプロトコルの見直しが行なわれた。ルータはレイヤ3（ネットワーク層）で動作するため、すべての端末にネットワークアドレス（TCP/IPではIPアドレス）を割り当てて動作するプロトコルしか制御できな

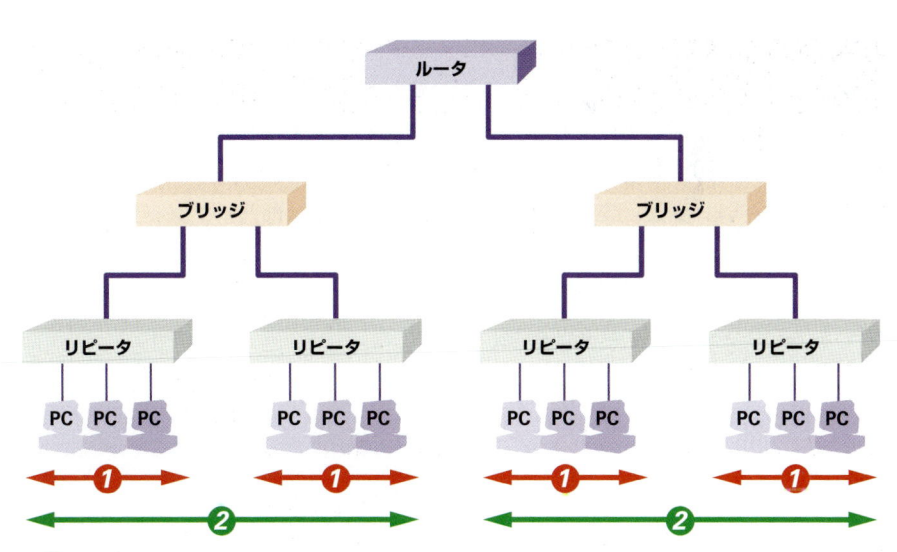

❶：コリジョンドメイン
❷：ブロードキャストドメイン（同一サブネット）

図3-2●LANを分割するための機器の配置と動作。規模の大きいフラットなネットワークを、ルータ、ブリッジ、リピータによって分割する

い。このため、特に大規模なネットワークではTCP/IPプロトコルに移行する一方、ノベルのIPXなども多く使われた。これに対し、SNAなどメインフレーム系プロトコルの多くやNetBEUIはネットワークアドレスを持たず、ルータで経路制御ができないという欠点がある。そのため、ルータの導入に伴って利用範囲が縮小されるという運命をたどった。

現在、多くの企業のTCP/IPネットワークではクラスCのIPアドレスが使われており、個々のサブネットは最大で254のノードに限定されることになる。そして、ルータはそれらサブネットとサブネットの接続点（境界）に設置される。ルータを導入したネットワークでは、ブロードキャストがサブネット内に封じ込められ、ブロードキャストストームが発生しても他のサブネットには影響しない。また、管理、運用上の目的で経路の制御も行なわれる（＝ルーティング：ルータという名前の由来である）。つまり、ルータは必要に応じてサブネットをまたがる通信を中継するのである。

マルチプロトコルの交通整理

ブロードキャストドメインを分割するという目的の他にも、大規模ネットワークの中心にルータが置かれる理由があった。

歴史を振り返ると、TCP/IPが他を大きく引き離してLANの標準プロトコルとなったのは比較的最近のことで、それ以前はネットワーク・オペレーティングシステム（NOS）が異なればプロトコルも異なっていた。たとえば、UNIXの世界ではTCP/IPで統一されていたが、パソコンLANではIPXを使うノベルのNetWareが最大シェアを占めていたし、マイクロソフトやIBMはNetBEUI（NetBIOS）を、アップルはAppleTalkをプロトコルに使うNOSを販売していた。また、汎用機の世界も同様で、ホストと端末間の通信にメーカーごとに異なる独自のプロトコルが使われていた。現在では想像がつかないほど、さまざまなプロトコルが使われていたのである。

大企業では部門やプロジェクトごとに異なるプロトコルが使われることがあり、また、同一のプロトコルで通信

写真3・1●シスコの「Cisco 7200シリーズ」。専用ソフトウェア「Cisco IOS」により、機能を柔軟に拡張できる。最近のこうしたルータはEthernetだけでなく、ATMやFDDIなどさまざまなインターフェイスを収容できる

するユーザーが物理的に離れた場所に位置することもあった。さらには、違うプロトコルのユーザー同士がお互いに通信できるように要求されることもあった。したがって、企業ネットワークではすべてのプロトコルをバックボーンに流す必要があり、ネットワークの中心にさまざまなプロトコルを扱えるマルチプロトコルルータが鎮座することになった。

この種のルータは、ルーティングの概念がない（ネットワークアドレスのない）NetBEUIやホスト系のプロトコルに対してはブリッジとなり、TCP/IPやIPXなどルーティングの概念のあるプロトコルに対してはルータとして働く。そのため、「ブルータ」とも呼ばれた。また、IBMのSNAなどホスト系のプロトコルをIPパケットにカプセル化し、TCP/IPとしてLANに流す「SNAゲートウェイ」の機能を持つルータなども利用された。

異なるフレーム形式の相互変換

プロトコルにおけるTCP/IPと同様、Ethernetが他を大きく引き離してLANの標準規格となったのも比較的最近（この十年程度）のことである。スイッチや100MbpsのEthernetが登場するまでは、原理的にコリジョンが発生しないトークンリングや、高速で電磁気の影響を受けない光ファイバによるFDDIなども無視できない程度に普及していた。トークンリングはIBMの汎用機を導入していた企業で多く使われていたし、光ファイバを使うFDDIは高圧電線や強力なモーターが働く工場では必需品だった。また6〜7年前には、ATMも音声、映像とデータを統合するネットワークとしてかなりの企業に導入された。

このように多数の規格のLANが混在して敷設された企業では、これらのネットワークを相互接続するためにもルータが必要になった（図3-3）。LANの規格ごとにデータフレームの形式が異なるため、ルータでフレーム形式を変換させようというわけだ。2つの規格のLANを接続してフレーム形式を変換できるブリッジ製品もあった。しかし、もっと多くの規格や将来出現するかもしれない新規格への対応を考慮した結果、多くのネットワーク機器ベンダーは、ソフトウェアの書き換えと動作の細かい設定が可能なルータにのみ、複数の規格のLANを接続する機能を実装するようになった。一方、ブリッジは買ってきてつなぐだけで動作するように作られ、多くのベンダーは「設定不要」を宣伝文句にしていた。

第3章　ルータからレイヤ3スイッチへの移行

従来型のネットワーク＝異なったプロトコル、メディア、伝送方式が混在していた

図中の吹き出し：
- **メディアが違う**：Ethernetやトークンリングでは銅線や同軸ケーブル、FDDIでは光ファイバなど、伝送する媒体が異なっていた
- **プロトコルが違う**：ワークグループではTCP/IPやIPX/SPX、ホストではSNA、DECnetなど使われているプロトコルが異なっていた
- **伝送方式が違う**：Ethernetやトークンリング、FDDI、ATM-LANなどトポロジもフレーム形式も異なった伝送方式が混在していた

図中の要素：クライアント、Ethernet網、リピータハブ、スイッチングハブ、サーバ、ルータ、リピータハブ、ブリッジ、FDDI網、ブリッジ、トークンリング網、ホスト、ゲートウェイ、サーバ

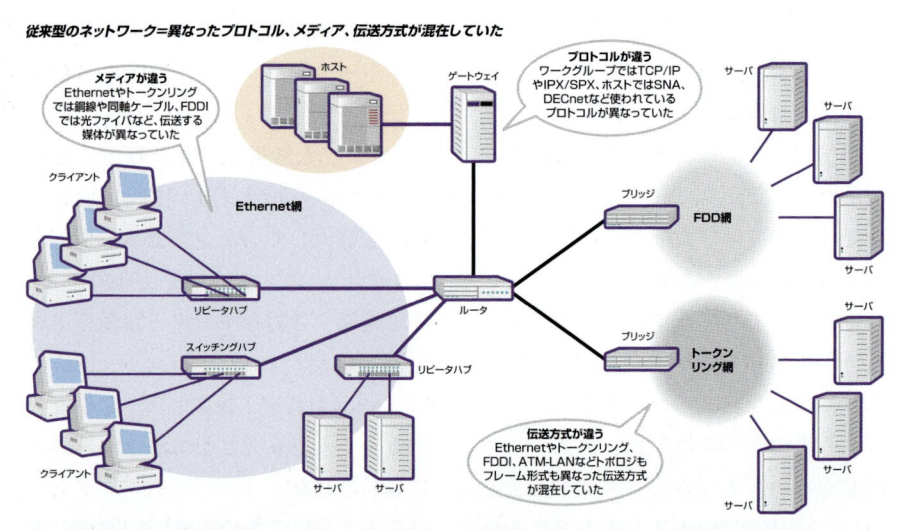

図3-3●EthernetとTCP/IPが標準となった現在では想像できないが、ほんの数年前まで社内LANには異なったプロトコル、伝送方式、メディアが混在していたのだ

セキュリティ的な観点からのメリット

　ルータはソフトウェアで中継処理を行なっているので、パケットが通過する際にソフトウェア的な加工を施すことができる。VPNで使われるIPSecなどのデータ暗号化や、NAT/IPマスカレードなどのアドレス変換の処理は、OSI参照モデルでより下位の層で動作するリピータやブリッジでは実装不可能な機能である。これらのセキュリティ機能は、インターネットに出て行く場合に利用されるだけではない。社内ネットワークでも、人事情報や決算情報など、関係部署以外への情報漏洩を許さないデータをバックボーン経由で流す必要があれば、これらの機能を実装したルータをバックボーンとの接点（境界）に設置すればよい。

　また、ルータは送受信元のIPアドレス、MACアドレス、ポート（アプリケーション）といった情報に基づいて、パケットの中継をブロックすることもできる。たとえば人事情報サーバに対して、人事部サブネット以外のネットワークからの利用を阻止したり、特定の端末だけに開放するなどの制御が必要であれば、人事部サブネットとバックボーンの接点にルータを設置してフィルタリングの設定を行なえばよいわけだ。

ルータの処理が間にあわなくなる

　ルータが「サブネット分割の道具」だったころ、ルータの設計思想は「基本はパケットの遮断で、通す必要のある最小限のパケットだけをルーティングする」だった。というのも、数年前の企業ネットワークでは、トラフィックの8割は特定サブネット内で完結し、ルータを通って外部に出ていくパケットは2割程度だったからだ。このため、ルーティングの処理速度が遅くてもそれほど問題にならなかった。

　ところが近年、インターネット利用の増大やサーバ統合などにより、企業ネットワークの状況が激変した。サブネット内に留まらずバックボーンネットワークへ向かうトラフィックの方が多くなり、ルータを通過するパケットが激増するようになった。また、100BASE-TXなどの高速LANの普及もあいまって、ルータの役割が「いかに堰き止めるか」から「どれだけ通せるか」に変わってきたのだ。

　従来型のルータ（レガシールータ）はインテルやモトローラなどの汎用CPUでソフトウェア的に中継処理を行なっている。レガシールータのIP処理には、1パケットあたり2000インストラクション（CPUの命令数）程度を必要とする。ここで、10Mbpsの10BASE-Tで1秒あたり最大1万4881個のパケットが流れるので、ルータの10BASE-Tポートひとつで3000万インストラクション（30MIPS）弱、100BASE-TXならポートあたり3億インストラクション（300MIPS）弱の処理性能が必要となる。

　これはどれくらいの処理能力を指すのだろうか。パソコン用の最新CPUであるPentium 4（2.2GHz）の処理性能は4000MIPS程度といわれる。つまり、こうしたCPUでルータを作っても、100BASE-TXを15ポート程度接続しただけで、流れ込んでくるパケット処理が遅延する可能性があるということだ。マルチプロセッサ構成にして処理能力を上げる方法もあるが、LANのほうもギガビットEthernet、そして来る10Gbps Ethernetと高速化しているため、処理能力は追い付くどころか引き離されるばかりなのである。

　汎用CPUでソフトウェア的に中継処理を行なうレガシールータは、現在の企業のバックボーンでの処理要求に対して性能が不足し、ボトルネックとなってしまうのだ。

プロトコルの減少

　前述したように、数年前まではLANで使われるプロトコルはいくつも共存

第3章 ルータからレイヤ3スイッチへの移行

していた。しかし、WWW（およびMosaic）出現以降のインターネットの爆発的普及とともに、TCP/IPが事実上の標準となった。

TCP/IPはブロードキャストパケットの割合が低く、「静かな」プロトコルとしても知られている。もとより低速なインターネット、すなわちLANよりも帯域の有効活用にシビアなWAN接続での利用を前提として設計されたからである。確かにTCP/IPがLANの標準となる前から、遠隔地の拠点を結ぶWANではTCP/IPを使っていたという企業は多かった。その意味でもプロトコルのTCP/IPへの統合は、ネットワーク管理者からも歓迎されたのである。同時に汎用機やNetWare・Windows NTなどのNOSでも、TCP/IPへの対応が進み、わざわざマルチプロトコル環境に対応したルータを使う必然性が薄れてきた。

これはより下位のネットワーク規格にも当てはまる現象である。十年前まではEthernetに対抗するLAN規格はいくつかあり、トークンリングやFDDI、ATMなどはかなり普及した。しかしツ

製品名	NMAG-7000 Router
発売元	エヌ・マグ社
シャーシ数	7
インターフェイス	FastEthernet、ATM、ISDN（PRI/BRI）、トークンリング、FDDIなどのアダプタを収容可能
対応プロトコル	IP、IPX、AppleTalk
ルーティングプロトコル	スタティック、RIPv1/v2、OSPF
その他機能	IPフィルタリング、SNMP
オプション	VPN、ファイアウォール（要ライセンス）
標準価格	オープン

図3-4●典型的なローカルルータのスペック表

イストペアケーブルを利用し10Mbpsの速度を実現する10BASE-Tが登場してからは、Ethernet以外のLANの売り上げは減少した。そして、現在ではEthernet以外の既存ネットワークがEthernetに置き換えられることはあっても、その逆はほとんどない。LANの分野ではEthernetだけがシェアを拡大し、Ethernet以外の規格を駆逐してし

まった。

また、21世紀になって「広域Ethernet」サービスが登場し、EthernetはWANの分野でも使われるようになった。企業ネットワークではEthernet以外のLAN規格は無視できる程度の存在になり、ルータでフレーム形式変換を行なう必要もまた、急速になくなってきたのである。

レイヤ3（L3）スイッチの登場

レイヤ3スイッチを産み出したもの

ソフトウェアによるルーティングのボトルネックを解消するため、より高速なCPUとメモリを使う方法はコストの壁に突き当たった。そのため、ネットワーク機器のベンダー各社は異なったアプローチを採るようになった。ブリッジを高速化するためにレイヤ2スイッチが採用した方法、すなわち特定用途向け集積回路（ASIC：Application-Specific Integrated Circuit）を採用し、経路制御やIPヘッダの作り直し処理をハードウェアに担当させるという方向性である。

とはいえ、汎用CPUと違って短期間のうちに費用をかけずに作られるASICで、処理が複雑なマルチプロトコルルータを実装するのは困難である。しかし、IPが事実上の標準プロトコルとなったため、レイヤ3スイッチ用ASICはIP専用の経路制御機能だけを持てばよくなった。また、IPの経路制御機構はインターネットで長年にわたり実地に鍛えられており、ハードウェアに固定的に実装しても問題ないほど安定していた（図3-5）。

さて、ASICでパケットの経路制御を行なうレイヤ3スイッチは、どのベンダーが最初に作り出したのか明確でない。ただ、米ベイ・ネットワークス（現在の加ノーテル・ネットワークス）の「Accelar」と米エクストリーム・ネ

第3章 ルータからレイヤ3スイッチへの移行

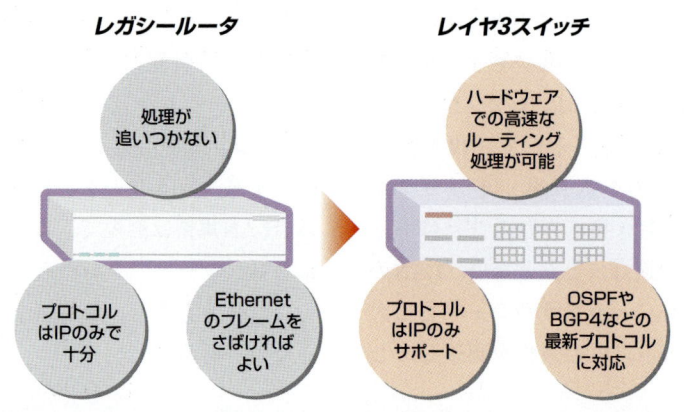

図3-5 ● レガシールータからレイヤ3スイッチへの移行。ASICでIPルーティングが可能になるほど半導体製造技術が向上したこと、IPがネットワークの標準となったことが、レイヤ3スイッチの登場に寄与したのである

ットワークス（以下エクストリーム）の「Summit」が初期の製品として記憶されている。これらはRIP（Routing Information Protocol）やOSPF（Open Shortest Path Fast）などのIPの経路制御機能（ルーティングプロトコル）をASICで実装し、レイヤ2スイッチングとほぼ同等の速度でレイヤ3ルーティングを行なった。このように、接続されるネットワーク（100BASE-TXや1000BASE-T）の速度を100％活用できるため、レイヤ3スイッチは「ワイヤスピード（回線速度）ルータ」と言われることもある。

また、レイヤ3スイッチの既存のルータと異なっている部分は、レイヤ2スイッチとしても機能するという点である。つまり、ルーティングの必要のないEthernetフレームの場合は、通常のスイッチングハブと同様にふるまう。

レイヤ3スイッチのアーキテクチャと課題

レイヤ3スイッチが、どういった処理をハードウェア化したのか、ルータの内部処理を見てみよう。ポートに到着したパケットはメモリに読み込まれ、ヘッダを解析するという作業が行なわれる。ここで宛先となるIPアドレスを取り出し、ホストが所属しているネットワークがどこにあるか、まずはキャッシュを調べる。キャッシュになければ、ルーティングテーブルを調べ、次のホップ先を決定することになる。あとは残りの有効ホップ数を示すTTL（Time To Live）の減算、パケットの誤り検査など行ない、受信したIPヘッ

ダに内容を反映させることになる。

しかし、ルータの処理はこうした転送処理だけにとどまらない。宛先・送信元、プロトコルなどの条件を元にしてパケットを通過／破棄する「フィルタリング」や、優先度に基づき適切なタイミングを調整してパケットを送出する「キューイング」、そして受信パケットやエラーパケット数を調べるアカウンティングといった処理もこなさなければならない（図3-6）。こうした一連の処理を100Mbps、あるいはギガビットのスピードでこなさなければならないと考えると、いかにルータに負荷がかかるかがわかるだろう。

レイヤ3スイッチではASICチップを採用することで、ヘッダ情報の読み込み－解析－経路表の検索－ヘッダ情報の書き換えといった一連の処理がハードウェアで処理できるようになった。論理演算専用回路や並列計算処理までハードウェアに実装して高速化した製品もある。レガシールータがCPUの動作周波数やメモリのスピードに左右されるのに対し、レイヤ3スイッチではASIC自体の動作速度でルーティングが可能になる。

また、CPUとソフトウェアで経路制御を行なうよりもコストが削減できるので、レイヤ3スイッチは同じポート数を持つレガシールータよりもケタ違いに安い。この傾向は接続ポート数が多くなるほど顕著だ。シスコシステムズ（以下シスコ）の「Cisco 7500」やノーテルネットワークス（以下ノーテル）の「BCN」など24以上のサブネット接続が可能なバックボーンルータは通常でも数千万円するのに対し、同規模のレイヤ3スイッチ製品であるエクストリームの「Summit48i」は100万円前後で買える。もちろん、ピーク時の処理性能もこちらが上だ。

一方で、レイヤ3スイッチはハードウェア（ASIC）ベースのIPルータな

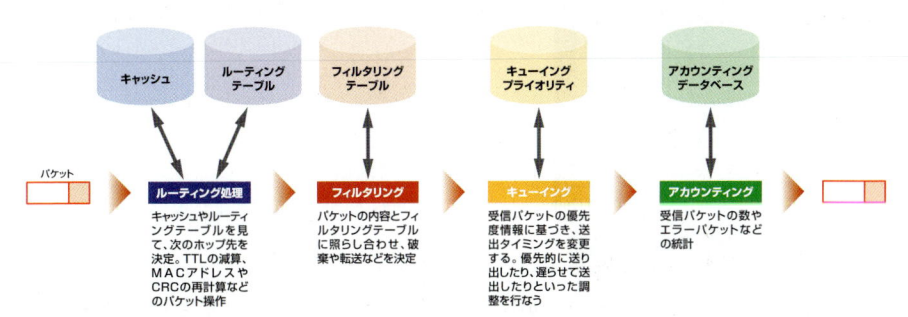

図3-6●ルータやレイヤ3スイッチが行なう処理の流れ。パケットの流量が増えるとこれらの処理もソフトウェアベースのルータにとっては大きな負荷になった。そのため、これらの処理の一部をASICで実装したのがレイヤ3スイッチである

第3章　ルータからレイヤ3スイッチへの移行

ので、普及価格帯（ボックス型）の製品では以下の制約がある。

- 経路制御はIPにのみ対応するのがほとんど（IPXに対応した製品も少数存在する）
- 複数あるIPのルーティングプロトコルのうち、RIP、RIP2、OSPFのみに対応
- 製品によってはIPv6に未対応
- Ethernetのみ接続可能
- ファームウェアやソフトウェアの更新による機能向上の余地はあまりない

これらの制約を回避するため、ASICとは別に汎用CPUを搭載したレイヤ3スイッチもあるが、ソフトウェア処理が行われる機能については、レイヤ3スイッチの最大のメリットであるワイヤスピードは当然出なくなる。

レイヤ3スイッチのキモ「VLAN」

レイヤ3スイッチの特徴的な機能として、「VLAN（Virtual LAN）」が必ず出てくる。VLANとは、同じスイッチに接続されている機器を、論理的（仮想的：Virtual）に異なるサブネットに分割する機能だ。これにより、ビルの同一フロアで同一のスイッチに接続された機器を違うサブネットに分割したり、逆に違うフロアに設置され別々のスイッチに接続された機器を同じサブネットにまとめることもできる。同じVLANに接続された端末は共通のブロードキャストドメインに属しているが、異なるVLANの間では同一のスイッチに接続されていてもブロードキャストは伝播しない。

そもそもVLANはレイヤ2スイッチの機能なのだが、VLANで分割された

写真3-1●エクストリームネットワークスのハイエンドスイッチ「BlackDiamond 6808」。最大1344の10/100BASE-TXポートを搭載で、OSPF、BGP4などのプロトコルにも対応

写真3-2●アライドテレシスのレイヤ3スイッチ「CentreCOM 8624XL」。24ポート搭載で19万8000円という衝撃的な価格を実現した。後継の製品としてはCentreCOM 8724XLなどが存在する

第3章 ルータからレイヤ3スイッチへの移行

サブネット間で通信するにはネットワーク層（レイヤ3）で中継する機器が必要なため、VLANを活用する最善の方法はレイヤ3スイッチの導入になる（図3-7）。レイヤ2スイッチで構築された1個のVLANはブロードキャストドメインと同等であり、1個のVLANをTCP/IPの1個のサブネットと一致するように設定すれば、ルータやレイヤ3スイッチで接続することで通信が可能になる。

VLANの構築方法には、①ポートベースVLAN、②MACアドレスベースVLAN、③IPアドレスベースVLANの3種類がある。これらを上手く組み合わせれば、ネットワークの構成変更にも柔軟に対応でき、人事異動や部署の引っ越しなどの際にネットワーク管理者の手間が減る。

ポートベースVLANは単純にスイッチのポート単位でサブネットを分けるものだ。たとえば、24ポートのスイッチであれば、12ポート×2とか8ポート×3といったVLANを構築できる。もちろん、12ポートと8ポートと4ポートの3つのVLANを組むことも可能だ。ポートベースVLANなら、スイッチのポートの先に直接端末が来ようが、あるいはハブやブリッジが来ようが、ポートにぶら下がる機器はすべて同じ

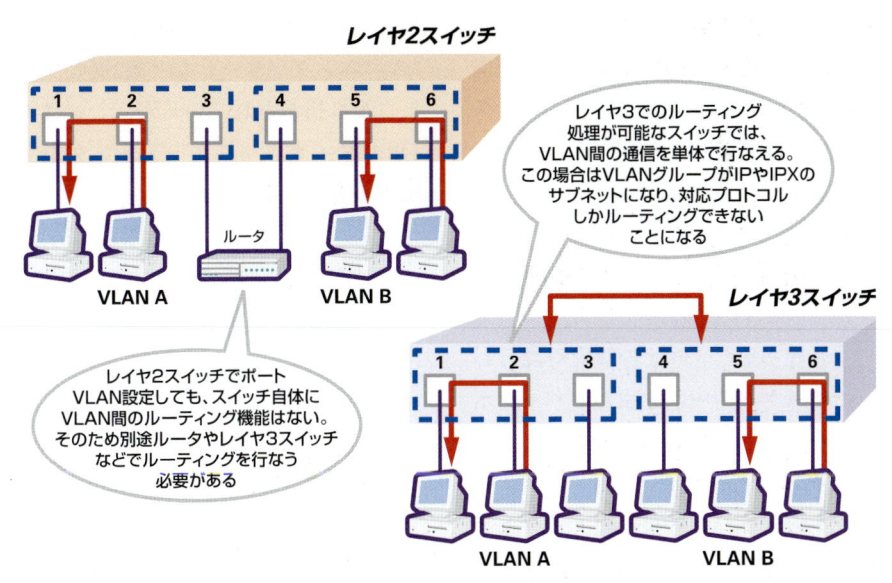

図3-7●レイヤ2とレイヤ3スイッチのVLANの違い。レイヤ3スイッチであれば、ポートやMACアドレスごとにVLANを構築し、サブネットを構築できる。さらにVLAN間でのルーティングも可能で、柔軟なネットワーク設計が行なえる

VLAN・同じIPサブネットに所属することになるので、管理が楽になる。

一方、MACアドレスベースVLANやIPアドレスベースVLANだと、スイッチの各ポートの先にリピータハブやブリッジがつながってその先に複数の端末がぶらさがる場合、管理者にとって「地獄」となる。こうしたVLANはハブやブリッジの先に異なるVLANやIPサブネットに属す端末をつなげても通信できるのがメリットではあるが、その代償としてスイッチのポート先の物理配線とVLANやIPサブネットが一致しなくなるのだ。こうなると、ネットワーク障害が発生した場合、LANアナライザやSNMPマネージャから障害源の機器を探索する手間が増える。そのため避けた方が賢明だ。よほどの理由と自信がない限り、ポートベースVLANだけで設計すべきだろう。

レイヤ3スイッチの信頼性

レイヤ3スイッチは各部署や課といったワークグループを束ねるバックボーンルータとして利用されることが多い。インターネットや業務アプリケーションのサーバとの接続がメインとなるため、回線のダウンやレイヤ3スイッチ自体の故障は、企業システムの死活問題に関わってくる。したがって、「ダウンしない」ことはきわめて重要な要件となる。そのため、ワークグループで動作するスイッチに比べて、1ランク高い信頼性が求められる。

信頼性を向上させるための方策としては、まずPCサーバと同様に部品を冗長化することであろう。そのため、ミッドレンジクラスの製品では電源や冷却ファンなどの二重化などに対応している。また、レイヤ2スイッチと同様、ケーブルを2本束ねてサーバやスイッチを接続し、どちらか1本で信号がとぎれたときには自動的にもう一方の物理リンクを活かすというポートトランキング（リンクアグリゲーション）も搭載されている。当然、ネットワークの障害時に自動的に冗長経路をとる「スパニングツリー」など第2層のプロトコルも搭載されているが、これは第3層のダイナミックルーティングで実現する方が一般的である。

対応プロトコルと設定

ハイエンドのレイヤ3スイッチであれば、プロトコル対応状況はレガシールータと同等であるし、ミッドレンジでもIPの他にIPXまでハードウェア処理し、さらにAppleTalkやDECnetなどをソフトウェアで処理する製品もある。しかし、ローエンドではIPしかル

ーティングできないという製品が多い。すべてのレイヤ3スイッチ製品に共通するのは「IPのルーティングは可能」なのだ。要するに、社内で利用するプロトコルをTCP/IPに一本化できていればよいのだが、そうでない場合、ネットワークの設計とレイヤ3スイッチの選択には注意深さが必要だ。

　ネットワーク設計の段階では、まず、スイッチに接続するネットワークを流れるパケットのすべてのプロトコルを洗い出した上で、①ルーティングするプロトコル　②ブリッジ（レイヤ2で中継）するプロトコル　③中継しない（ブロックする）プロトコル、の3つに分類する必要がある。そして、これらを実現できるレイヤ3スイッチ製品を選択しなければならない。たいしてトラフィックがなく性能に対する要求が低い場合でも、IP以外のプロトコルが使われていれば、「どんなレイヤ3スイッチでもいいや、安いのにしとこう」ではダメなのだ。要求仕様を明確にしたうえで判断しよう。

　スイッチの仕様については、インターネットで設定マニュアルを入手したり、ベンダーやディーラーに問い合わせるなどして確認しておこう。

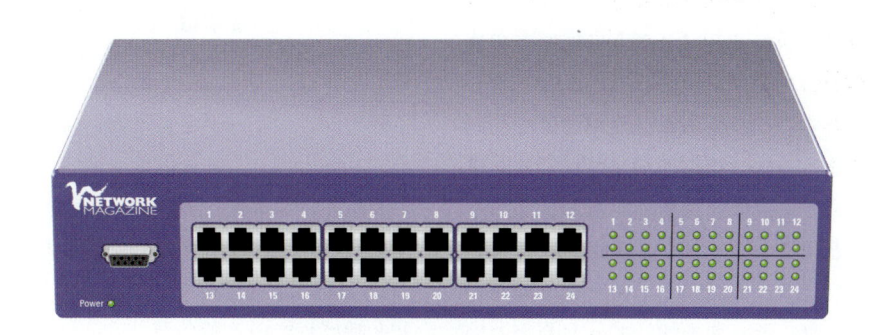

製品名	NMAG-2400
発売元	エヌ・マグ社
ポート	10BASE-T/100BASE-TXポート×24、拡張スロット×2、RS232-C コンソールポート
VLAN	最大63個
MACアドレス学習	8000件
対応プロトコル	IP
ルーティングプロトコル	スタティック、RIPv1/v2、OSPF
その他機能	DHCPクライアント／サーバ／リレー、ポートトランキング、QoS
標準価格	19万8000円

図3-8●標準的なボックス型レイヤ3スイッチのスペック表

第4章 同じ「ルータ」でもこれだけ違う WANルータを用途別に徹底解析

かつてのルータは非常に高価で、気軽な導入はできなかった。だが、今では低価格化が進み、導入も盛んである。本章では、個人向けのダイヤルアップ／ブロードバンドルータと、企業でLAN間接続に利用されるアクセスルータを紹介しよう。

ADSL/CATV/FTTHで使うブロードバンドルータ

インターネットの普及により、テレビや電話などと同じように家庭内で複数台のパソコンが使われることも珍しくなくなりつつある。ただここで問題になるのは、複数のパソコンでインターネット接続を共有できるか、ということだろう。1本の電話回線に複数のパソコンをつなぎ、「メールを見たいから早くそっちを切って～」などという声が飛び交うようでは、とてもではないが効率的にインターネットに接続されているとは言い難い。そのような時に活躍するのが、最近の個人向けのルータである。

まずはISDNダイヤルアップルータ

個人向けのルータというと、今ではADSLやCATVインターネットのための製品というイメージが強い。しかし、個人向けルータとして最初に登場したのは「ISDNダイヤルアップルータ」などと呼ばれている製品だ。

ISDN回線を使ってインターネットに接続するには、「TA（Terminal Adapter）」と呼ばれる機材が必要になる。TAはアナログ回線用の電話やFAX、パソコンなどISDN用インターフェイスを持たない機器をISDN回線に接続するために必要なもので、パソコンとはシリアル、もしくはUSBなどで接続する。ただ、通常の電話回線を

使うアナログモデムと同じく、パソコンとは1対1の接続になる。そのため、複数台のパソコンをつなぐにはその数だけTAを用意するか、あるいは通信のたびにインターネットに接続したいパソコンにつなぎ替える必要性があった。こうした不便さを解消するために登場したのが「ダイヤルアップルータ」というわけだ。

一般的なISDNダイヤルアップルータは、

・TA
・DSU
・3〜4ポート程度のEthernetハブ機能
・2ポート程度のアナログポート

などを内蔵している。WAN側回線がISDNに固定されているため、後述する「ブロードバンドルータ」のように汎用性を持たせる必要がなく、ほとんどの製品がADSL/CATVモデムに該当するTAを内蔵している。

また、ISPに接続する際にモデムやTAを利用する場合に、通信開始の合図として手動でダイヤルアップ接続を指示する必要がある。ISDNダイヤルアップルータでは、接続先ISPの情報をあらかじめルータに設定しておき、LAN側からWAN側にアクセスするパケットが発生したら、ルータが自動的にISPにダイヤルアップ接続を行なう。

このあたりが「ダイヤルアップ」ルータと呼ばれる所以であろう。

その後、インターネット接続のトレンドがISDNからADSLやCATV、あるいは光ファイバを使ったブロードバンド回線に移り、それらの回線を使って複数のパソコンをインターネットに接続するための機器としてブロードバンドルータが登場した。

トレンドはブロードバンドルータ

ダイヤルアップルータとブロードバンドルータのもっとも大きな違いは、インターネットへの接続点、つまりWAN回線側のインターフェイスである（写真4-1）。

ダイヤルアップルータはISDN回線に直接つなぐという方法を採っているが、ブロードバンドルータの場合はADSLやCATVの回線へ直接つなぐのではなく、それぞれのモデム（ADSLならADSLモデム）とクライアント（パソコン）の間に設置して利用する（図4-1）。また、ADSL/CATVモデムとクライアントの接続にはEthernetが利用されることから、その間で動作するブロードバンドルータにはWAN/LAN側ともにEthernetポートが必要になる（ADSLモデムを内蔵し、回線に直接つなげられる製品もある）。

第4章　WANルータを用途別に徹底解析

このように、対応するWAN側インターフェイスに違いはあるが、内部での処理などは実はダイヤルアップルータでもブロードバンドルータでも大きな違いはない。以降では、個人向けルータが内部でどのような処理を行なって複数台のパソコンの接続を可能にしているのかを中心に見ていこう。

対処療法としてのNAT

現在、IPv4からIPv6への移行が話題になっている。IPv4ではIPアドレスの枯渇が深刻な事態になっており、もっ

（右写真のポート）
- USBポート
- アナログポート
- ISDN S/Tポート
- ISDN Uポート
- LANポート
- WANポート

写真4-1●ISDNダイヤルアップルータとブロードバンドルータを兼ねるヤマハの「RTA54i」

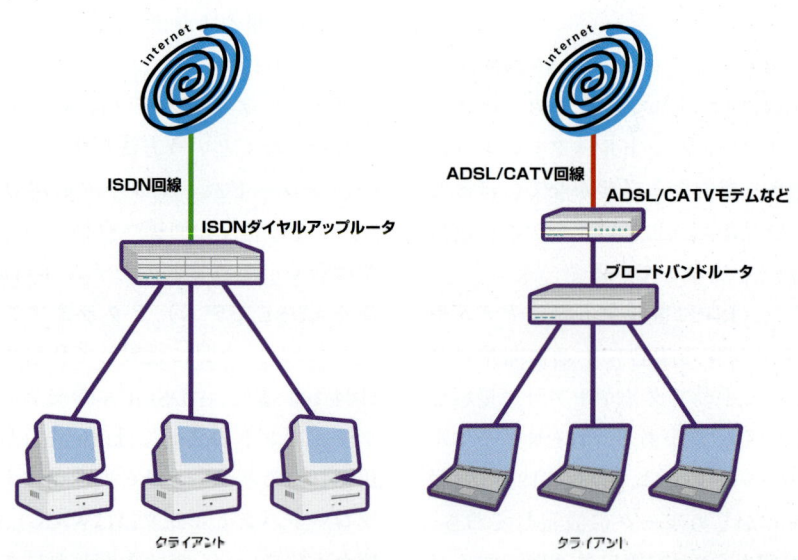

図4-1●ISDNダイヤルアップルータはWAN側（インターネット側）回線がISDNに固定されていたので、TAやDSUの機能を内蔵したものがほとんどだった。対してブロードバンドルータは、WAN側回線が多様化（ADSL/CATV/FTTHなど）していたことから、モデムを内蔵せず、回線の種類を選ばない製品であることが求められた

第4章 WANルータを用途別に徹底解析

と広いアドレス空間を持つIPv6でこの問題に決着をつけよう、というのがこの背景にある。しかし、こうした問題は今に始まったことではなく、何年も前から議論されていた。そこで、IPv6のようにIPアドレスの割り振りなどを根底から変えてしまうのではなく、対処療法的な問題解決の手段として提案されたのが「NAT（Network Address Translation）」と呼ばれるアドレス変換技術である。

TCP/IPにおいて個々のホスト（パソコンやルータ）を特定するために使われるIPアドレスは、グローバルIPアドレスとプライベートIPアドレスの2種類に分けられる。グローバルIPアドレスはインターネット上で使えるアドレス、プライベートIPアドレスは企業内など閉じられたLANでのみ利用を許されたIPアドレスである。

このプライベートIPアドレスは、LAN内でなら何の問題もなくパケット

製品名	Routing Star α
発売元	エヌ・マグ社
WAN側インターフェイス	10/100BASE-TX(RJ45)×1
LAN側インターフェイス	10/100BASE-TX(RJ45)×4
WAN側対応回線	FTTH/CATV/ADSL
アドレス変換方式	NAT/IPマスカレード
対応プロトコル	TCP/IP
DHCP機能	DHCPサーバ/クライアント
ファイアウォール	パケットフィルタリング
	ポート番号フィルタリング（NAT）
	DMZ機能
	静的IPマスカレード
推定小売価格	9800円

図4-2●代表的なブロードバンドルータの製品スペック。WAN側インターフェイスを100BASE-TX対応にすることで、本格的な光時代の到来にも対応する。当然、LAN側インターフェイスはスイッチ対応である

を送受信できるが、決してインターネットにはパケットを流すことはできない。送信元／送信先としてプライベートIPアドレスが記されているパケットはインターネットでは破棄されることになっているのだ。かといって、インターネットに接続するために、社内LANでもグローバルIPアドレスが必要になるのであれば、ただでさえ残り少ないグローバルIPアドレスがなくなってしまう。そこで利用されるのがNATというわけだ。

NATの考え方をごく簡単にいうと、LANからインターネットへパケットが送り出されるときに、もともとの送信元であるプライベートIPアドレスをグローバルIPアドレスに書き換えてインターネット上に送り出すというものである。このとき、どのプライベートIPアドレスをどのグローバルIPアドレスに変換したかを「アドレス変換テーブル」に記録しておき、接続先からの返事が返ってきたときは送信先のIPアドレスをもともとのプライベートIPアドレスに書き換えてLAN側に送り出す。このように相互に変換することで、プライベートIPアドレスを使ったLANと、外側のインターネットの間で通信することを可能にしているわけだ。

NATの問題点

しかしNATには、保有するグローバルIPアドレスの数しか同時にインターネットに接続できないという大きな問題がある。たとえばグローバルIPアドレスが1つしかなく、「192.168.0.5」というプライベートIPアドレスを持つホストがインターネットにアクセスしている間に、「192.168.0.6」を持つ別のホストがインターネットにアクセスしようとした場合を考えてみよう。

NATは、まず192.168.0.5のホストからの通信が開始されたとき、パケットの送信元をグローバルIPアドレスに書き換え、さらに「送信元は192.168.0.5で、送信先は210.143.xxx.xxx」というアドレス変換テーブルを作成する。送信先である210.143.xxx.xxxから、NATが変換したグローバルIPアドレス宛に要求に応えるパケットが返ってくると、このアドレス変換テーブルに従ってLAN側のホストへそのパケットを転送する。ここまでなら問題はないが、通信途中に192.168.0.6からの要求がきて「送信元は192.168.0.6で、送信先は210.188.xxx.xxx」のようにアドレス変換テーブルを書き換えてしまうと、192.168.0.5のホストが接続している210.143.xxx.xxxからパケットが戻ってきたときに、本来の送信元ではないホ

ストにパケットが転送されてしまうのである。

NATがグローバルIPアドレスを2つ持っていれば、192.168.0.5と192.168.0.6のそれぞれに別のグローバルIPアドレスを割り当て、通信が混乱することを避けられる。しかしそうすると、同時に接続する可能性のある台数分のグローバルIPアドレスが必要になってしまう。これではIPアドレスの枯渇に対する解決にはならない。

こうした問題に対応したのが「IPマスカレード」、あるいは「NAPT（Network Address and Port Translation）」、「拡張NAT」などと呼ばれている機能だ。

NATを拡張したIPマスカレード

IPマスカレードもLAN内で使われているプライベートIPアドレスをグローバルIPアドレスに変換することで、LANとWANの通信を取り持つという点はNATと同じだ。しかし、大きく異なっているのはポート番号まで変換しているという部分である（図4-3）。

IPマスカレードの説明の前に、この「ポート」について解説しておこう。IPアドレスは、インターネットに接続されている個々のホストを特定するためのアドレスだが、ポート番号はそのホストの中で動作しているサービスを識別するための番号である。たとえば、

NAT（Network Address Translation）は一対一のアドレス変換機能

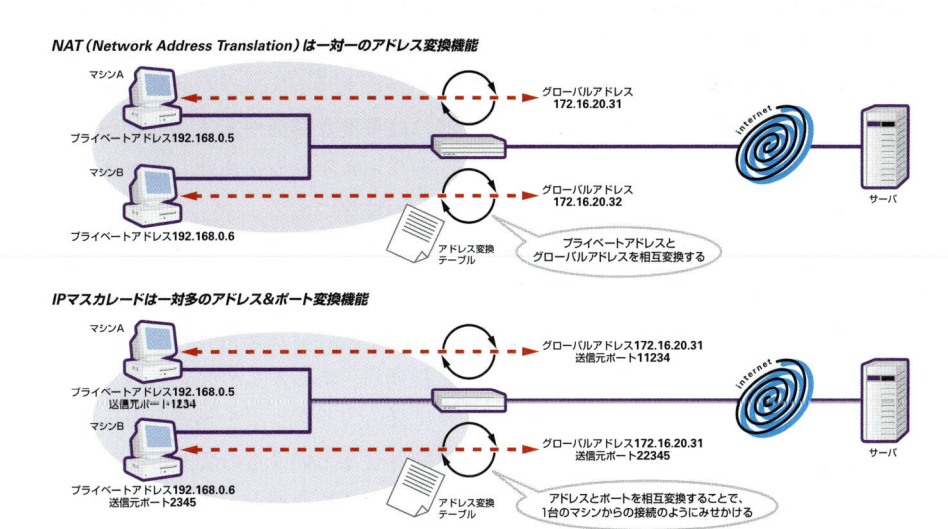

- マシンA
- プライベートアドレス192.168.0.5
- マシンB
- プライベートアドレス192.168.0.6
- グローバルアドレス 172.16.20.31
- グローバルアドレス 172.16.20.32
- アドレス変換テーブル
- プライベートアドレスとグローバルアドレスを相互変換する

IPマスカレードは一対多のアドレス&ポート変換機能

- マシンA
- プライベートアドレス192.168.0.5
- 送信元ポート11234
- マシンB
- プライベートアドレス192.168.0.6
- 送信元ポート2345
- グローバルアドレス172.16.20.31 送信元ポート11234
- グローバルアドレス172.16.20.31 送信元ポート22345
- アドレス変換テーブル
- アドレスとポートを相互変換することで、1台のマシンからの接続のようにみせかける

図4-3●NATとIPマスカレードの違い。NATでは、クライアントの数だけグローバルIPアドレスが必要となる

Webブラウザとメールソフトを立ち上げ、メールを受信している間にブラウザでWebサイトをチェックする、といった作業をわれわれは当たり前のように行なっている。しかしIPアドレスだけでは、メールサーバから返ってきたパケットをWebブラウザが受け取るのか、メールソフトが受け取るべきかを判断できない。しかしWebブラウザとメールソフトのそれぞれからのパケットを異なるポート番号で送り、さらにサーバからの返信もそのポート番号に向けて送ることで、複数のアプリケーションで同時に通信しても混乱することなく正しいアプリケーションにパケットを送り届けることができる。

IPマスカレードはIPアドレスとともに送信元のポート番号も変換することで、グローバルIPアドレスが1つしかなくても複数のホストから同時にインターネットに接続できるようにする。つまり、192.168.0.5と192.168.0.6が同時にインターネットにパケットを送ろうとしても、ポート番号を192.168.0.5からの通信は10000番台、192.168.0.6からの通信は20000番台などに付け替えて、それを変換テーブルに記録しておく。サーバから返ってくるパケットは、どちらも同じIPアドレスだが、ポート番号が10000番台と20000番台で異なっているので、LAN内のホストでも識別ができる。そのため、正しい送信元に返信パケットを届けられるというわけだ。

現在販売されているダイヤルアップ／ブロードバンドルータは、このIPマスカレードを用いることで複数台のパソコンを支障なくインターネットに接続することを可能にしている。ほとんど設定することもないだけに普段は意識することがない機能だが、どういった処理が行なわれているのかは覚えておいてほしい。

セキュリティのためのパケットフィルタ

個人向けのダイヤルアップ／ブロードバンドルータは、複数台のパソコンを同時にインターネットに接続することを主目的として購入されるケースが多いが、もう1つこのネットワーク機器には重要な側面がある。それがパケットフィルタリングを使ったセキュリティの確保である。

パケットフィルタリングの考え方は機種によって異なっている部分もあるが、基本的には送受信されるパケットを精査し、あらかじめ設定されたルールに従ってパケットを通過、あるいは破棄させるというものである。これによって不必要なパケットがインターネットから入ってきたり、あるいはLAN側のマシンからインターネットに流出

することを防ぐわけだ。

フィルタリング時に使われるルールは、送信元と送信先のそれぞれのIPアドレスと前述したポート番号、プロトコルの種類（TCPやUDPなど）によって指定する。たとえばLAN内にWebサーバを立てていないのであれば、Webサーバの標準的なポート番号である80番に対してのアクセスがインターネット側からあっても、それに応答する必要はない。そこで「すべての送信元から送られてくる、送信先のポート番号が80番のパケットは破棄する」というようなルールを作っておけば、80番ポートへのアクセスを遮断できるようになる（図4-4）。

フィルタリングによって特に効果があるのは、不正なパケットを送り込み、セキュリティホールを突いて乗っ取るなどの攻撃に対してである。たとえば、あるサーバソフトにセキュリティホールがあり、特定のポート番号宛てにパ

図4-4●パケットフィルタリングの概念。パケットに含まれるポート番号をチェックし、ルールで許可されていないポート番号へのパケットは自動的に破棄する。自前でサーバを立てていなければ、ウェルノウンポートへのリクエストに応える必要はない

ケットを送ると乗っ取ることができてしまうという場合でも、そのサーバにパケットが届く前にルータで遮断しておけば、セキュリティホールを突いた攻撃を無効化できるわけだ。

 ただ、ここで忘れてはならないのが、正当な手段で送られてきたパケットに対してパケットフィルタリングは何の効力も発揮しないということである。たとえばメールソフトに添付されたウイルスや、Webサイトに仕掛けられた悪意のあるJavaScriptなどを利用したパケットの遮断はできない。そのため、アンチウイルス系ソフトが不要になるというわけではない。基本的にルータでウイルスは防げないのだ。

 また、ダイヤルアップルータのセキュリティとしては、ユーザーが望まないインターネットへの接続を抑制する意味あいもある。ほとんどのダイヤルアップルータは、LAN側からインターネットへパケットが出ていく際に、自動的にプロバイダに接続するように設定できる。ただこのパケットがユーザーが望んだものであればよいが、ソフトウェアによってはユーザーの操作とは無関係にパケットを流すものがある。しかしダイヤルアップルータはそのパケットがユーザーが望んだものかどうかは判断することができず、勝手につながれて課金されてしまうため、それをフィルタリングで抑制しようと

いうわけだ。

 LANとインターネットの間でパケットを監視してセキュリティを高め、ダイヤルアップルータにおいては望んでいない接続を防いでくれるなど有用なパケットフィルタリングだが、難点はTCP/IPに関する知識がなければルールが作成できないという部分だろう。最近のルータではデフォルト（標準設定）でそれなりの設定になっている場合が多いが、セキュリティを考える上で必須ともいえる機能なので、ぜひ勉強して自分のモノにして欲しい。

ポートフォワーディングとDMZ

 ダイヤルアップ／ブロードバンドルータの機能の中でも特に重要度の高いIPマスカレードは、一種のセキュリティ機能としても働く。IPマスカレードを介して接続すると、ルータはグローバルIPアドレスを持っているが、個々のマシンはプライベートIPアドレスなので、インターネットから直接アクセスすることはできない。こうして隠蔽されることによって、セキュリティホールを突いて攻撃されるなどという可能性も低くなる。

 一般的なWebアプリケーションの利用では支障がなく、またセキュリティ向上にも役立つIPマスカレードだが、

サーバを構築するときにはこれがデメリットになる。インターネット側からLAN内に立てたサーバにアクセスしようとして、ルータが持つグローバルIPアドレス宛にパケットを送信しても、LAN内に複数のホストがあった場合、パケットを受け取ったルータはどのホストにパケットを転送すればよいのかわからない。IPマスカレードでLAN内のホストを隠蔽していることがアダとなるわけだ。

しかし、常時接続環境になったら自分でサーバを立ててみたいと思うユーザーは多い。そこで、多くのブロードバンドルータに搭載されているのが「ポートフォワーディング」の機能だ。これは、転送するパケットの送信先ポート番号と、サーバとなるマシンのプライベートIPアドレスを設定しておいて、外部から来たパケットの送信先ポート番号がそこで指定されたものだった場合、指定されたLAN内のマシンにパケットを転送するという処理を行なうというものだ。

設定自体は非常にシンプルだ。たとえば192.168.0.100に80番ポートでWebサーバを立てた場合、ポートフォワーディングの設定で、宛先ポート番号を「80」、転送先IPアドレスとして「192.168.0.100」を設定する。これで外部からブロードバンドルータに割り当てられたグローバルIPアドレスをWebブラウザに入力すると、192.168.0.100で立てたサーバが応答するというわけだ（図4-5）。

なお、この機能はパケットフィルタリングと密接に絡み合っている点に注意する必要がある。外部からのアクセスを遮断している状態では、いくら80番ポートを送信先としたパケットが送られてきても、フィルタリングによって破棄されてしまう。これを回避するためには、80番ポートへのアクセスを通過させるようフィルタリングを設定し直しておく必要がある。また、アプリケーションによっては使用するポート番号が実行時に動的に変わるものもあり、このような場合には静的なフィルタリングルールを設定するのが難しく利用できない場合が多い。これに対応するため、最近では動的なフィルタリングルールを設定できるようにしている製品が増えている。なおブロードバンドルータによっては、自動的にフィルタリング設定を変更してくれる製品もあるので、このあたりはヘルプやマニュアルを見て確認してほしい。

ポートフォワーディングと似たような機能として、「DMZ（DeMilitarized Zone）」と呼ばれる機能もある。ポートフォワーディングが特定のポート番号宛のパケットのみを転送するのに対し、DMZ機能はポート番号に関わらずすべてのパケットを指定したLAN内の

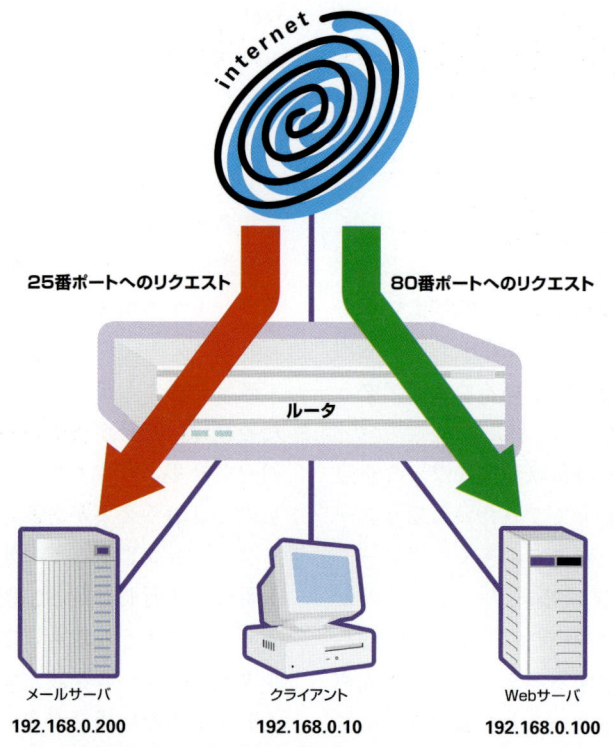

図4-5 ●ポートフォワーディングの考え方。WAN側からの特定のポートへのリクエストを、特定のIPアドレスのマシンにすべて通過させる。Webサーバを立てているのであれば、HTTPリクエストである80番ポートへのリクエストは通過させる必要がある

マシンに転送する。こちらは使用しているポート番号が特定できないネットワークゲームなどをプレイするときに利用する機能である。このDMZ機能を利用するとインターネット側から指定されたマシンがほぼ丸見えの状態となり、IPマスカレードによる隠蔽の効果がなくなる。使わないときは設定をオフにしておくなど、使用する際は最大限の注意を払いたい。

拠点間接続に使うアクセスルータ

ローカルルータとアクセスルータ

企業で使われるルータを大別すると、

- 拠点内のLAN同士を接続する「ローカルルータ」
- 遠隔地にあるネットワークとの接続に利用する「アクセスルータ」

に分けられる。両者の違いとしてもっともわかりやすいのはサポートするインターフェイスである。ローカルルータの多くがEthernetポートのみを搭載するのに対し、アクセスルータはISDNや高速デジタル回線、ATMなどさまざまなWANインターフェイスをサポートしている。

この分類で考えると、先に説明したブロードバンドルータはサポートするインターフェイスがEthernetのみということから、「インターネットからの通信にも対応するローカルルータ」といえる。つまりNAT/IPマスカレードやパケットフィルタリングといった機能は、基本的な部分ではアクセスルータもブロードバンドルータも違いはないわけだ。ただ企業向けのルータは、個人向けのルータに比べて多機能で、信頼性やパフォーマンスにも重きがおかれている。また、同じ機能でも設定可能な項目数が多く、多種多様なLANに対応できるように柔軟な設定が可能になっている。

現在では接続形態に合わせてさまざまな製品が各メーカーでラインナップされており、価格も十数万円から数百万円までと幅広い。ローカルルータについてはすでに第3章で触れているので、ここではアクセスルータについて見ていこう。

アクセスルータの選択基準

企業向けアクセスルータ選びで製品を絞り込むポイントになるのが、WAN回線側のインターフェイスである。先に述べたように、ブロードバンドルータはADSLモデムやCATVモデムとクライアント（ホスト）の間に接続するのが一般的だが、アクセスルータはWANインターフェイスをそのまま収容する形になる。そのため、製品を選ぶ際はまずISDN回線を使って接続するのか、あるいは高速な専用線や

ATMを利用するのかなどを明確にする必要がある。

また、予算に余裕があれば複数の異なるインターフェイスを搭載する製品も候補に入れたい。このメリットは、将来的な回線アップグレードへの対応に加え、WAN側ネットワークの冗長化が図れることが挙げられる。普段は専用線で接続しているが、そちらに障害が発生した場合に自動的にISDN回線に切り替える、といったことが可能になる。また、最近では複数のルータが仮想的にIPアドレスを共有し、一方が通信できなくなった場合は別のルータに通信を振り分けるといったことが可能な製品もある。この機能はVRRP（Virtual Router Redundancy Protocol）と呼ばれ、ルータ間の冗長化機能としてよく利用される。特にネットワークの重要性が高い業種では、こうしたルータの冗長化は必須といえるだろう。

小規模拠点向けのルータは、WAN側にISDNのインターフェイスを搭載する製品が圧倒的に多い。ちなみにISDNのインターフェイスは「INSネット64」で使われる「BRI（Basic Rate Interface）」と、「INS1500」など高速デジタル回線用インターフェイスである「PRI（Primary Rate Interface）」に分けられる。PRIはISDN回線を23本収容可能な容量を持ち、月額料金も高価である。このことから、低価格な製品はBRIのみサポートというのが一般的で、PRIへの対応は1クラス上の製品で行なっているメーカーが多い。

さらに上のクラスのアクセスルータには、WAN/LAN側のインターフェイスを拡張カードで追加できる製品もある。こうした拡張が可能であれば、トラフィックが増加したため高速化を行ないたい場合に、ルータ自身は変更せずスロットに拡張インターフェイスを追加するだけで対応できる。たとえば、ヤマハの「RT300i」は拡張スロットに装着するインターフェイスとして、8ポートのBRI端子を持つモジュールなどがオプションとして用意されている（写真4-2）。

ただ、インターフェイスを交換すれば、即パフォーマンスが向上するとは限らない。WAN側の速度が上がっても、ルーティングのスループットが追いつかない場合もありえるからだ。このように、ルータがボトルネックとなる可能性があるので、将来的な回線のアップグレードを想定するのであれば、ルーティング速度などにも余裕を持った製品を選びたいものだ。

RASとVPN

社内LANで利用しているサーバを、インターネット経由で外部からアクセ

第4章 WANルータを用途別に徹底解析

写真4-2●標準でBRI×1、LAN×1のポートを装備するヤマハの「RT300i」。拡張スロットを4基装備しており、写真ではPRIボードを2枚、LANボードを1枚、BRI×8ボードを1枚装着している

ス可能にしたいというニーズもある。こうしたリモートアクセス環境を整備すれば、たとえば夜間や休日を問わず会社のアドレス宛に到着したメールをチェックできたり、社内のイントラネットに外部からアクセスできるといったメリットが得られる。しかし、管理者にとってはサーバを外部に公開するとセキュリティ面で不安になるだろう。特に機密性の高い情報が含まれる可能性の高いメールやグループウェアは、外部からのアクセスに慎重にならざるを得ない。

こうした用途に対応するために、アクセスルータに用意されているのがRAS（Remote Access Server）やVPN（Virtual Private Network）といった機能である。

RASは主に外部から電話（ISDN）回線を介してアクセスを受け付け、ユーザー認証を行なうことで社内LANに接続できるというもの。電話回線を用い、ルータの内側にあるネットワーク

とアクセスした拠点が1対1で結ばれる形になるため、盗聴などの危険性も低くセキュリティは比較的高いといえる。通常は、RASを安全に利用するための機能を搭載している。たとえば、あらかじめ登録された電話番号からの着信だった場合にのみ接続を許可する機能や、いったん接続したあと回線を切断し、RASサーバ側から改めて接続する「コールバック機能」などがある。このようにアクセスルータには、こうした電話回線からの着信機能である「リモートアクセスサーバ」機能を搭載したものが多い。

また、ユーザー認証の部分では「RADIUS（Remote Authentication Dial In User Service）サーバ／クライアント」の機能があるかどうかも重要だ。ダイヤルアップ接続のための標準的なユーザー認証システムで、リモート接続のユーザーに割り当てるIPアドレスの設定や、接続時間などのログ情報を記録できる。ルータ自身がRADIUSサーバ

第4章　WANルータを用途別に徹底解析

を搭載する製品のほか、別途用意されたRADIUSサーバのクライアントとして連携し、ユーザー認証を行なうルータもある。

　一方、VPNはインターネットを使って安全な通信を行なうための暗号・認証技術である。そのためVPNでは、パケットを別のパケットでカプセル化した「トンネル」を作ったり、データの暗号化を行なうなどして、高いセキュリティを実現している。電話回線によるリモートアクセスは、同時にアクセスが予想される回線分の回線を確保しなければならない。また、遠距離になればなるほど電話代もかかるため、運用コストがかさんでしまう。しかし、リモートアクセスVPNを使えば、インターネット経由で安全に社内LANにログインできる。また、このようなリモートアクセスの用途だけでなく、拠点間のアクセス回線としてインターネットを利用することで、遠距離間での通信でも通信コストを削減することができるといった特徴もある。

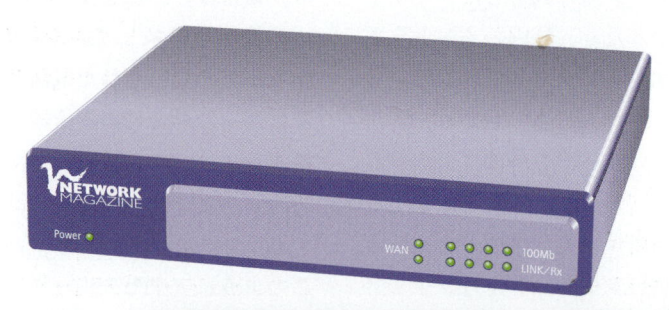

製品名	Access Routing Star β
発売元	エヌ・マグ社
WAN側インターフェイス	BRI×1（拡張可）
LAN側インターフェイス	10/100BASE-TX(RJ45)×4（拡張可）
拡張スロット	4（各種インターフェイスを増設可能）
WAN側対応回線	ISDN／専用線／フレームリレー
アドレス変換方式	NAT/IPマスカレード
ルーティング対象プロトコル	IPv4／IPv6／IPX（代理応答可）／ブリッジ機能あり
ルーティングプロトコル	RIP v1/2／OSPF／BGP4（Firmwareで対応予定）
管理プロトコル	SNMP
認証機能	RADIUS
障害冗長構成機能	VRRP
セキュリティ機能	VPN(IPsec/PPTP/L2TP)、静的パケットフィルタリング、ISDN識別着信
推定小売価格	19万8000円

図4-6●代表的なアクセスルータのスペック。標準ではBRIを1基装備するだけだが、4基の拡張スロットを備えることで補完している

ルータでVPNを利用する場合に重要なのは、どのプロトコルをサポートしているかである。VPNには「PPTP（Point to Point Tunneling Protocol）」や「L2TP（Layer 2 Tunneling Protocol）」、「IPsec（IP security）」などのプロトコルがあるが、最近ではセキュリティの高さなどからIPsecが用いられる事例が増えているようだ。

SNMPなど保守管理機能が充実

企業での利用を想定したアクセスルータは、個人向けのブロードバンドルータと比較して保守や管理の機能が充実している。そのなかでも基本中の基本といってよいのが、「SNMP（Simple Network Management Protocol）」を利用した管理だろう。SNMPに対応したルータは、「MIB（Management Information Base）」と呼ばれるデータベースにトラフィックやコリジョンの発生量、ハードウェア情報などを記録している。ルータは、このMIBの情報を「SNMPマネージャ」と呼ばれるソフトに定期的にレポートすることで、自身が正常動作していることを通知している。これにより、SNMPマネージャをインストールしたPCなどからいち早くルータの異常が検知でき、素早い対処が可能となる。SNMPマネージャは複数の機器からのレポートを受け付けられるので、ネットワーク保守に人的リソースをかけられない場所では便利な機能だろう。このSNMPマネージャは、ネットワーク機器ベンダーから提供されていることが多い。

また、このレポートを集計し、ネットワークがどの程度混みあっているのかを把握し、今後の速度の強化を検討する、あるいはコリジョンの発生量からネットワーク構成を考え直すといったときの材料として活用できる。システムの異常通知だけでなく、長期的なネットワーク設計の判断材料としても利用できるのがSNMPの特徴である。

サポートするプロトコル

最近ではTCP/IPを前提にしてネットワークが構築されることが圧倒的に多い。しかし、それ以外のプロトコルを利用している企業が多いのも事実である。ノベルのIPXなどはその代表例だろう。しかしブロードバンドルータはインターネットへの接続のためのネットワーク機器という割り切りがあるため、IP以外のプロトコルはほとんどサポートされていない。一方、企業系のアクセスルータではTCP/IP以外のプロトコルをサポートする機種も多い。

基本的にルータは、OSI参照モデル

の第3層で動作するネットワークデバイスであり、パケットを中継するためにはIPアドレスといったネットワークアドレスが必要になる。逆にいえばネットワークアドレスを持たないプロトコルはルーティングできないのだが、そうしたプロトコルでも単純なブリッジとして動作するよう設定できる製品（一般にブルータと呼ばれる）もある。

豊富なルーティングプロトコルに対応

　ルータのもっとも重要な仕事は、パケットを目的地まで届けるための経路を決定することである。そのためルータはルーティングテーブルという表を保持している。これには、「このネットワーク宛てのパケットは、このアドレスに転送する」といった情報（これを経路情報という）が記述されており、ルータはこれを見てパケットの転送先を決定する。

　しかし、個人向けのダイヤルアップルータやブロードバンドルータでは、こうしたルーティングに関する機能は重視されない。個人向けルータはインターネットと家庭内のLANを結ぶものとして用途が絞られているため、LAN以外へのパケットはインターネット側（ISPのルータ）へ転送すると固定されるからだ。そのため、ルーティングプロトコルに関しては、カタログなどで触れていない場合も多い。

　対して複数のルータで構成される企業のネットワークでは、ルーティングテーブルがしっかり設定されていないとWAN側へとパケットを送るどころか同じ社内のマシンへとパケットを送ることさえままならない。このルーティングテーブルを設定するもっとも単純な方法は、人間が表を作成する「静的（スタティック）ルーティング」だが、ネットワークの構成が変化するとそれぞれのルータのルーティングテーブルをすべて設定し直さなければならず、非常に手間がかかる。

　そこで企業向けのルータでは、「動的（ダイナミック）ルーティング」という方法を使ってルーティングテーブルを設定する機能が用意されている。これはルータ同士が自動的に経路情報を交換し合って、ルーティングテーブルを作るというもの。動的ルーティングなら、ネットワーク構成を変更してもルータが自動的にルーティングテーブルを書き換えるため、管理の手間を軽減できる。

　動的ルーティングを実現するためのプロトコルとしては、「RIP（Routing Information Protocol）」と「OSPF（Open Shortest Path First）」、そして「BGP4（Border Gateway Protocol-4）」の3つが企業や通信事業者で利用され

WANルータを用途別に徹底解析　第4章

　RIPは小規模ネットワークで利用されることが多いルーティングプロトコルだ。実装が比較的簡単なため、個人向けのブロードバンドルータでも対応する製品がある。どれだけのルータを経由すれば通信先にデータが届くかを数値化した「ホップ数（メトリック）」を元に、最小のホップ数で到達できる経路を決定する。

　反対にOSPFは大規模ネットワーク向けのルーティングプロトコルで、その特徴はルータ間の通信速度を経路選択に組み込むことができる点だ。これにより、もっとも早くパケットが相手に届くルーティングテーブルが作成できるようになる。

　最後のBGP4は、ISPや大学など大規模なネットワーク同士を結ぶためのルーティングプロトコルとして利用されている。また、最近ではIP-VPNサービスでこのプロトコルが使われているため、ユーザー側でも対応ルータが必要になる場合が増えてきている。RIPやOSPFが経路情報をブロードキャスト（マルチキャスト）して他のルータに通知するのに対して、BGP4は2つのルータの間だけで経路情報をやり取りするという特徴がある。

　動的ルーティングを利用する場合は、これらのルーティングプロトコルのいずれを選択するかをまず考えておく必要がある。これらのプロトコルについては第4部も参照してほしい。

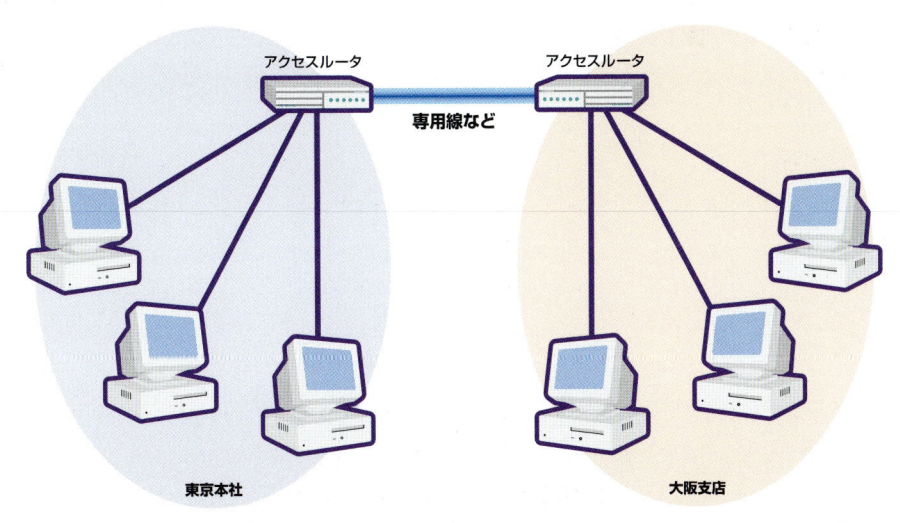

図4-7●アクセスルータの設置イメージ。拠点間の回線はいろいろ選択できる。もちろん、ADSLも選べる

第2部

ルータ設定の実際

ネットワークを構築するには、TCP/IPの知識、とりわけIPアドレスの割り当てやルーティングなどについての知識が必要不可欠である。第2部では、複数のルータやスイッチを使って構成されるネットワークを前提に、ルータやレイヤ3スイッチの実際の設定を見ながら、ネットワークを構築する際に必要な知識について解説していくことにしよう。

第1章 ルータ設定の基礎

ネットワーク構築のキモを学ぶ

IPアドレスとルーティングの実際を見ていく前に、第1章ではまずルータとレイヤ3スイッチについて見渡そう。さらにIPアドレスやネットマスク、プライベートIPアドレスなど社内ネットワーク構築に必要な基礎知識についてもおさらいしておこう。

ルータ設定を極めよう

ネットワーク構築の基本は「ルータ」

　ネットワークを構築する人にとって、TCP/IPの知識は言うまでもなく必須のものである。特に、新しくネットワークを敷設する場合には、TCP/IPを使うことが前提になるのは間違いないだろう。そこで考えなければならないのが、どの部署にどのようにIPアドレスを割り当てなければならないか、ルータはどのように設定すればよいのかといったことである。

　以下では、こうした作業に必要なIPアドレスとルーティングの知識を、ルータやレイヤ3スイッチを設定することを通して解説していこう。実際に設定を行なってみることで、これらの知識が現実にどう使われるのかまで確実に理解できるようになるはずだ。

価格●11万8000円
LANポート●4（レイヤ2スイッチ、10/100BASE-TX）
LANポート●2（10/100BASE-TX）
ISDN S/T点ポート●1
対応回線●ADSL/CATV/FTTH、ISDN、高速デジタル専用線、IP-VPN、フレームリレー、広域Ethernet
ルーティング●RIPv1、RIPv2、OSPFv2、BGP4
管理機能●SNMP
その他●VRRP、IPsec、QoS、IPv6対応

写真1-1●ヤマハのRTX1000はADSLやFTTHだけでなく、ISDNやデジタル専用線などいろいろな回線に対応したアクセスルータである

ルータとレイヤ3スイッチ

そもそもルータとは、「異なるネットワーク」にパケットを中継する装置のことで、たとえば、社内LANと通信事業者のWANサービスを接続したり、部署ごとに分割されたEthernetのLAN同士を接続するのに使われている。

しかし、この数年、フロアや建物間をつなぐ基幹ネットワーク（バックボーン）にルータが使われる割合が急速に低下してきた。その代わりに用いられるようになったのが「レイヤ3スイッチ」である。

ルータもレイヤ3スイッチも、その基本的な機能は同一である。レイヤ3スイッチとは、Ethernetで使われるスイッチにルータの機能を持たせたものと考えてもよいだろう。しかし、レイヤ3スイッチではルータとしての主要な機能がすべてハードウェア化されているため、通常のルータより処理速度が圧倒的に速い。また、低価格化も進んでおり、今では普通のルータを積極的に選ぶ理由というものはほとんどないといえるだろう。

ただし、相変わらずルータが使われ続けている用途も存在する。社内LANと、WANやインターネットを接続する「アクセスルータ」がそうである。WAN回線側にはEthernet以外の回線が使われることが多く、しかもLANほどの処理速度は要求されない。そのため、Ethernetが基本のレイヤ3スイッチでは、逆に高くついてしまう場合があるのだ。

こうした事情を踏まえて、以下では基幹ルータとして、レイヤ3スイッチであるアライドテレシスの「CentreCOM 8724XL」とエクストリームネットワークスの「Summit48si」を、インターネットへのアクセスルータとして、ヤマハの「RTX1000」を使ってネ

価格●20万7900円
ポート数●24（10/100BASE-TX）
ルーティング●RIPv1、RIPv2、OSPFv2
管理機能●SNMP
その他●VRRP対応

写真1-2●アライドテレシスのCentreCOM 8724XLはVRRPでの二重化に対応したレイヤ3スイッチ。価格も実売18万円前後と手ごろ

価格●オープン（実売60万円前後）
ポート数●48（10/100BASE-TX）、2（1000BASE）
ルーティング●RIPv1、RIPv2、OSPFv2
管理機能●SNMP、SNMPv2、ExtremeWare付属
その他●QoS対応（帯域制御、優先制御）

写真1-3●エクストリームネットワークスのSummit48siはギガビットEthernetのポートを2つ装備している薄型レイヤ3スイッチ

第1章　ルータ設定の基礎

1. IPアドレスの割り当て　82ページ
IPアドレスとサブネットを理解し、各部署にIPアドレスを割り当てていく。また、DHCPサーバを構築してIPアドレスの管理を省力化する

4. 機器と回線の冗長化　115ページ
不測の事態に備えて、2台のルータを並列に運用して故障に備える。また、WAN接続のダウンを検知し、適切なルーティング変更が行なえるようにする

ヤマハ「RTX1000」
ADSLモデム
internet
ルータ
インターネットや支社へWAN接続

3. NATとフィルタリング　108ページ
インターネット接続をする場合には、プライベートIPアドレスで構成された社内からのパケットをグローバルIPアドレスに変換するNATを行なう。また、不正なパケットを社内に入れたり、インターネットへ送り出したりしないよう、フィルタリングを行なう

アライドテレシス「CentreCOM 8724XL」
レイヤ3スイッチ

総務部
営業部1
営業部2

1. IPアドレスの割り当て　82ページ

開発部3
開発部2
開発部1

フロアや建物間を接続
基幹ネットワーク（バックボーン）

レイヤ3スイッチ
エクストリームネットワークス「Summit48si」

2. ルーティングの設定　89ページ
各部署間のパケットを適切に配送できるようにする。また、このルーティング設定を自動化するRIPなどのプロトコルを使ってみる

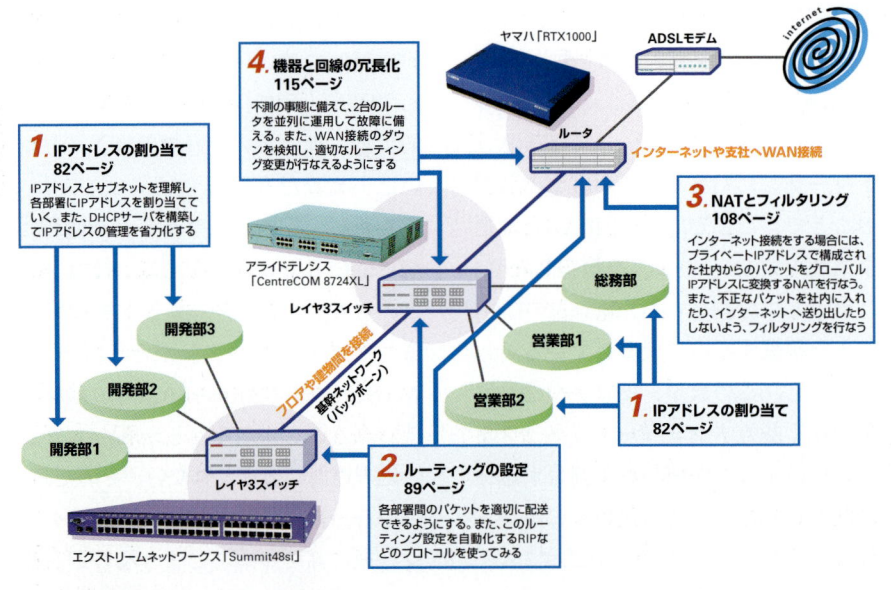

図1-1●今回作るネットワークの構成図

ットワークを設計していくことにしよう（図1-1）。

学習の進め方

　ネットワーク構築でまず必要になるのが、IPアドレスの割り当てだろう。今回は部署ごとにLANを分割し、これをレイヤ3スイッチで接続する構成にしてみよう。これらの部署に接続されるマシンにはIPアドレスが必要だ。そこで、各部署には適切なIPアドレスを割り当てていくことにする。この過程で、IPアドレスとネットマスクの役割と「サブネット」の扱い方が身に付くはずである。

　そして次の段階では、LAN同士がうまく通信できるようレイヤ3スイッチに「ルーティング」の設定を行なう。ルーティングの設定がうまくいかないと、パケットが宛先まで届かないため、通信ができないのでこれは非常に重要だ。

　さらに、WANやインターネット接続で使われるアクセスルータの設定を行う。特に、インターネット接続ではPPPoEなどを使ってISPに接続する必要がある。このときに社内で使われるIPアドレスと、インターネットで使うグローバルIPアドレスを変換する「NAT（Network Address Translation）」や、外部からの不正なパケットを食い

止めるための「フィルタリング」などの設定を行なうのも重要である。

最後に、機器や回線の故障への対策をする。基幹レイヤ3スイッチを二重化し、ISDNによるインターネット接続のバックアップを試してみよう。

復習IPアドレス&サブネット

IPアドレスを割り当てよう

LANを構築し、ルータを設定するためには、IPアドレスとサブネットマスクの知識が必須になってくる。IPネットワークでは、通信を行なうすべてのホストが固有のIPアドレスを持たなければならない。また、ネットワークがある程度の規模になると、単一のネットワークではなく、複数で構成されるのが普通である。そのためには、IPアドレスを各ホストにどのように割り振るか、そして複数のネットワークをどのように構成するのかを理解しておく必要がある。

まずは、ホストやルータに割り当てるIPアドレスについて解説をしよう。IPアドレスは32ビットの数を表現できるため、全部で約43億のIPアドレスを割り当てることが可能だ。通常はこの32ビットを8ビットずつに区切って、さらにそれらを10進法で表記する。実際には「192.168.1.20」といった具合になり、これを各ホストに割り当てていけば、宛先や送信元をIPアドレスで指定できる。

IPアドレスはどこから入手すればよいだろうか？ IPアドレスは登録制なので、ISPなどから割り当ててもらわないといけない。割り当てられたIPアドレスをルータやPCに設定すれば、IPを使うインターネットで通信が行なえるようになる。これらインターネットで利用できるIPアドレスのことを、「グローバルIPアドレス」と呼ぶ。一方、インターネットに接続しない、閉じたネットワークだけで自由に使える「プライベートIPアドレス」というアドレスの範囲があり、社内LANではこれらのアドレスを用いるのが一般的である（図1-2）。プライベートIPアドレスとして使える範囲には、「10.0.0.0～10.255.255.255」、「172.16.0.0～172.31.255.255」、「192.168.0.0～192.168.255.255」の3種類があり、こ

第1章　ルータ設定の基礎

133.10.XX.X　グローバルIPアドレス
192.168.X.X　プライベートIPアドレス

インターネット経由の通信にはグローバルIPアドレスを使う

社内ネットワーク

192.168.10.2
192.168.10.4
192.168.11.3
192.168.11.5

スイッチ
ルータ
133.10.XX.X

192.168.0.10

組織内ではプライベートIPアドレスを使って通信する

プライベートIPアドレスには一定の範囲のIPアドレスを使用する。そのため、異なる組織で同じIPアドレスを使っていることは珍しくない

インターネット
200.56.X.X

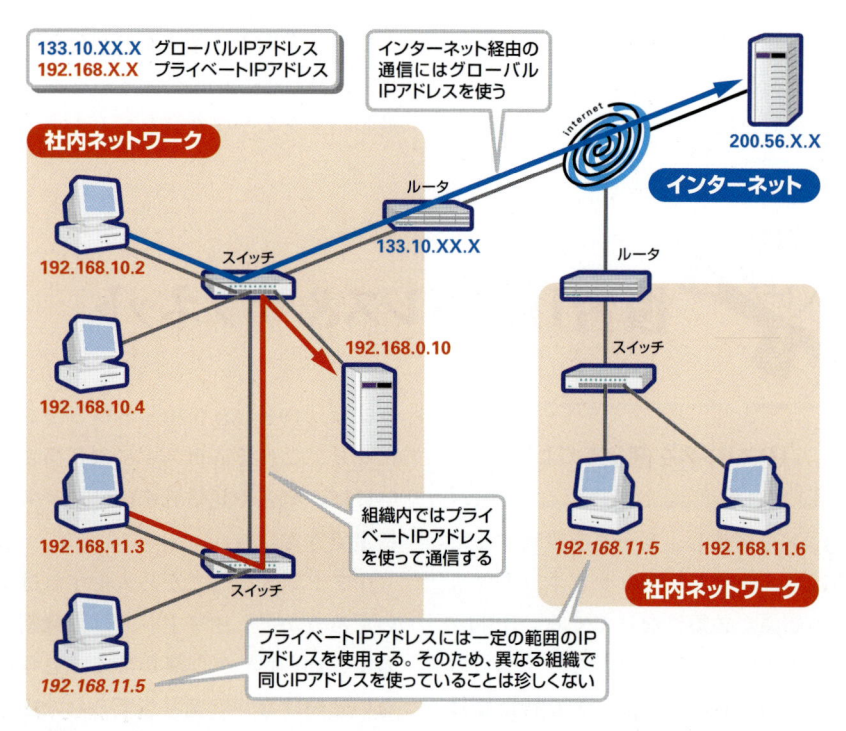

ルータ
スイッチ
192.168.11.5　192.168.11.6
社内ネットワーク

図1-2●プライベートIPアドレスとグローバルIPアドレス：プライベートIPアドレスは自由に使えるが閉じたネットワークでしか利用できない。外部に出るにはNATやIPマスカレードなどを利用してグローバルIPアドレスに変換する必要がある。グローバルIPアドレスは「IANA（Internet Assigned Numbers Authority）」という国際団体が管理をしているため自由には使えない

れらをそれぞれクラスA、クラスB、クラスCと呼んでいる。この範囲のIPアドレスを各ホストやルータに割り当てればよいというわけだ。

しかし、1台ごとにこれを設定していくのは非常に面倒だ。そのため、DHCP（Dynamic Host Configuration Protocol）というプロトコルを使って、IPアドレスの割り当てを自動化する方法を使ってみよう。

サブネットに分割する必然性

冒頭に述べたとおり、社内LANを単一のネットワークで構成することはそれほどない。たとえば、プライベートIPアドレスのクラスAの範囲であれば、約1677万台にIPアドレスを割り当てられるが、実際には、さらに細かな「サブネット」に分けるのが一般的だ。なぜネットワークを分割する必要がある

第1章 ルータ設定の基礎

192.168.0.0/24

- PC-1 192.168.0.2
- 宛先：192.168.1.5
- 宛先：192.168.0.3
- レイヤ2スイッチ
- 自分と同じネットワークアドレス宛のパケットは、直接宛先へ送る
- PC-2 192.168.0.3

レイヤ3スイッチはブロードキャストを通さない

192.168.0.1 レイヤ3スイッチ

STOP ブロードキャストパケット

192.168.1.0/24

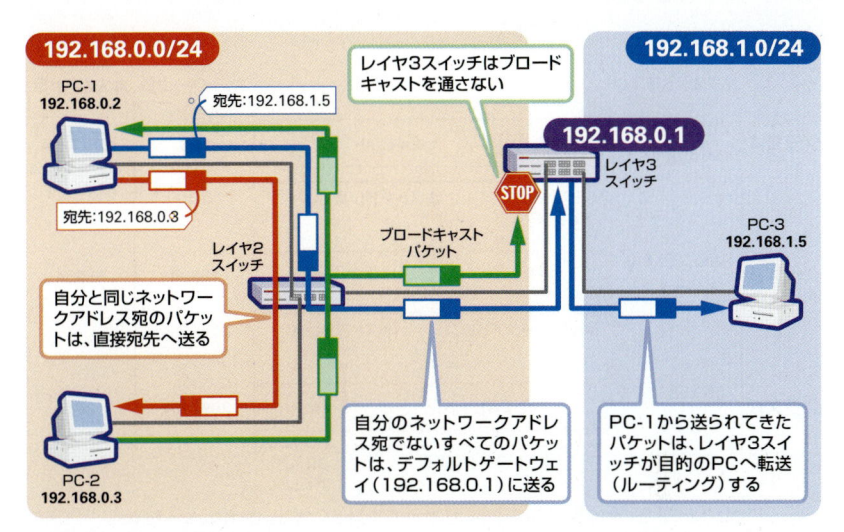

- PC-3 192.168.1.5
- 自分のネットワークアドレス宛でないすべてのパケットは、デフォルトゲートウェイ（192.168.0.1）に送る
- PC-1から送られてきたパケットは、レイヤ3スイッチが目的のPCへ転送（ルーティング）する

図1-3●レイヤ3スイッチでネットワークを分割：ブロードキャストパケットは遮断して、他のサブネット宛のパケットは転送する

のだろうか？

　それは「ブロードキャストパケット」の氾濫を防ぐためだ。ブロードキャストは、ネットワーク内のすべてのホストに対して情報を送る通信方法である。IPアドレスから通信相手のMACアドレスを見つける際などブロードキャストは頻繁に使われる。そのため、ホストが多いネットワークでは、ブロードキャストパケットによって帯域が圧迫される危険性がある。これを防ぐために1つのネットワークを複数のサブネットに分けるのである。

　そして、ネットワークをサブネットに分割するために使うのが、今回紹介するレイヤ3スイッチやルータの役割となる（図1-3）。レイヤ3スイッチの役割とはつまりブロードキャストパケットが他のサブネットに流れるのを防ぎ、なおかつ他のサブネット宛のパケットを正しく転送（ルーティング）することに他ならない。

サブネットに分割する方法

　では、サブネットはどういったものだろう？　IPアドレスには、実はホストのアドレス（ホストアドレス）とホストが所属するサブネットのアドレス（ネットワークアドレス）が含まれている。だが、単なる数字の羅列では、どこが境界線は判別できない。そこで、IPアドレスとは別にホストアドレスと

第1章　ルータ設定の基礎

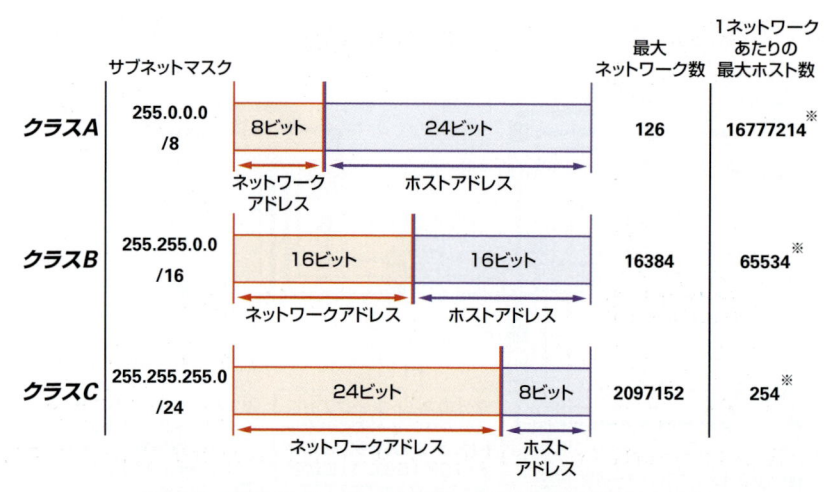

クラス	サブネットマスク	ネットワーク／ホスト構成	最大ネットワーク数	1ネットワークあたりの最大ホスト数
クラスA	255.0.0.0 /8	8ビット（ネットワークアドレス）＋24ビット（ホストアドレス）	126	16777214※
クラスB	255.255.0.0 /16	16ビット（ネットワークアドレス）＋16ビット（ホストアドレス）	16384	65534※
クラスC	255.255.255.0 /24	24ビット（ネットワークアドレス）＋8ビット（ホストアドレス）	2097152	254※

※ネットワークアドレスとブロードキャストIPアドレスはホストに割り当てられないため2少ない

図1-4●サブネットマスクとクラスを理解しよう：ネットワークアドレスとホストアドレスの境界線がネットマスク

　ネットワークアドレスの境界線を表わすために使われるのが「サブネットマスク」という値である。

　サブネットマスクはIPアドレスと同じように32ビットのアドレスを8ビットずつに分割し、さらに10進法に変換して表わすのが一般的だ。ではどのようにホストアドレスとネットワークアドレスの区切りをつけるのだろう。たとえば「255.255.255.0」のサブネットマスクを2進法で表記すると、「11111111.11111111.11111111.00000000」のように1と0が連続することになる。この1の部分がネットワークアドレス、0の部分がホストアドレスとなる。つまり、この場合は24ビット（8ビット×3）のネットワークアドレスと、8ビットのホストアドレスを持つことになる。またサブネットマスクを「192.168.10.1/24」の「/24」のように表記する「プレフィックス」という方法もある。どちらも示す内容は同じで、IPアドレスのどこまでがネットワークアドレスかを表わしている（図1-4）。

　前述したクラスというのは、ネットワークアドレスを8ビット、16ビット、24ビットにそれぞれ固定するという考え方である。しかし、このクラスの概念でネットワーク数とホスト数を決定した場合、両者の調整がうまくいかない。クラスCで1つのサブネットに割り当てられるのは最大256台（2の8乗）だが、クラスBだと一気に6万5536台（2の16乗）になってしまう。

第1章 ルータ設定の基礎

会社全体では「10.0.0.0/8」のクラスAのプライベートIPアドレスを使用

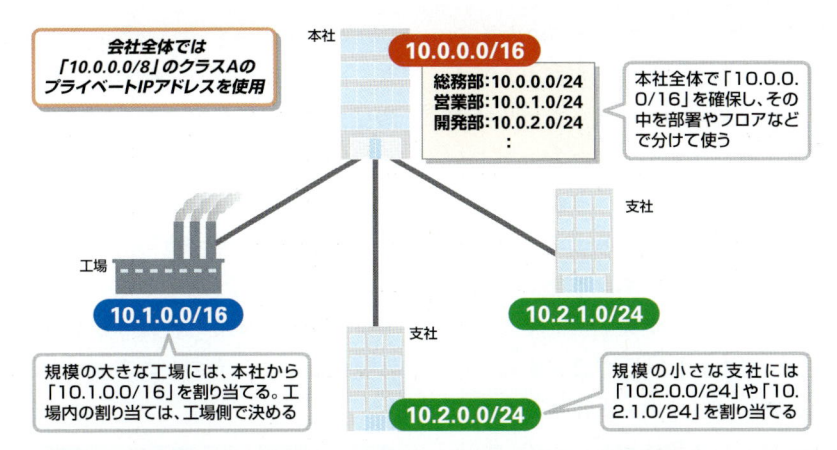

本社 10.0.0.0/16
総務部：10.0.0.0/24
営業部：10.0.1.0/24
開発部：10.0.2.0/24
：

本社全体で「10.0.0.0/16」を確保し、その中を部署やフロアなどで分けて使う

工場 10.1.0.0/16
規模の大きな工場には、本社から「10.1.0.0/16」を割り当てる。工場内の割り当ては、工場側で決める

支社 10.2.1.0/24
支社 10.2.0.0/24
規模の小さな支社には「10.2.0.0/24」や「10.2.1.0/24」を割り当てる

図1-5●社内LANの構成は？：規模によってIPアドレスの使い方はずいぶん変わってくる。この図では本社1つで6万台以上のホストを接続することが可能

　これを解決するのが、サブネットマスクを可変にするVLSM（Variable Length Subnet Mask）だ。この方法を使うと、ホストアドレスを7ビット、ネットワークアドレスを25ビットというように、組織にあわせてホスト数とネットワーク数を適当な数に調整することができるようになる。

どのIPアドレスを使うのか

　以上でプライベートIPアドレスとサブネットの概要がわかっただろう。では、次に実際に社内LANを構築する際には、どのようなネットワーク構成にすればよいだろうか。これは構築する組織の規模に依存する問題である。たとえば、従業員が数万人の大企業であ

家庭やSOHOなどの小規模ネットワークでは、「192.168.0.0/24」のクラスCのプライベートIPアドレスを使用

ブロードバンドルータ 192.168.0.1
192.168.0.2
192.168.0.3
192.168.0.4

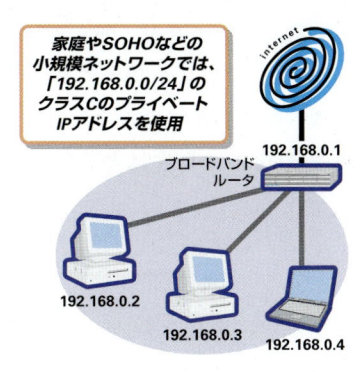

図1-6●ホスト数が数十台のSOHOならクラスCが1つで十分

れば、クラスAのプライベートIPアドレスを使ったネットワークになるだろう（図1-5）。また、SOHOのような数名から数10名の組織であれば、ブロードバンドルータを中心にクラスCのネットワークを1つ構築することになるだろう（図1-6）。

　このように規模によって構成は大き

第1章　ルータ設定の基礎

く異なるため、ここでは500人から1000人ぐらいまでの中小規模の企業を想定し、10程度のサブネットに分けることにする。こうした際にどのようなIPアドレス構成にするべきかの簡単なガイドラインを考えてみよう。

おすすめは、サブネットをすべてクラスCに統一し、サブネットマスクを255.255.255.0（/24）で設定するというものだ。プライベートIPアドレスで使えるアドレス数は数多いので、たとえ数10台規模のサブネットでもクラスCで割り当てるようにしよう。VLSMを使う方法もあるのだが、使えるプライベートIPアドレスが数多くあるのに、ホスト数をあえて少なくして、アドレスを節約する必要はどこにもな

い。サブネットを1677個作ることができ、1つのサブネットあたり256台（実際は254台）割り当てられれば、通常の組織であれば十分といえる。また、VLSMの表記は、慣れないとホスト数やネットワーク数が直感的ではなくなってしまう。何事もそうなのだが、物事はわかりやすくしたほうがトラブルは発生しにくいものとなるのである。

組織と場所、どちらに割り当てる？

それでは、複数のクラスCのネットワークアドレスを使うとして、それをどのように社内に割り当てればよいのだろうか。これには2つの考え方があ

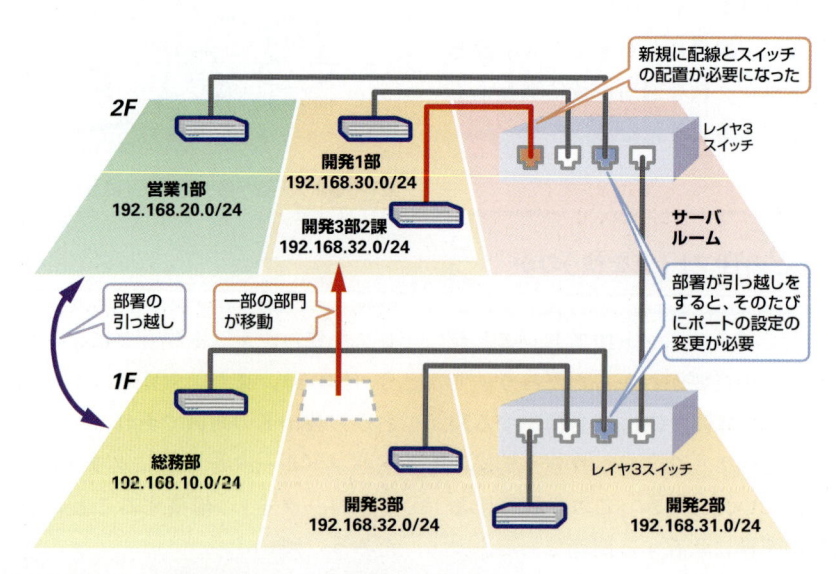

図1-7●IPアドレスは組織で割り当てるか場所で割り当てるか

第1章 ルータ設定の基礎

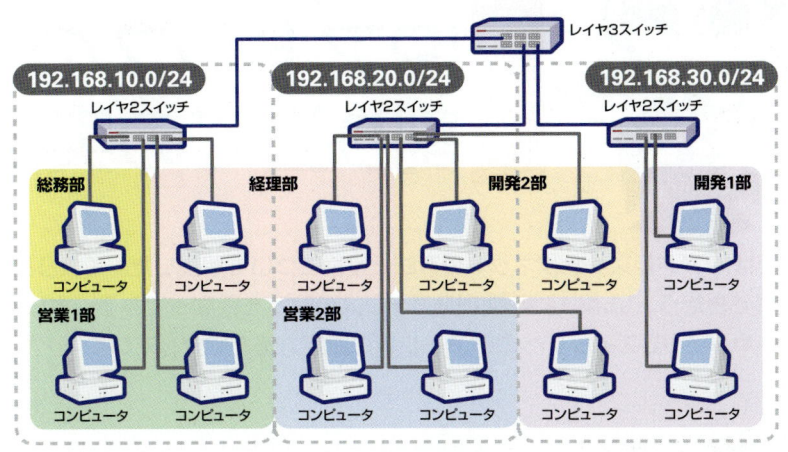

図1-8●部署で割り当てると、引っ越しがあるたびに設定が必要になる。場所で割り当てても、ユーザー管理はActive Directryなどアプリケーションレベルで対応できる

る。1つは組織や部署に対応して割り当てる方法（図1-7）で、もう1つは物理的な配置に対応して割り当てる方法（図1-8）である。

　管理の面から考えると、フロアや拠点など物理的な配置に対応する方が簡単だ。部署に対応した割り当てを行った場合、部署が引っ越しをするたびにレイヤ3スイッチの設定変更が必要になってしまう。また、部署内の一部の部門が別の場所にある場合、2カ所で同じネットワークが使えるようにレイヤ3スイッチの設定をしなければならない。ネットワーク的には技術を組織に優先させることが1つの原則であり、ネットワークアドレスを組織別に分けることは避けるべきといえる。

　とはいえ、現実問題として、組織にネットワークアドレスを対応させてい

る組織は多い。そのため、次章以降は、表1-1のように総務部や営業1部などの部署ごとにネットワークを分けるケースで説明をしていくことにしよう。

表1-1●社内LANのIPアドレス割り当て例：今回は、このようにIPアドレスを割り当てる

部署名	ネットワークアドレス
（バックボーン）	192.168.10.0/24
総務部	192.168.20.0/24
営業1部	192.168.21.0/24
営業2部	192.168.22.0/24
開発1部	192.168.30.0/24
開発2部	192.168.31.0/24
開発3部	192.168.32.0/24

第2章 IPアドレスの割り当ての実際

VLANから始まるレイヤ3スイッチの設定

前章ではIPアドレスやサブネットの意味と役割について解説した。これらについて理解できたら、いよいよ実際にIPアドレスの設定を行なってみる。本章では、ホストやレイヤ3スイッチへのIPアドレスの設定方法を紹介していく。

IPアドレスを割り当てよう

DHCPサーバでIPアドレスを割り当てる

サブネットやIPアドレスの設計が決まったら、実際にホストにIPアドレスを割り当てる方法を考えてみよう。これには手動割り当てという方法もあるが、1台ごと個別に設定をするのは手間がかかるうえ、ミスをする危険もある。そのため、一般的にはDHCPサーバを使用する。

今回のパターンでDHCPを使うには、

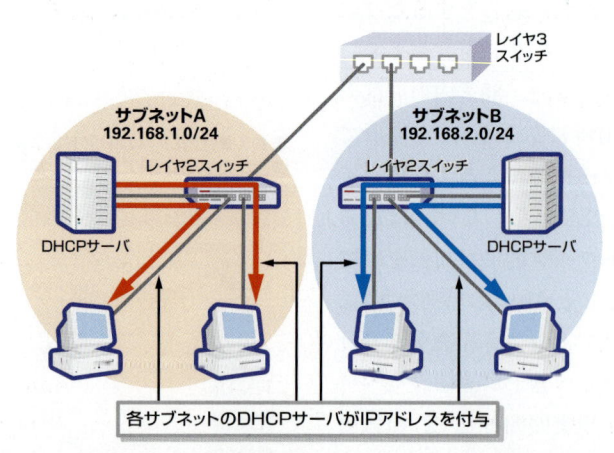

図2-1 ● DHCPサーバの設置にはいくつかの方法がある：ネットワークごとにDHCPサーバを設置

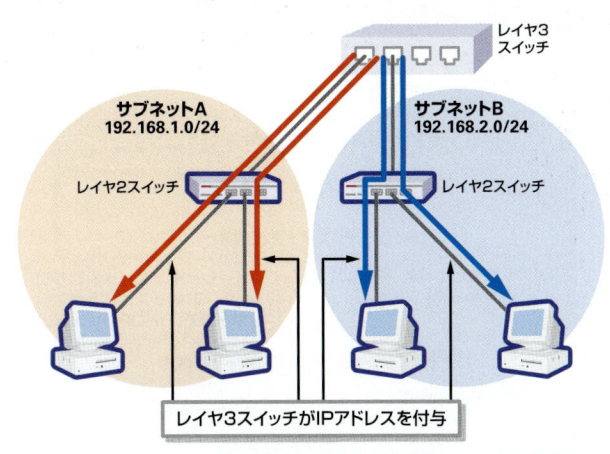

図2-2 ● レイヤ3スイッチのDHCPサーバ機能を利用：レイヤ3スイッチの設定が複雑になる

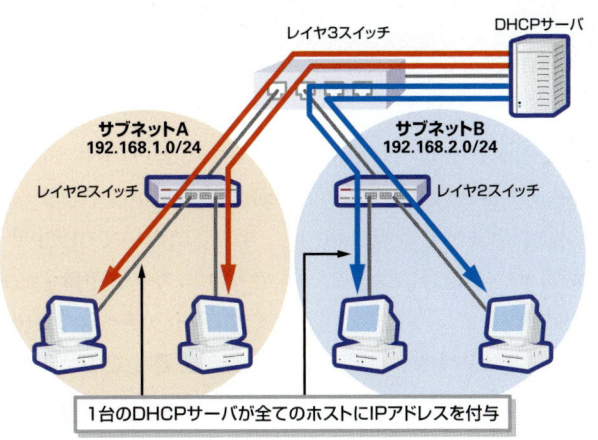

図2-3 ● 中央にDHCPサーバを立てる：DHCPサーバは1台でよい

3つの方法が考えられる（図2-1〜図2-3）。図2-1は、サブネットごとに個別にDHCPサーバを立てる方法だ。設定自体は簡単だが、ネットワークの数が増えてくるとDHCPサーバの数も増えるため、管理が大変なものになってしまう。これに対して、図2-2のレイヤ3スイッチのDHCPサーバ機能を使う方法は、余計なサーバを立てる必要もなく、シンプルな方法といえる。しかし、DHCPの設定が必要になるたびに、レイヤ3スイッチの操作が必要になるという問題点も存在する。ルータやレイヤ3スイッチといったネットワークの中心となる機器は、極力設定を簡素にし、運用中に操作の必要が起こらない

第2章　IPアドレスの割り当ての実際

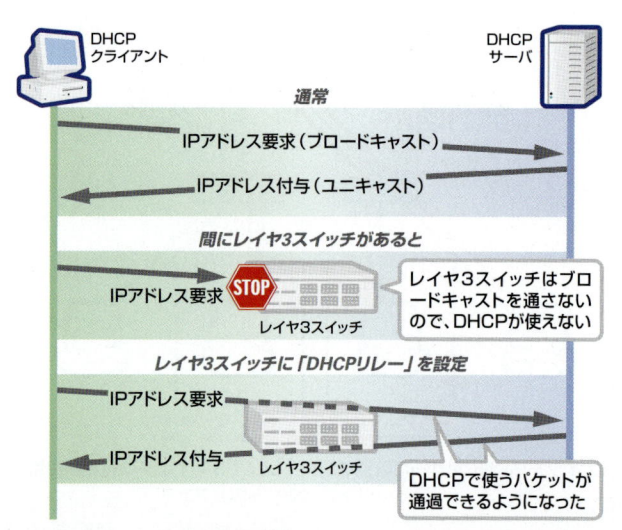

図2-4●DHCPはレイヤ3スイッチ経由では使えない？：レイヤ3スイッチはそのままではブロードキャストを通さないので、「DHCPリレー」を使用する

ように配慮することが好ましいのである。レイヤ3スイッチが1台だけのネットワークで、DHCPサーバも新規に用意する必要があるという場合には、この方法がよいだろう。

これに対し、図2-3はレイヤ3スイッチとDHCPサーバを分けるという方法だ。とはいえ、レイヤ3スイッチを複数使っているネットワークであれば、DHCPサーバを1台にまとめることのできるこの方式が最適である。またすでにDHCPサーバが稼働しているのであれば、これをそのまま使い続けることができる。ただし、この方法にも問題はある。1台で済むとはいえ、別途DHCPサーバを用意しなくてはならないというのがそうだ。新規に導入しよ

うとするとPC本体やOSのコストなどが余計にかかってしまう。

図2-3においてDHCPサーバにDHCPのリクエストを中継するためには、レイヤ3スイッチへの「DHCPリレー」の設定が必要となる。レイヤ3スイッチはルータなので、他のサブネットにブロードキャストパケットを通さない。しかし、ホストの送信するIPアドレス貸与の要求はブロードキャストを使っているため、そのままではDHCPがルータを越えられないのである（図2-4）。この問題を解決するため、多くのレイヤ3スイッチは、DHCPのブロードキャストだけを通過させる「DHCPリレー」という機能を提供している。ここではこのDHCPリレーを使うことにする。

IPアドレスの割り当ての実際 第2章

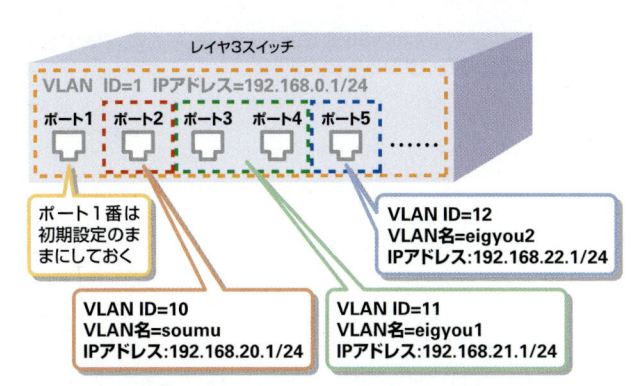

図2-5●レイヤ3スイッチの設定はVLANから：レイヤ3スイッチの設定は、まずポートにVLANを割り当てる

レイヤ3スイッチはVLANから始まる

次に、レイヤ3スイッチへのIPアドレスの割り当てを考える。ブロードバンドルータもそうだが、一般にルータの設定は、ポートにIPアドレスを割り当てることから始まる。これに対し、レイヤ3スイッチではVLANを作成して、それをポートに割り当てるという方法がとられる（図2-5）。

VLANとは、ポートをグループ化して、ブロードキャストセグメントを区切る技術のことである。たとえば、レイヤ2スイッチ（スイッチングハブ）でVLANを使うと、VLAN内は自由に通信ができるが、他のVLANグループに属するポートとは通信ができなくなる。レイヤ3スイッチでは、IPアドレスをポートごとに直接設定するのではなく、VLAN単位で割り当てる。その

ため、同一のIPアドレスを持ったポートを複数作成できる。つまり、1つのVLANが1つのサブネットとなり、VLANのIPアドレスが所属するホストのデフォルトゲートウェイとなる。

レイヤ2スイッチのVLANとの違いは、同じVLANに属するポート間でスイッチングされるだけでなく、VLAN間でルーティングが可能な点にある。

さて実際の設定だが、初期状態では全ポートを対象とした「Default VLAN」という名称のVLANが設定されている。そのため、何も設定をしていないレイヤ3スイッチは単なるレイヤ2スイッチとして使用が可能だ。

なお、VLANを作成する際には、VLAN IDとVLAN名の2つの名称をつける。両者ともVLANの識別子だが、どちらを設定時に使うかは製品による。VLAN IDは、1から4094までの数字が使用できるが、通常はDefault

第2章 IPアドレスの割り当ての実際

リスト2-1 ● Summit48siの設定：設定最初の作業はDefault VLANへのIPアドレスの割り当てとなる。これが終われば、あとはWebブラウザからも設定が可能

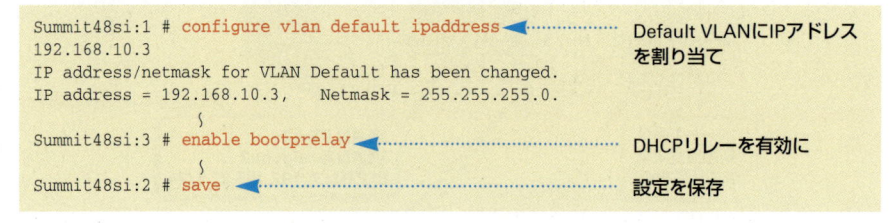

```
Summit48si:1 # configure vlan default ipaddress      ← Default VLANにIPアドレス
192.168.10.3                                            を割り当て
IP address/netmask for VLAN Default has been changed.
IP address = 192.168.10.3,   Netmask = 255.255.255.0.
                 〜
Summit48si:3 # enable bootprelay      ← DHCPリレーを有効に
                 〜
Summit48si:2 # save                   ← 設定を保存
```

VLANが1を使っている。そのため、実質的には2から使用することになる。VLAN名には15文字までの英数字が使える。

細かい設定は製品によって異なるが、基本は以上である。それでは、実際の設定方法を見ていくことにしよう。

Summit48siを使うには

まずは、エクストリームネットワークスの「Summit48si」を設定してみよう。作業はPCとSummit48siをシリアルケーブルで接続し、コマンドラインによるIPアドレスの割り当てから始まる（リスト2-1）。続いてレイヤ3スイッチ経由でDHCPサーバが使えるようにするために、DHCPリレーを有効にする。この機能はGUIからの操作がサポートされていないため、コマンドラインから行なわなければならない。なお、コマンドに出てくる「bootp」とはDHCPの元になったプロトコルで、機能的にはほとんど同じと思ってよい。ここでは気にせずにリストの通りにコマンドを入力しておけばよいだろう。

IPアドレスを割り当てたら、Webブラウザでアクセスして設定を続ける。作業は、メインメニューの「Configuration」-「Virtual LAN」を開き、Default VLAN（Summit48siでは「Default」）から、使用するポートを削除し（画面2-1）、そこに新規のVLANを割り当てる（画面2-2）という手順になる。続いて、「IP転送」の設定を行なう（画面2-3）。これはVLAN間のルーティングの設定だ。これを有効にしないとネットワーク間の通信ができない。他社の製品では最初から有効になっていることも多いため、設定には注意すること。以上で、Summit48siの設定作業は完了である。

CentreCOM 8724XLはコマンドラインで

一方、アライドテレシスの「Centre

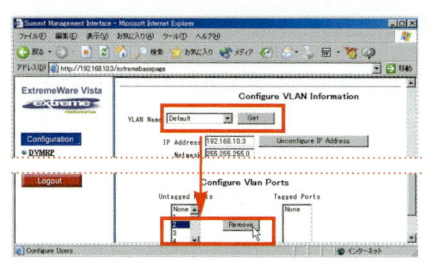

画面2-1●Default VLANから今回使うポートを削除する。VLAN Nameから「Default」を選んで、「Untagged Ports」で削除するポートを選択すればよい

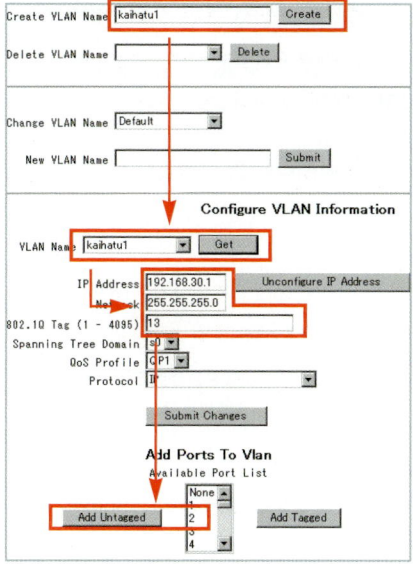

画面2-2●VLAN名「kaihatu1」を入れ「Create」をクリック。これでVLANが登録できる。VLAN Name（VLAN名）から「kaihatu1」を選んで「Get」をクリックし、IPアドレスとネットマスク、VLAN IDを設定する

画面2-3●「Vlan Name」から今設定したVLANをすべて選び、IP転送を有効にする

COM 8724XL」にはGUI設定環境が存在しない。そのため、設定はすべてコマンドラインから行なう。ただし、製品に標準添付されているマニュアルは基本的事項はしっかりまとまっているのだが、詳細機能が省かれているようである。そのため、設定の際には同社Webサイトにあるオンラインマニュアルを参照することをおすすめする（http://www.allied-telesis.co.jp/support/list/switch/8724xl8748xl/m692001e/index.html、次ページ画面2-4）。

CentreCOM 8724XLの設定手順はSummit48siとほぼ同様のものとなる（リスト2-2）。注意するべきは、VLANにIPアドレスを割り当てる際に使うVLAN名が、VLAN作成時に登録した「soumu」ではなく「vlan-soumu」と先頭に「vlan-」がつくことくらいだ。

最後に、DHCPリレーを有効にしよう。これはリスト2-3のとおりに行なえばよい。指定時にDHCPサーバのIPアドレスを指定するのが注意すべき点となる。こうすることで、DHCPのブロードキャストが関係ないサブネットに中継されないようになる。Summit48siにも同様の設定があるので、DHCPサーバのIPアドレスを変更する予定がなければ指定してもよいだろう。

以上でレイヤ3スイッチのIPアドレス設定は完了だ。

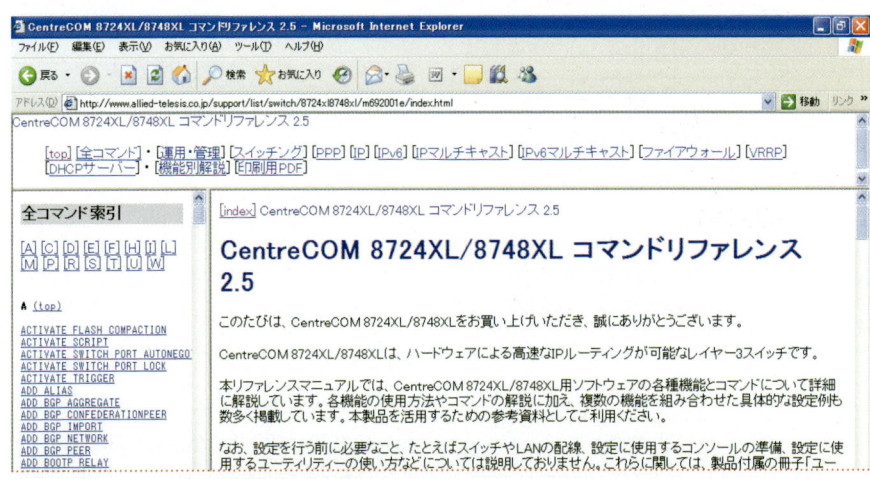

第2章　IPアドレスの割り当ての実際

画面2-4●CentreCOM 8724XLの設定：CentreCOM 8724XLのオンラインコマンドマニュアル。コマンド例も載っていて、便利に使用できる

リスト2-2●コマンドラインの設定は難しそうに見える。だが、同じ内容を繰り返すのなら、コマンドラインの方が楽かもしれない

```
Manager > create vlan=soumu vid=10     ←……… VLAN名「soumu」、VLAN ID「10」のVLANを作成
Info (1089003): Operation successful.
Manager > add vlan=soumu port=5        ←……… VLAN名「soumu」にポート「5」を割り当て
Info (1089003): Operation successful.
Manager > enable ip                    ←……… IPルーティングを有効にする
Info (1005287): IP module has been enabled.
Manager > add ip interface=vlan-soumu  ←……… VLANにIPアドレスを割り当てる。VLANの表
ipaddress=192.168.20.1                          記が特殊なので注意しよう
Info (1005275): interface successfully added.
```

リスト2-3●最後はDHCPリレーの設定だ。DHCPサーバのIPアドレスを指定するのが、Summit48siと違う点である

```
Manager > enable bootp                 ←……… DHCPリレーを有効にする
Info (1039003): Operation successful.
Manager > add bootp relay=192.168.10.10 ←…… リレーするDHCPサーバのIPアドレスを指定
Info (1039003): Operation successful.
```

第3章 パケットはどこに中継すれば届く？ ルーティング

ネットワークアドレスが異なるネットワーク同士をつなぐには、ルータやレイヤ3スイッチなどで「ルーティング」を行なう必要がある。第3章では、ルータやレイヤ3スイッチを利用したルーティングの実際を見ていくことにしよう。

ルーティングの仕組み

つながっていても通信できない

第2章までで、ルータ単体の設定は完了した。だが、このままの状態では、各ルータにつながったホスト（ネットワーク）内でしか通信ができず、別々のレイヤ3スイッチにつながったネットワーク同士は通信ができない。もちろん、物理的にケーブルがつながっていても駄目だ。なぜ通信ができないのだろうか？ その疑問を解くには、あるホストが送信したパケットが宛先のホストに届くまでの仕組みを思い出す必要がある。

TCI/IPでは、通信相手を識別するための情報としてIPアドレスを使用する。しかし、実際の通信においてパケットを届けるのはEthernetであるため、物理アドレスであるMAC（Media Access Control）アドレスが必要となる。よって、通常はIPアドレスから対応するMACアドレスを調べるためにARP（Address Resolution Protocol）を使ってアドレス解決を行なう必要がある。

このARP要求のパケットはブロードキャストで送信が行なわれる。だが、ルータやレイヤ3スイッチが途中にあると、このブロードキャストを遮断してしまうのだ。もともとブロードキャストの伝播する範囲を制限し、複数のサブネットに分割するのがルータやレイヤ3スイッチであるから、これは仕方のないことである。

こうなると、ルータから先のパケッ

トの配送はルータに任せるしかない。しかし現在の状態では、中継先となるネットワークや、そこへ至るまでの経路をルータはまだ知らない。つまり、インターフェイスにIPアドレスを割り当て、単一ルータ内でサブネット間の通信ができても、他のルータと通信できないのである。そのため、各ルータに適切な「ルーティング」の設定を行なう必要が出てくる。

● **ルーティングとは？**

ルーティングの意味を簡単にいうと、「この宛先IPアドレスを持つパケットはここに送ればよい」ということをルータやレイヤ3スイッチがパケットを受信したときに判断し、その中継先を決めることである。このときの判断基準となるのが、ルータやレイヤ3スイッチが個々に保持している「ルーティングテーブル」というデータベースだ。「ルーティングを設定する」というのは、それぞれのルータやスイッチが個々に保持しているルーティングテーブルを、各レイヤ3スイッチが共有するように設定してやればよいということなのである。そうすれば、すべてのパケットの中継先がわかるようになるはずだ。

ルーティングテーブルで経路を探索

では、今回の試験環境に当てはめて見ていくことにしよう。今回はレイヤ3スイッチが2台という環境なので、「CentreCOM 8724XL」につながっているネットワークの情報を「Summit 48si」に設定し、Summit48siにCentreCOM 8724XLにつながったネットワークの情報を設定することが、すなわちルーティングの設定となる。

まず、各レイヤ3スイッチにIPアドレスを割り当てた直後、ルーティングの設定を一切していない状態のそれぞれのレイヤ3スイッチのルーティングテーブルを見てほしい（図3-1）。この状態では、自分のインターフェイスに直接つながっている経路（つまり、直接パケットを送信できるネットワーク）の情報だけがルーティングテーブルに記録されている。

ちなみに、インターフェイスに機器がつながっていなくて、リンクが切れている場合には、そのインターフェイスの経路情報はルーティングテーブルには存在しない（図3-2）。これは、リンクが切れているネットワーク宛のパケットは、受け取っても中継できないからである。

●通信できない理由

ではこの状態で、開発1部（vlan13）のパソコンから、総務部（vlan10）のホスト（仮にファイルサーバとしよう）にアクセスするとどうなるだろう？

まず、開発1部のパソコンから総務部のファイルサーバに宛てたパケットは、デフォルトゲートウェイのSummit48siに届けられる。ここでSummit48siは自身のルーティングテーブルを確認するが、総務部のネットワークアドレス（192.168.20.0/24）はまだ登録されていない。このため、Summit48siに届いたパケットは中継先が見つからず、「Destination host unreachable.」となってしまう。

では、開発1部のパソコンから総務部のファイルサーバにアクセスするためには、どのような情報が必要になるだろう。

まず、Summit48siが「総務部（192.68.20.0/24）はCentreCOM 8724XL（192.168.10.2）の先にある」ということを知らなければならない。具体的には、次のような経路情報がルーティングテーブルに記載されていればよいということだ（図3-3）。

宛先ネットワーク　　192.168.20.0/24

CentreCOM 8724XL

宛先ネットワーク	ゲートウェイ	インターフェイス
192.168.10.0/24	0.0.0.0	vlan1
192.168.20.0/24	0.0.0.0	vlan10
192.168.21.0/24	0.0.0.0	vlan11
192.168.22.0/24	0.0.0.0	vlan12

Summit 48si

宛先ネットワーク	ゲートウェイ	インターフェイス
192.168.10.0/24	0.0.0.0	Default
192.168.30.0/24	0.0.0.0	vlan13
192.168.31.0/24	0.0.0.0	vlan14
192.168.32.0/24	0.0.0.0	vlan15

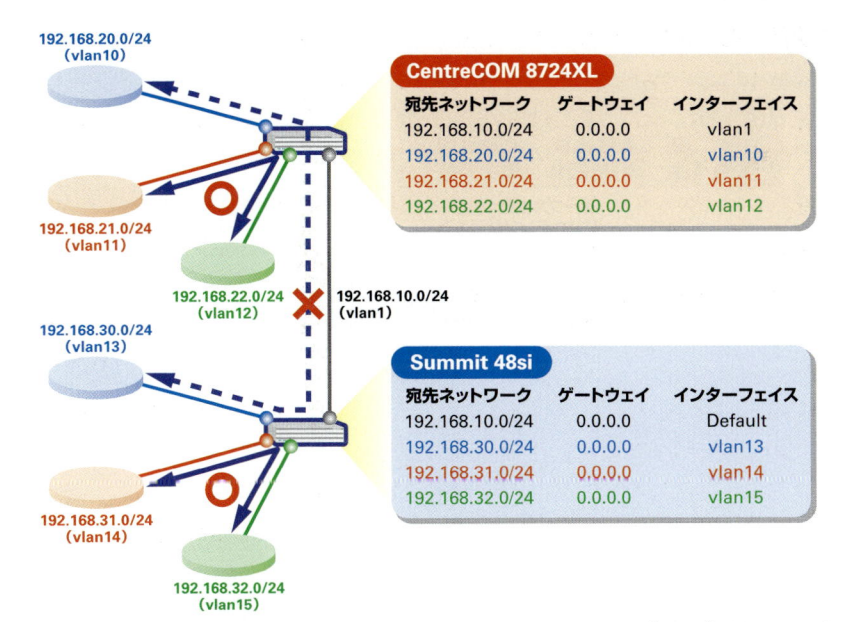

図3-1●ルーティング設定前のルーティングテーブル：それぞれのルーティングテーブルは、このようになっている。ケーブルがつながっていても、その先の情報がわからないから中継できない

第3章　ルーティング

ゲートウェイ　　192.168.10.2
インターフェイス　Default

　これで、開発1部のパソコンから総務部のファイルサーバにパケットが届くようになる。だが、実はこれで終わりというわけではない。もう少し見てみよう。
　開発1部のパソコンから送信されたパケットは、2台のレイヤ3スイッチを経由して総務部のファイルサーバに届けられる。そしてその応答のパケットも、総務部のファイルサーバからデフォルトゲートウェイのCentreCOM 8724XLに送信される。しかし、今度は先ほどとは逆に、CentreCOM 8724XLのルーティングテーブルが問題になるのだ。もうお分かりだろう。こちらのルーティングテーブルには、パケットの返信先である開発1部のネ

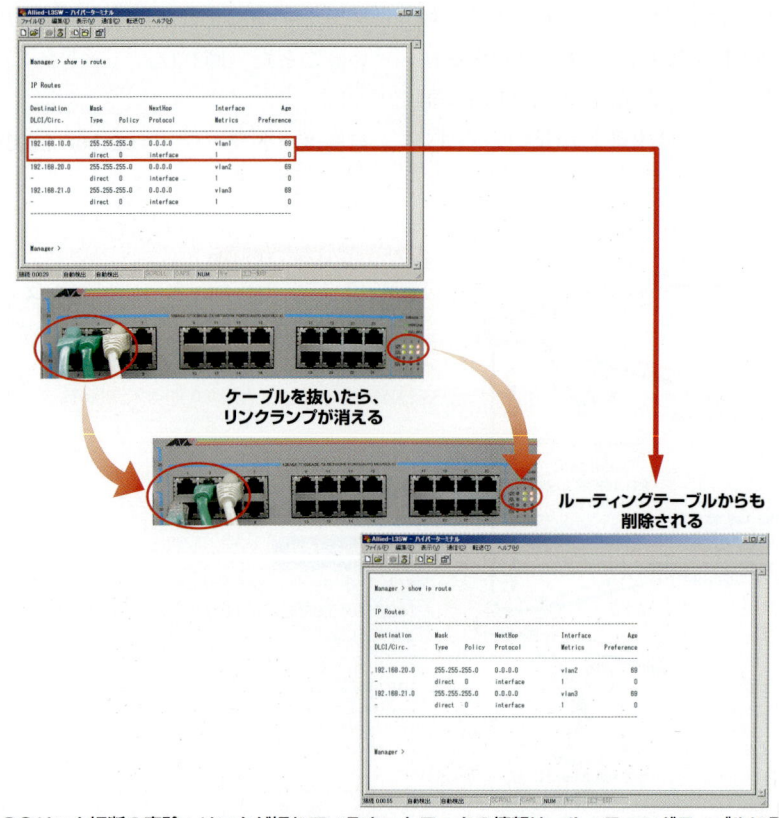

図3-2●リンク切断の実験：リンクが切れているネットワークの情報は、ルーティングテーブルに登録されない

第3章 ルーティング

ットワークアドレス（192.168.30.0/24）への経路情報が登録されていないのだ。そのため、CentreCOM 8724XLのルーティングテーブルにも開発1部への経路情報が必要になる。具体的には、開発1部のネットワークアドレス（192.168.30.0/24）はSummit48si（192.168.10.3）の先にあることを教えてやらなければならない（リスト3-1）。

宛先ネットワーク　192.168.30.0/24
ゲートウェイ　　　192.168.10.3

リスト3-1●Centre COM 8724XLに静的に設定：ネットワークを1つ追加すると全部のルータに設定しなければならない

```
Manager > ADD IP ROUTE=192.168.30.0 MASK=255.255.255.0 INT=vlan1 NEXTHOP=192.168.10.3
Info (1050003): Operation successful.
```

IP Route Table
End of Route Table.

Destination	Gateway	Mtr	Flags	Use	Vlan	Origin
*192.168.10.0/24	192.168.10.3	1	U u	359	Default	Direct
*192.168.30.0/24	192.168.30.1	1	U u	0	kaihatu1	Direct
*192.168.31.0/24	192.168.31.1	1	U u	0	kaihatu2	Direct
*192.168.32.0/24	192.168.32.1	1	U u	0	kaihatu3	Direct

Summit48si:10 # configure iproute add 192.168.20.0/24 192.168.10.2

▼▼▼

IP Route Table
End of Route Table.

Destination	Gateway	Mtr	Flags	Use	Vlan	Origin
*192.168.10.0/24	192.168.10.3	1	U u	365	Default	Direct
*192.168.20.0/24	102.168.10.2	1	UG 3 um	0	Default	Static
*192.168.30.0/24	192.168.30.1	1	U u	0	kaihatu1	Direct
*192.168.31.0/24	192.168.31.1	1	U u	0	kaihatu2	Direct
*192.168.32.0/24	192.168.32.1	1	U u	0	kaihatu3	Direct

図3-3●Summit48siに静的に設定：コマンドは簡単だが、すべてのルータにつながったネットワークを覚えていないとできない作業である

第3章　ルーティング

インターフェイス　vlan1

　ここまでの設定がすべて完了して、やっと開発1部のパソコンと総務部のファイルサーバとの間で通信ができるようになる（図3-4）。

　初めて見た人にとってはちょっとしたパズルのように感じたかもしれない。ただ、ここでちょっと考えてみよう。レイヤ3スイッチが2台という、これ以上ないという単純な構成でさえこれだけの手間がかかったのである。また、仮に新しいネットワークが追加された場合には、すべてのルータの設定を変更しなければならない。そのためルーティングの経路を頭で追うのは、はっきりいって無理だ。

　ここまではすべて手動で設定してきましたが、あまりに非効率的なのはおわかり頂けたことだろう。そのため通常は、RIP（Routing Information Protocol）やOSPF（Open Shortest Path First）といった「ルーティングプロトコル」を使って、経路情報をルータやレイヤ3スイッチがやり取りして自動的に設定する。ちなみに、一般的には先ほどのように静的にルーティングテーブルを設定する方法を「静的ルーティング」、自動で更新することを「動的ルーティング」と呼んでいる。

CentreCOM 8724XL

宛先ネットワーク	ゲートウェイ	インターフェイス
192.168.10.0/24	0.0.0.0	vlan1
192.168.20.0/24	0.0.0.0	vlan10
192.168.21.0/24	0.0.0.0	vlan11
192.168.22.0/24	0.0.0.0	vlan12
192.168.30.0/24	192.168.10.3	vlan1

Summit 48si

宛先ネットワーク	ゲートウェイ	インターフェイス
192.168.10.0/24	0.0.0.0	Default
192.168.30.0/24	0.0.0.0	vlan13
192.168.31.0/24	0.0.0.0	vlan14
192.168.32.0/24	0.0.0.0	vlan15
192.168.20.0/24	192.168.10.2	Default

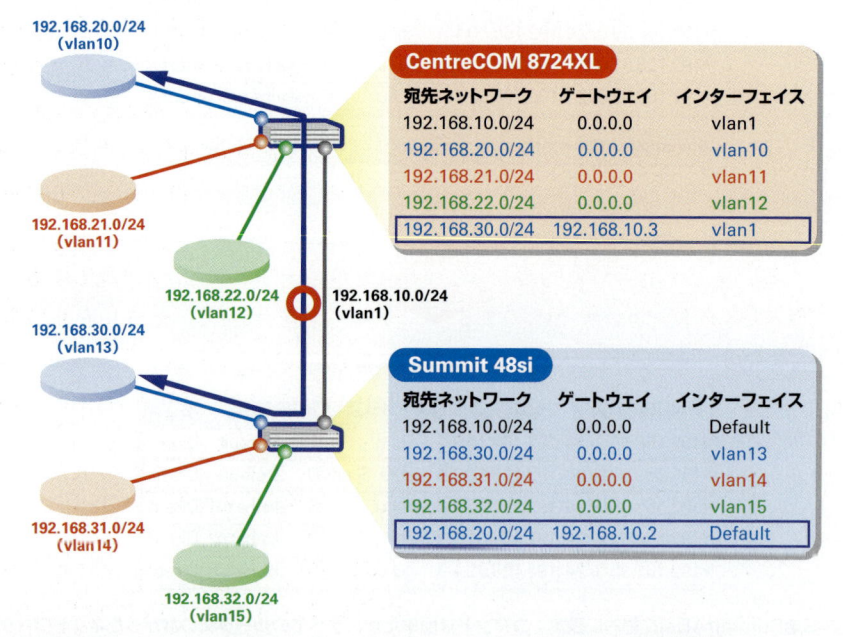

図3-4●追加されたルーティングテーブル：これでやっとvlan10とvlan13が通信できる

ルーティングプロトコルに期待される主な役割は、

①ルーティングテーブルを作成して
②自動的に更新することで
③つねに最適な経路を各機器が把握する

ことだ。もちろん、先に挙げた2つのプロトコルはこの条件を満たしているが、それぞれのルーティングプロトコルには得手と不得手があり、機能もとても豊富だ。ここでは、ルータやレイヤ3スイッチが数台程度の規模の小さなネットワークで、どの機能を使えばよいかを中心に考えてみる。

RIPの仕組み

RIPは、「ディスタンスベクタ(Distance Vector)型」と呼ばれる方式を基準にしたルーティングプロトコルである。文字通り「ディスタンス」は距離、「ベクタ」は方向とそのまま解釈すればよく、純粋に「距離が短かい経路」を「最適な経路」とRIPでは判断することになっている。この距離のことを「メトリック（Metric）」といい、その判断基準となるのは、ケーブル長ではなく、目的のネットワークに到達するまでに経由するルータやレイヤ3スイッチの数（ホップ数）である。

つまり、RIPは「ルータの数が少ない＝最短距離」と考える。

またRIPには、RIPv1とRIPv2という2種類のバージョンが存在する。RIPv1は古い時代に考えられたプロトコルで、サブネットマスクの情報が伝達できない。以前はIPアドレスの割り当てはクラスA、B、C単位のクラスフルに行なわれていたのでこれでも支障はなかったのだが、現在では「サブネッティング（ネットワークを小さく分割する）」したり、「スーパネッティング（複数のネットワークを1つにまとめる）」したりと、IPアドレスの割り当てがクラスに依存せず行なわれるのが一般的である。このままではRIPv1は使えない。そこで誕生したのがRIPv2だ。こちらは可変長サブネットマスク（VLSM：Variable Length Subnet Mask）に対応しており、サブネットマスクが「255.255.255.128」や「255.255.255.192」といったクラスを無視したネットワークを構築してもルーティングテーブルをやり取りできる。通常はRIPv2で運用するため、以下単にRIPと書かれている場合はRIPv2を指すと解釈してほしい。

●テーブルをバケツリレーで運ぶ

RIPを使ってルーティングテーブルが作成される仕組みは図3-5のようになる。レイヤ3スイッチやルータが2台

第3章 ルーティング

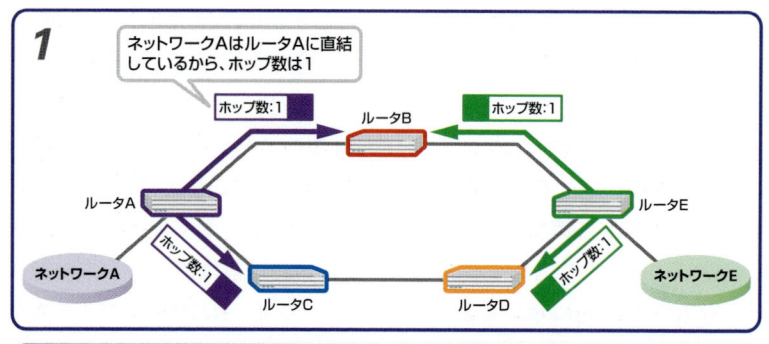

1 ネットワークAはルータAに直結しているから、ホップ数は1

2 ルータBのルーティングテーブルにルータAの情報を追加（ホップ数も1加える）して、隣のルータに送信する

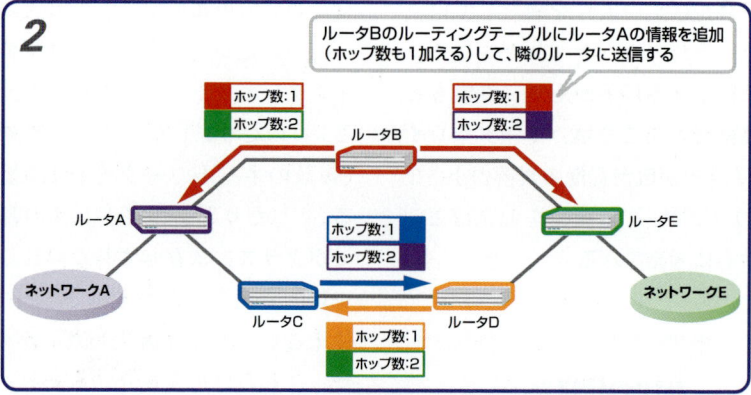

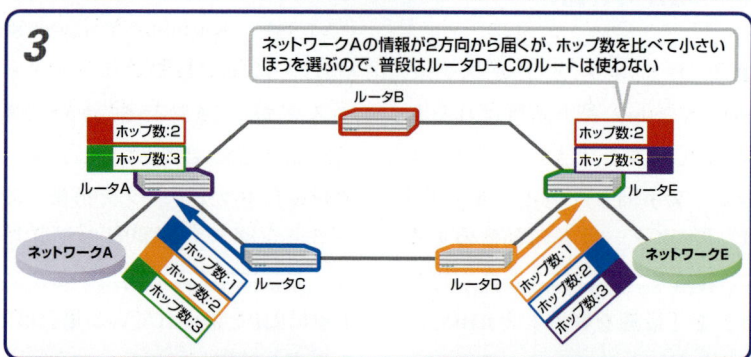

3 ネットワークAの情報が2方向から届くが、ホップ数を比べて小さいほうを選ぶので、普段はルータD→Cのルートは使わない

ルータAに設定されるルーティングテーブル

宛先	経由	ホップ数
ルータB	直接	2
ルータC	直接	2
ルータD	ルータC	3
ルータE	ルータB	3

ルータBに設定されるルーティングテーブル

宛先	経由	ホップ数
ルータA	ルータB	3
ルータB	直接	2
ルータC	ルータD	3
ルータD	直接	2

図3-5●経由するルータの数が重要なRIP：ネットワークAとネットワークEの情報が伝播する様子を、順番に見てみよう。それぞれ2つのルートがある

だけでは仕組みがわかりづらいので、ここではルータが5台あると想定して解説をしよう。

まず、ネットワークAがつながったルータAは「ネットワークAが直結しています」という情報を、隣接するルータに送信する。それを受け取ったルータBやルータCは、自分に直接つながったネットワークの情報にプラスして、「ネットワークAにパケットを送るには、私の"隣の"ルータが使えますよ」という意味で「ホップ数」に1を加えて隣のルータ（ルータD、E）に送信する（もちろん、ルータAにも同じ情報を送信する）。このホップ数は前述したとおり、何台のルータを中継すれば目的のネットワークに届くかを示す情報のことだ。RIPにとってはホップ数が何よりも重要なのである。

その後、ルータCからの情報を受け取ったルータDは、自身の情報とルータA、Cそれぞれの情報（先ほどと同様にホップ数にそれぞれ1を加える）を追加して、ルータEに送信する。これで、ルータA（ネットワークA）の情報がすべてのルータに行き渡ったことになる。

ここで、ルータEに注目してみましょう。ルータAからの情報が2方向から到着していることはお分かりだろう。

具体的には、ルータBを経由した場合の「ネットワークAまでのホップ数は3」という情報と、ルータDおよびCを辿る「ホップ数は4」という情報がそうだ。RIPはホップ数が少ないほうを最適な経路と判断するのが基本なので、この場合はネットワークEがネットワークAと通信する際はルータBを経由することになる。

● **RIPの問題点**

ここまで見てきたように、RIPの仕組みはとても分かりやすい。しかし、RIPだけ使えばOKなのかというと、そうでもない。

RIPは、ルーティングテーブルをやり取りするパケットを30秒ごとに送信する。そのため、回線が細いと、ネットワークが混雑する可能性がある。また、ホップ数の上限が15までで、16台以上のルータで構成されたネットワークでは使えないという問題点も存在する（表3-1）。

これらは比較的規模の小さなネットワークでは問題とはならないが、規模が大きくなってルータの台数が増えると不都合が発生する。そのため、より大規模なネットワークではルーティングプロトコルとして「OSPF」が使われる。

表3-1 ● RIPで指摘されている制約事項

仕様	中小規模のネットワークでの状況
ホップ数の上限が16	16台以上のルータをつなげることは稀
サブネット長が自由に設定できない	ネットワーク内で統一すれば問題ない（RIPv1のみ）
ルーティングパケットが帯域を占有	LANのような高速回線では問題にならない
ネットワーク障害時の収束時間が長い	ルーティングプロトコルによる障害回復を期待するケースはほとんどない

OSPFの仕組み

OSPFは、中規模以上のネットワークでの使用を想定して開発されたルーティングプロトコルだ。

先に挙げたRIPがネットワーク全体を平面的に捉えるのに対し、OSPFではネットワークを「エリア」と呼ばれる小さな単位に分割して、経路情報をエリアごとに管理できる。エリアの概念については後述するとして、先にルーティングテーブルができあがるまでの手順を追ってみよう。

●コストを元に経路を決める

RIPではルータに上下関係はなかったが、OSPFの場合は1つのエリアごとに「代表ルータ（Designated Router）」というルータが必要となる。どのルータを代表ルータに設定するかは管理者が指定できる。そして、この代表ルータが文字通りエリアを代表してルーティングテーブルを作成するために必要な情報を集めることになる。

具体的には、ルータをつなぐそれぞれの回線に設定された「コスト値」と、ネットワークトポロジの情報が収集される。これを元に「リンクステートデータベース」を構築して、各ルータに配布するのである（図3-6）。

回線のコスト値は管理者が自由に設定できる。帯域幅が太く、信頼性が高ければ値を小さく設定する。たとえば、100Mbpsでリンクする回線を10とすると、1000Mbpsの回線はそれ以下に設定するのが普通だ。

リンクステートデータベースを配布された代表ルータ以外の各ルータは、自身を頂点とする最短経路を計算して、それをルーティングテーブルとする。そして、自身につながったネットワークに変化が起こったとき、代表ルータにのみその旨を連絡する。それ以外は30分間隔の定期的な情報のやり取りしか発生しないため、トラフィックへの圧迫もほとんどない。規模が大きなネットワークでは小さな無駄が雪だるま式にふくれあがる可能性があるため、そういった意味でもOSPFが好まれるといえるかもしれない。

●エリアの概念

さてOSPFでは、ネットワークを複数の「エリア」に分割して、エリア内で経路情報を交換することが可能である。各エリアは「エリアID」と呼ばれる32ビット（0～4294967296）の数値で識別される。一般にエリアIDは、IPアドレスと同じように「1.1.1.1」の形式で表記されるが、IPアドレスとは何の関係もないことは注意されたい。

なお、エリアIDの「0.0.0.0」は「バックボーンエリア」用に予約されている。これは、各エリアで別々に管理されている経路情報を束ねる特殊なエリアのことで、各エリアは必ずバックボーンエリアに接続され、エリアごとに管理されている経路情報は、バックボーンエリア経由で他のエリアに伝えられるようになっている。

このときに重要な役割を果たすのが、各エリアとバックボーンの境界に位置するエリア境界ルータ（ABR：Area Border Router)である。ABRはエリア内の情報を代表ルータから受け取り、これを他エリアのABRにバックボーン経由で伝える役割を任されている。また、バックボーン経由で入手した他エリアの経路情報をエリア内部に通知する役割も果たす。

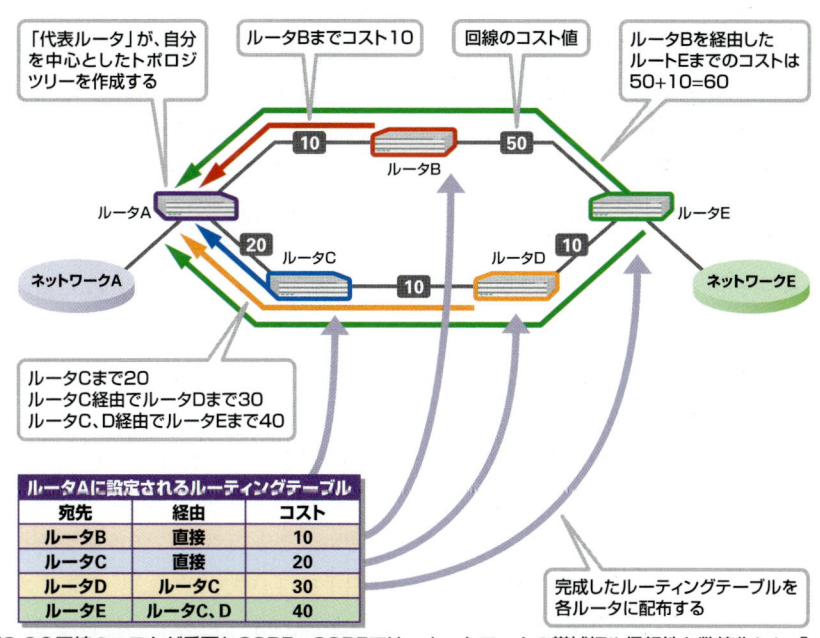

ルータAに設定されるルーティングテーブル		
宛先	経由	コスト
ルータB	直接	10
ルータC	直接	20
ルータD	ルータC	30
ルータE	ルータC、D	40

図3-6●回線のコストが重要なOSPF：OSPFでは、ネットワークの帯域幅や信頼性を数値化した「コスト値」を基準に経路を選択する。このコスト値は管理者が自由に設定できる

ルーティングをやってみよう

RIPによるルーティングテーブルの設定

　先のパートでも述べた通り、ルーティングテーブルを設定するには、①ルータに手動で静的に設定する「静的ルーティング」と、②ルータ同士が通信しあって自動的に設定する「動的ルーティング」の2通りの方法が存在する。ルーティングの情報を得るためにルータ同士がやり取りする際に使うプロトコルが、「ルーティングプロトコル」である。

　静的ルーティングと動的ルーティングは、組み合わせて使うことも可能だ。つまり、一部を静的に設定し、その情報を丸ごと動的ルーティングで他のルータとやり取りするといったことができるのである。

　静的ルーティングと親和性が高いルーティングプロトコルとなるのがRIPである。RIPは、特別な設定をしなくとも、スタティックに設定した経路情報も他のルータに送信してくれるからだ。一方のOSPFの場合は少し設定が必要になり、手動設定やRIPと組み合わせて動作させる場合には、あらかじめ設定を行なう必要がある。まずは、RIPによるルーティングを設定してみることにしよう。

●Summit48siの場合

　「Summit48si」が提供するユーザーインターフェイスはWebブラウザベースのGUI（Graphical User Interface）である。メニューから「RIP」→「Enable RIP for the Router」のチェックボックスをオンにして、「Submit」を押せばRIPを使う機器として動作するようになる（画面3-3）。

　次に、インターフェイスごとにRIPを有効にする。面倒ではあるが、RIPのパケットを送受信しないインターフェイスについてもすべて「enable（有効）」にしなければならない（画面3-4）。この設定を忘れると、いつまで経ってもルーティングテーブルが更新されない状況に陥ってしまうのだ。これはSummit48siの特徴的な部分であり、少々の注意が必要になる。たとえば、今回ルーティングテーブルを交換したい相手は「192.168.10.3」の先にある「CentreCOM 8724XL」だけである。クライアントがつながっている他のイ

ルーティング 第3章

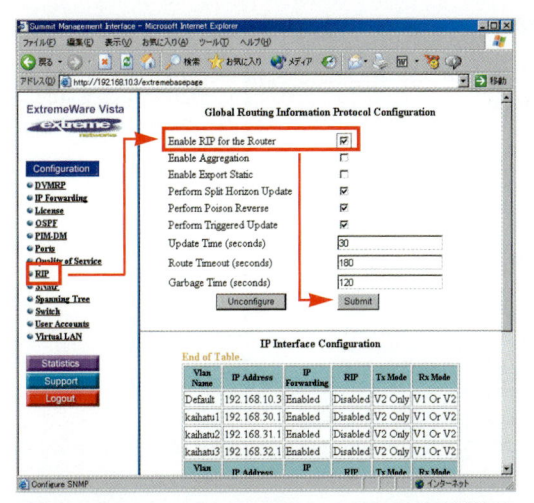

画面3-3●Summit48siの設定①：RIPの設定は簡単だ。RIPを使う機器として設定した後、インターフェイス単位で有効にすれば完了する

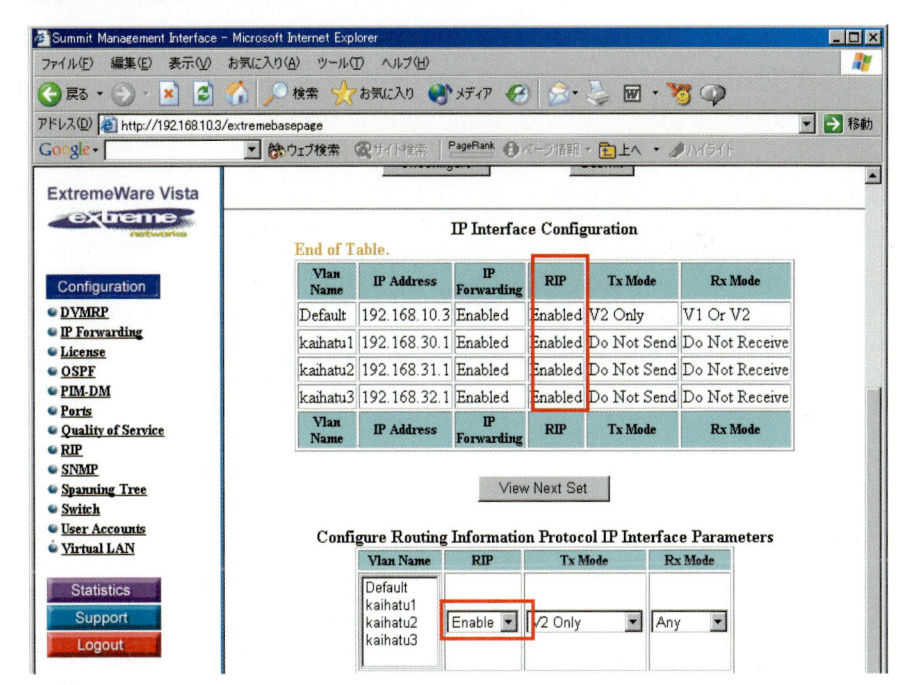

画面3-4●Summit48siの設定②

第3章 ルーティング

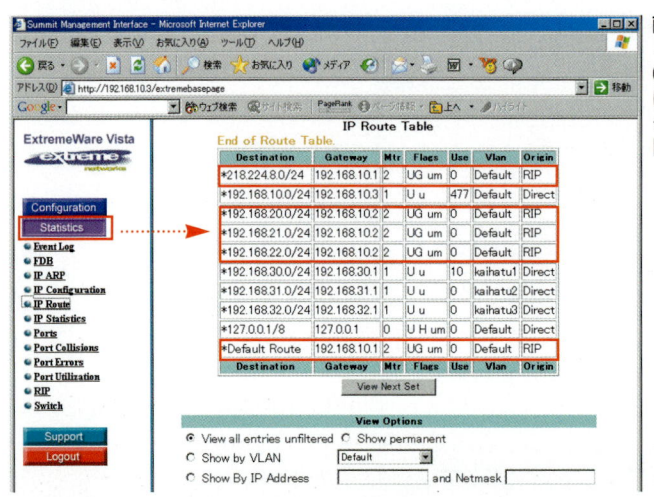

画面3-5●設定後のルーティングテーブル：よく見ると、Centre COM 8724XLにつながっているネットワークへのMtr（＝ホップ数）が「2」になっている

リスト3-2●CentreCOM 8724XLのRIP設定：たった1行のコマンドで設定は完了。こちらも、Summit48siにつながっているネットワークへのMetrics（＝ホップ数）は「2」になっている

```
Manager > add ip rip interface=vlan1

Info (1005275): RIP neighbour successfully added.

Manager > show ip route

IP Routes
------------------------------------------------------------------------------
Destination       Mask                       NextHop            Interface          Age
DLCI/Circ.        Type         Policy        Protocol           Metrics            Preference
------------------------------------------------------------------------------
0.0.0.0           0.0.0.0                    192.168.10.1       vlan1              2327
-                 remote       0             rip                2                  400
192.168.10.0      255.255.255.0              0.0.0.0            vlan1              2814
-                 direct       0             interface          1                  0
192.168.20.0      255.255.255.0              0.0.0.0            vlan10             2814
-                 direct       0             interface          1                  0
192.168.21.0      255.255.255.0              0.0.0.0            vlan11             2814
-                 direct       0             interface          1                  0
192.168.22.0      255.255.255.0              0.0.0.0            vlan12             2814
-                 direct       0             interface          1                  0
192.168.30.0      255.255.255.0              192.168.10.3       vlan1              786
-                 remote       0             rip                2                  100
192.168.31.0      255.255.255.0              192.168.10.3       vlan1              5
-                 remote       0             rip                2                  100
192.168.32.0      255.255.255.0              192.168.10.3       vlan1              610
-                 remote       0             rip                16                 100
218.224.8.0       255.255.255.0              192.168.10.1       vlan1              2327
-                 remote       0             rip                2                  100
------------------------------------------------------------------------------
```

ンターフェイスにRIPの情報を送信する必要はなく、そこからRIPのパケットが流れてくることもないはずだ。そこで、普通に考えれば「RIP Disable（無効）」で構わないように思えるのだが、すべてを「enable」にしないと、そのインターフェイスの経路情報が他のレイヤ3スイッチに送信されないのである（これは仕様である）。

なお、インターフェイスの先にRIPを受信できる機器がない場合には、送信しないという意味で「Do Not Send」を選択しておけばよいだろう。また反対にRIPの情報を送信してくるルータやスイッチがないことがわかっている場合には、受信なしの「Do Not Receive」を選択する。

RIPの設定が正常に終わったら、統計情報（statistics）を表示して経路情報を確認してみよう。この画面で「Direct」と表示されている経路は直接インターフェイスに接続されているネットワークで、「RIP」と表示されている経路はRIPによって他のルータから送られてきた情報である（画面3-5）。

● CentreCOM 8724XLの場合

CentreCOM 8724XLはコマンドラインで設定するのが基本だが、RIPに関しては実はわずか1行で設定を完了できる。リスト3-2のコマンドを入力するだけで、機器およびインターフェイスのRIPが送受信ともに有効になるのだ。「successfully（成功）」と表示された時点で、すべてのインターフェイスの経路情報がRIPによって他のレイヤ3スイッチに伝達されるようになる。

OSPFによるルーティングテーブルの設定

では次に、OSPFを使った動的ルーティングを見てみよう。

世間では評価の高いOSPFであるが、あらゆる場面でこれがおすすめというわけではない。今回の試験環境は非常にシンプルなものであるが、これはOSPFにどのような機能があり、どれが必要でどれが不要なのかを検証することを目的としているからである。ネットワークの規模が大きくなれば、OSPFを動作させたルータやレイヤ3スイッチがトラブルを発生させる場合もあるのだ。その代表的な例となるのが、熱などによる機器の暴走だろう。先のパートでも解説したが、OSPFはルーティングテーブルを各機器が独自に「計算」することで実現されている。ということは、当然、それなりのパフォーマンスが必要となるし、経路が複雑になればなるほど計算しっぱなしという状況に陥るのである。RIPのように、流れてくるルーティングテーブルをバケツリレーするのとはわけが違うの

第3章　ルーティング

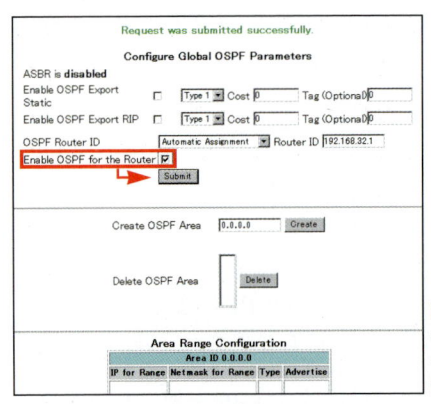

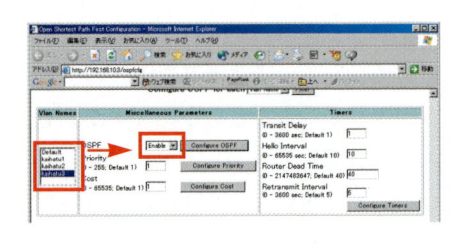

画面3-6●Summit48siのOSPF設定：エリアを限れば、RIPの時と設定方法に差はない。まずOSPFを使う機器として設定した後、インターフェイスごとに設定する

画面3-7●メトリック（＝コスト値）が6ということは、「CentreCOM 8724XL」とつながっている回線のコストは「5」だ

　だ。頻繁に熱暴走するようであれば、機器の買い換えを検討しなければならないだろうし、エリアを分割して負担を減らす工夫も必要になるだろう。

　話をもとに戻そう。今回は、ルータやレイヤ3スイッチが数台という規模の小さなネットワークでOSPFを利用することを想定している。そのため、全体をエリア「0.0.0.0」でくくった。ただ、多くのブロードバンドルータはRIPや手動設定の経路情報しか扱えないので、今回はヤマハのアクセスルータ「RTX 1000」をRIPで動作をさせ、CentreCOM 8724XLがRIPとOSPFの境界ルータとして働くようにしてみた（念のため補足しておくが、RTX 1000はOSPFにも対応している）。

● **Summit48siの場合**

　まずOSPFメニューを呼び出し、OSPFを使う機器であることを宣言する。次にインターフェイスごとに設定をしていく。このあたりはRIPと同じである（画面3-6）。ただ、このように

簡単に書いてはいるが、本来OSPFでルーティングを運用するには、非常に多くの項目を設定する必要がある。また、どの設定をどう変更するとどのような影響が出るのかを知るには、かなりの熟練が要する。

そうではあるが、今回のようにエリアを1つに限定して運用できる規模のネットワークでOSPFを使うのであれば、それほど構える必要はない。ほとんどの項目はデフォルト値のままでよいはずだ。

設定が終われば正常に動作しているかどうかを確認するのがセオリーといえる。統計情報のルーティングテーブルの項目を確認した場合、設定が正しく終わっていれば、他のレイヤ3スイッチと経路の交換を行なっていることが確認できる。「OSPFIntra/OPSFExt1」と表示された部分が、OSPFによって取得した経路情報である（画面3-7）。

●CentreCOM 8724XLの場合

今回は、通常のルータ以外に境界ルータとしての役割も担ってもらうことになっている。そのため、この設定を忘れないようにしよう。

CentreCOM 8724XLで最初にすべきことは、バックボーンエリアの作成である。「0.0.0.0」というエリアIDは、OSPFではバックボーンエリアとして定義されているので、他の装置では自動的に作成される場合が多い。これは機器メーカーのポリシーというか考え方の問題なので、どれが正解かとは一概にはいえない。ただ、この方法は若干面倒ではある。

次に、同一エリアに所属するネットワークの範囲の設定をする。と、同時にインターフェイスも定義する。

そしてこの次が、境界ルータとしてのキモとなる部分だ。次ページ図3-7のリストの下から2行目の

```
set ospf rip=both asexternal =on
```

というコマンドは、RIPで入手した経路情報をOSPFに取り込むためのものだ。OSPFでは、他のプロトコルと連携するためにはそのことを宣言しなくてはならない。ここがRIPと異なる点となる。最後に、OSPFを有効にすれば設定は完了だ（enable ospf）。

以上の設定が無事に終われば、RIPの時と同様に他のルータとのOSPFの経路情報の交換が始まる。ここで注目してほしいのはRTX 1000からのRIPによる経路情報もしっかり受け取っている点だ（リスト3-3）。もちろん、この情報はCentreCOM 8724XL内でOSPFに変換し、Summit48siに渡している。つまり、CentreCOM 8724XLが境界ルータとして正常に動作している証といえるのだ。

第3章 ルーティング

リスト3-3●CentreCOM 8724XLのルーティングテーブル：グローバルIPアドレスへの経路情報はRTX 1000からしか入手できない。画面3-7でも確認できるし、OSPFによる経路情報も正しく入手できている

```
Manager > show ip route

IP Routes
----------------------------------------------------------------------------
Destination      Mask                      NextHop          Interface       Age
DLCI/Circ.       Type        Policy        Protocol         Metrics         Preference
----------------------------------------------------------------------------
0.0.0.0          0.0.0.0                   192.168.10.1     vlan1           493
-                remote      0             rip              2               400
192.168.10.0     255.255.255.0             0.0.0.0          vlan1           1031
-                direct      0             interface        1               0
192.168.10.0     255.255.255.0             0.0.0.0          vlan1           807
-                remote      0             ospf-Intra       1               10
192.168.20.0     255.255.255.0             0.0.0.0          vlan10          1031
-                direct      0             interface        1               0
192.168.20.0     255.255.255.0             0.0.0.0          vlan10          807
-                remote      0             ospf-Intra       1               10
192.168.21.0     255.255.255.0             0.0.0.0          vlan11          1031
-                direct      0             interface        1               0
192.168.21.0     255.255.255.0             0.0.0.0          vlan11          807
-                remote      0             ospf-Intra       1               10
192.168.22.0     255.255.255.0             0.0.0.0          vlan12          1031
-                direct      0             interface        1               0
192.168.22.0     255.255.255.0             0.0.0.0          vlan12          813
-                remote      0             ospf-Intra       1               10
192.168.30.0     255.255.255.0             192.168.10.3     vlan1           283
-                remote      0             ospf-Intra       11              10
192.168.31.0     255.255.255.0             192.168.10.3     vlan1           163
-                remote      0             ospf-Intra       11              10
192.168.32.0     255.255.255.0             192.168.10.3     vlan1           3
-                remote      0             ospf-Intra       6               10
218.224.8.0      255.255.255.0             192.168.10.1     vlan1           493
-                remote      0             rip              2               100
----------------------------------------------------------------------------
```

第3章 ルーティング

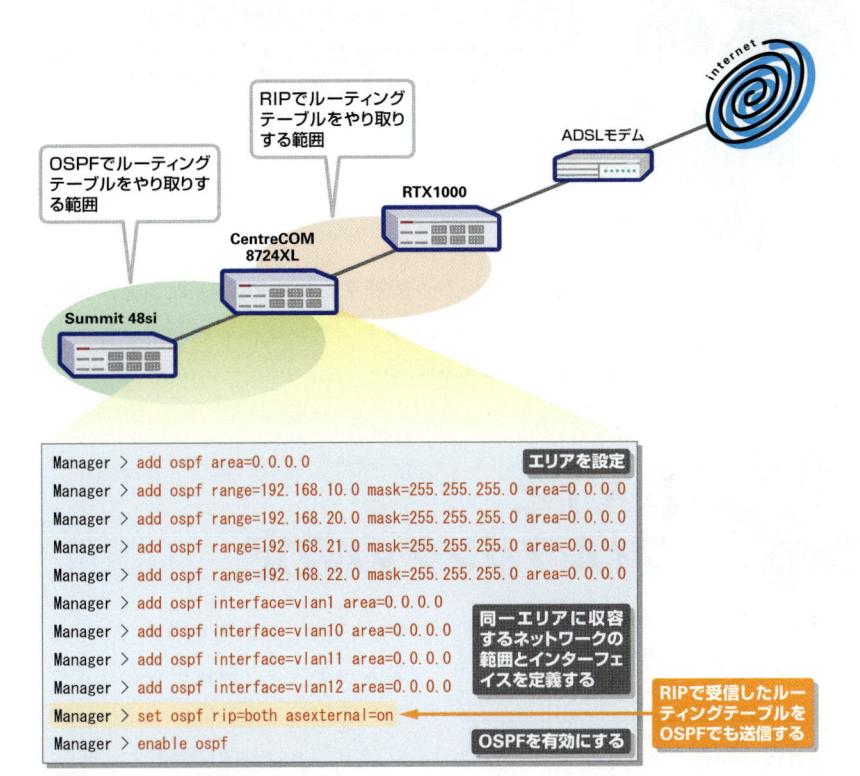

```
Manager > add ospf area=0.0.0.0                                          ← エリアを設定
Manager > add ospf range=192.168.10.0 mask=255.255.255.0 area=0.0.0.0
Manager > add ospf range=192.168.20.0 mask=255.255.255.0 area=0.0.0.0
Manager > add ospf range=192.168.21.0 mask=255.255.255.0 area=0.0.0.0
Manager > add ospf range=192.168.22.0 mask=255.255.255.0 area=0.0.0.0
Manager > add ospf interface=vlan1 area=0.0.0.0
Manager > add ospf interface=vlan10 area=0.0.0.0                         ← 同一エリアに収容するネットワークの範囲とインターフェイスを定義する
Manager > add ospf interface=vlan11 area=0.0.0.0
Manager > add ospf interface=vlan12 area=0.0.0.0
Manager > set ospf rip=both asexternal=on                                ← RIPで受信したルーティングテーブルをOSPFでも送信する
Manager > enable ospf                                                    ← OSPFを有効にする
```

図3-7●境界ルータに必要な設定：境界ルータは、両方のプロトコルに対応しているだけではなく、ルーティングテーブルの相互変換もできなければならない

第4章 高度なトピック

インターネットへ接続してみよう

第2部の締めくくりに、インターネットへ接続するためのNATとフィルタリングの設定について触れる。また、安定したネットワーク運用を目的とした基幹ルータと回線の冗長化についても解説していこう。

NATとフィルタリングの設定

アクセスルータでインターネット接続

　LAN内でのルーティング設定がひと通り終わったところで、次は社内LANからインターネットに接続できるようにしてみることにしよう。インターネットと社内LANを接続するのには、アクセスルータを使用するが、今回は、ヤマハのRTX1000を試してみる。RTX1000にある3つのLANポートのうち、今回はLAN1とLAN3を使い、LAN2は使用しない（写真4-1）。

　初期設定としては、ルータにパスワードを設定し、LAN側のポートにIPアドレスを割り当てる必要がある。ここでは、下流のCentreCOM 8724XLへ接続するために、LAN1ポートに192.168.10.1/24を割り当て、RIPによるルーティング設定を行なうようにしている（リスト4-1）。

　次に、ISPへの接続設定を行なう（リスト4-2）。まずは、LAN3ポートにADSLモデムを接続する。次に、ADSLのインターネット接続で使うPPPoEの設定を行なう。これは企業向け製品でも家庭向け製品でも、基本的には同様である。一般に、ユーザー名とパスワードで認証し、IPアドレスをISPから自動的に割り当ててもらう場合には「IPCP（Internet Protocol Control Protocol）」を使うように設定を行なう。また、社内をプライベートIPアドレスにする場合には、NATをIPマスカレードとして使うように設定する必要がある。

第4章 高度なトピック

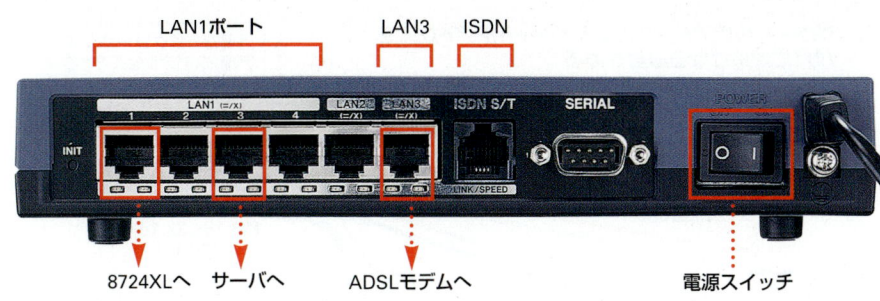

写真4-1●RTX1000のバックパネル。LAN1ポートは4ポートのスイッチになっている。今回はLAN3ポートにADSLモデムを接続する

リスト4-1●パスワードの設定とポートへのIPアドレスの設定は最初に行なう

```
# administrator password  ………… 管理者パスワードの設定
~
# ip lan1 address 192.168.10.1/24 ·· 管理者モードでLANにIPアドレスを付ける
# rip use on  ……………………………… RIPの利用
```

リスト4-2●次にLAN3ポートの設定。ppはPPP接続のインターフェイスのこと。ppコマンドでどのppを使うかを選択してから設定を始める

```
# pp select 1 …………………………………… ppの1番を設定
pp1# pppoe use lan3 ……………………… LAN3上でのPPPoEを利用する
pp1# pp auth accept pap chap
pp1# pp auth myname *******@acca.ocn.ne.jp password
pp1# ppp ipcp ipaddress on ……………… PPPoEでIPアドレスを自動取得
pp1# ppp ccp type none
pp1# ip pp mtu 1454
pp1# ip pp nat descriptor 1 …………… PPPoEでNATを利用する
pp1# pp enable 1
pp1# ip route default gateway pp 1 ……… デフォルトゲートウェイの設定
pp1# nat descriptor type 1 masquerade …… NAT（IPマスカレード）を利用する
```

アドレス変換（NAT）

ここでNATについて説明をしておこう。NATは「Network Address Translation」の略で、アドレス変換機能のことである。

通常、社内のネットワークはプライベートIPアドレスで構成される。しかし、インターネットはグローバルIPアドレスしか利用できない。プライベートIPアドレスのパケットはインターネットに流してはいけないという規則があるため、そのままの状態で社内からインターネットには接続できないということだ。このために登場するのがアドレス変換の技術である。

ここで図4-1を見てほしい。本来の

第4章 高度なトピック

グローバルIPアドレスとプライベートIPアドレスを1対1に対応させる必要がある

ルータでパケットのIPアドレスを変換する

133.15x.22.8宛のアクセス

外部からはグローバルIPアドレスでアクセスできる

192.168.10.8宛のアクセスに変わる

133.15x.22.10宛のアクセス

内部はプライベートIPアドレスでサーバ構築できる

Webサーバ 192.168.10.8　　DNSサーバ 192.168.10.9　　メールサーバ 192.168.10.10

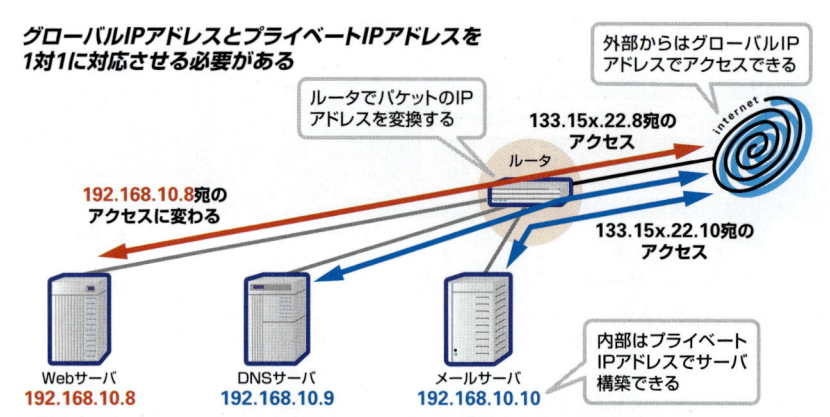

図4-1●社内ではインターネットで使えないプライベートIPアドレスを使っているため、アドレス変換を行なう必要がある

宛先IPアドレスが書き換えられた

ルータがIPアドレスの書き換え作業を行なう

パケット
宛　先:192.168.10.8
送信元:60.133.xx.34

パケット
宛　先:133.15x.22.8
送信元:60.133.xx.34

宛　先:60.133.xx.34
送信元:192.168.10.8

宛　先:60.133.xx.34
送信元:133.15x.22.8

送信元IPアドレスが書き換えられた

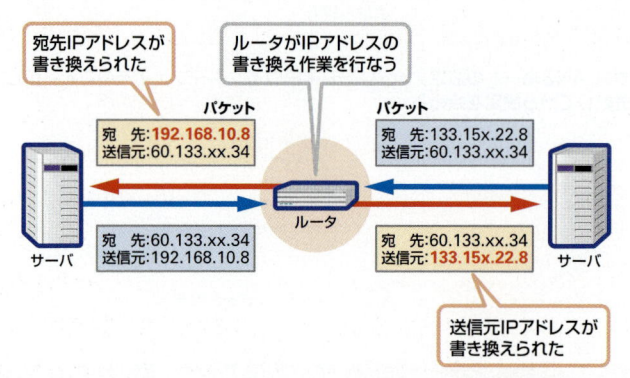

図4-2●NATではパケットのプライベートIPアドレスの部分をルータで書き換える

NAT機能は次のようなものである。インターネットと通信したいホストの台数分のグローバルIPアドレスを用意し、プライベートIPアドレスと1対1の対応表を作成する。そして、この表に従って、送信時にルータが通過するパケットのIPアドレスの書き換えを行なう。これによりパケットはグローバルIPアドレスの宛先・送信元を持つことになり、目的のホストへ届けられるようになるのである。

この際、インターネットから入ってくるパケットについては宛先アドレスを、インターネットへ出て行くパケットは送信元アドレスの書き換えを行なう。こうすることで、社内ではプライベートIPアドレス、インターネットではグローバルIPアドレスを必ず使うようにしながら、宛先と送信元のつじつまを合わせられるのである（図4-2）。

表4-1 ● サーバに割り当てるIPアドレス

	グローバルIPアドレス	プライベートIPアドレス
Webサーバ	133.15x.22.8	192.168.10.8
DNSサーバ	133.15x.22.9	192.168.10.9
メールサーバ	133.15x.22.10	192.168.10.10

リスト4-3 ● NATの設定にはnat descriptorコマンドを使う。staticは静的という意味

```
# nat descriptor static 1 1 133.15x.22.8  192.168.10.8   Webサーバ
# nat descriptor static 1 2 133.15x.22.9  192.168.10.9   DNSサーバ
# nat descriptor static 1 3 133.15x.22.10 192.168.10.10  メールサーバ
```

ディスクリプタ番号　識別ID　外側IPアドレス　内側IPアドレス
※ディスクリプタ番号はどのインターフェイスに適用するかを示す番号。識別IDは変換表のエントリ番号

しかし、このNATではホストの数だけグローバルIPアドレスを用意しなければならない。本来、社内でプライベートIPアドレスを利用するのは、十分な数のグローバルIPアドレスの割り当てを受けることができないためである。そのため、NATはWebサーバやDNSサーバ、メールサーバといったインターネットと双方向にアクセスする必要のあるマシンにだけ適用する。

その上で、LAN内のクライアントからのインターネット接続は「IPマスカレード」という手法を使って、ルータに割り当てられたグローバルIPアドレスを共有するのが一般的だ。

IPマスカレードとは

IPマスカレードはNATの一種だが、通常のNATとは動作が異なる。NATでは、IPアドレスを1対1で対応付けていたが、IPマスカレードではポート番号も含めた対応表を作成する（第1部参照）。「ポート」とは、IPの上位層であるTCPやUDPで、通信を行なうアプリケーションを区別するために使用する識別番号である。実際にクライアントがサーバへアクセスする場合には、サーバのIPアドレスと接続したいポート番号を両方指定して接続を行なうことになる。

このポートをアドレス変換に組み入れることで、グローバルIPアドレスが1つしかなくても、クライアント側のポート番号を変えることでパケットを正しく届けることができる（図4-3）。

IPマスカレードでは、対応表を「動的」に変更する。まず、社内LANからアクセス要求があったら、そのパケットの送信元プライベートIPアドレスとポート番号を記録する。そしてそれ

第4章　高度なトピック

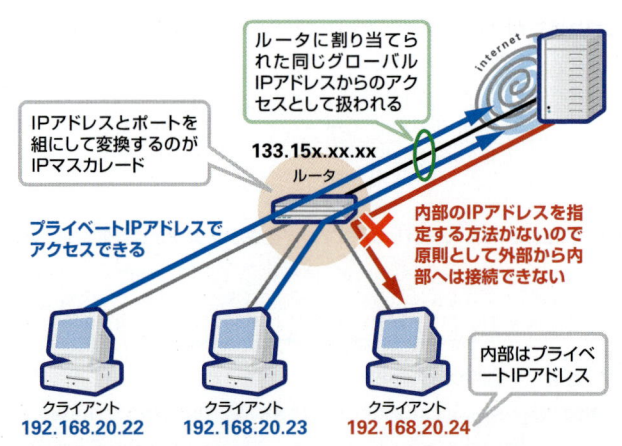

図4-3 ●グローバルIPアドレスが少ししかないときは、ポート番号も変換対象にするIPマスカレードを使用する

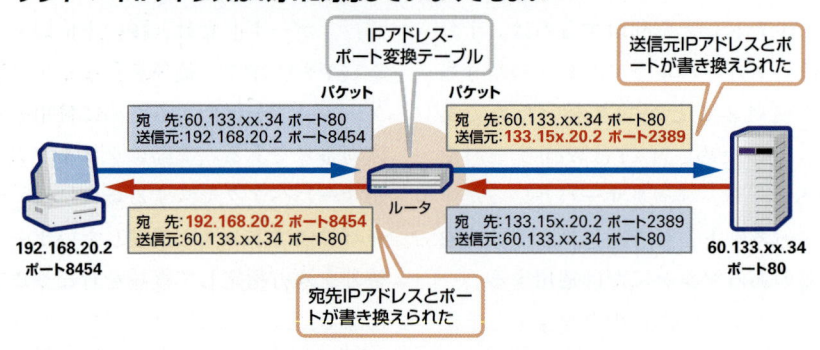

図4-4 ●NATと同じように見えるが、ポート番号も組み合わせて変換している

を変換するグローバルIPアドレスとポート番号を作成し、対応表へ登録する。あとは通常のNATと同様に、対応表に従ってパケットのIPアドレスとポート番号を変換すればよいのである。最後に、使用しなくなったエントリを対応表から一定時間が経過した後で、削除する（図4-4）。

ところが、動的に変更する方法は、社内からアクセス要求があってから対応表を作るという仕様になっているため、インターネット側から接続要求があった場合は社内LANに接続することができない。仮にルータまでパケットが届いたとしても、対応表に登録がないので、その先は社内のどのマシンへ

高度なトピック 第4章

リスト4-4●IPアドレスが1つしかないときは、静的IPマスカレードで特定ポートだけをサーバへ転送するように設定する

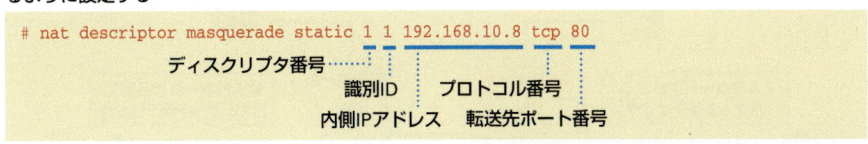

```
# nat descriptor masquerade static 1 1 192.168.10.8 tcp 80
```

- ディスクリプタ番号
- 識別ID
- 内側IPアドレス
- プロトコル番号
- 転送先ポート番号

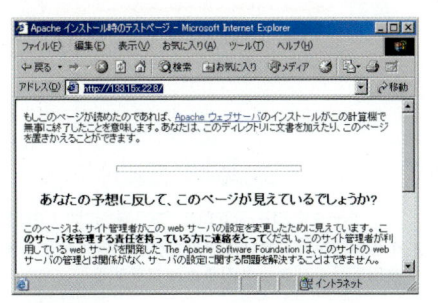

届ければよいかが分からないのである。そのため、社外からのアクセスが必要な場合は、通常のNATや、特定のポートへのアクセスを指定したホストへ転送する「静的IPマスカレード」を併用する（リスト4-4、画面4-1）。

画面4-1●インターネット側からWebサーバに接続してみた

パケットフィルタリングの設定

インターネット側からの接続では、誰がアクセスしてくるか分からない。そのため、社外からアクセスされたくないサーバは保護しなければならない。たとえば、部門のファイルサーバや財務データベースなどはそうしたものの代表といえるだろう。IPマスカレードでは「社外から社内へアクセスできない」という性格があることからアクセス制限としては一定の効果はあるが、公開サーバなどのために静的NATを併用する場合には危険が存在する。静的NATを通して、サーバへ不正なアクセスが行なわれる可能性があるからである。

これを防ぐには、ルータに搭載されたパケットフィルタリングの機能（フィルタ）を使用する（図4-5）。まずパケットフィルタリングによって、外側からのアクセスを遮断し、公開サーバへのアクセスだけを通すようにする。また、内側から外へ出してはならないものについてはこれを遮断する。

そこで最初に、社内へのアクセス要求パケット（TCPのSYNパケット）の通過を禁止する。こうすることで、社内からのインターネットアクセスは自由に行なえ、一方インターネット側からの不正な接続は禁止することができる。また、公開サーバへのアクセスはIPアドレスとポートごとに個別に許可を出すようにする。さらに、社内のWindowsファイル共有のパケットが外に出ないよう、社内からの137から139番ポート（Windows共有で使用するポ

第4章　高度なトピック

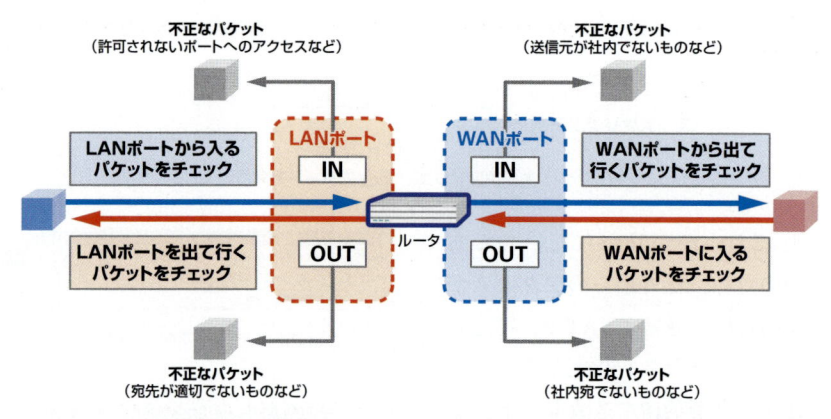

図4-5●パケットフィルタリングの設定：パケットフィルタリングではポートごとに、入ってくるパケットと出て行くパケットのチェックをする

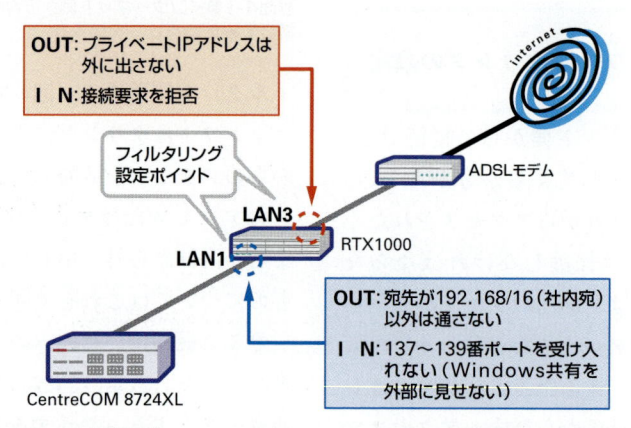

図4-6●パケットフィルタリング

リスト4-5●LAN1ポートへの設定。フィルタを作って、それをポートへ適用する

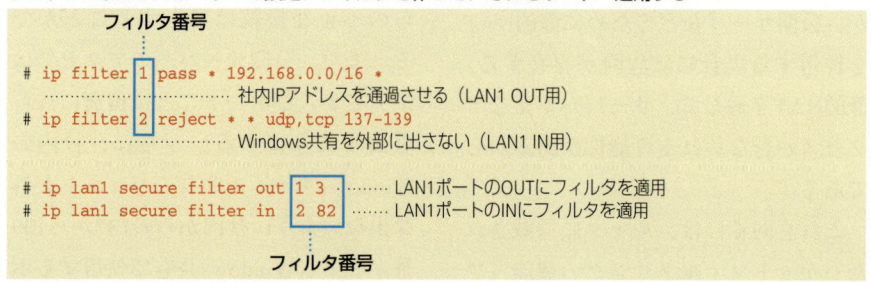

```
# ip filter 1 pass • 192.168.0.0/16 •
                     社内IPアドレスを通過させる（LAN1 OUT用）
# ip filter 2 reject • • udp,tcp 137-139
                     Windows共有を外部に出さない（LAN1 IN用）

# ip lan1 secure filter out 1 3  ……… LAN1ポートのOUTにフィルタを適用
# ip lan1 secure filter in  2 82 ……… LAN1ポートのINにフィルタを適用
```
フィルタ番号

高度なトピック　第4章

リスト4-6●LAN3ポートへの設定。LAN3ではPPPoEを使用するので、ppを選んでからこれに適用する

```
# ip filter 80 pass * * established
                          外部からの接続要求を拒否（IN用）
# ip filter 81 reject 192.168.0.0/16 * *
                          プライベートIPアドレスを外に出さない（OUT用）
# ip filter 82 pass * *
# pp select 1
pp1# ip pp secure filter out 80
                          PPPoE（LAN3）のINにフィルタを適用
pp1# ip pp secure filter out 81 82
                          PPPoE（LAN3）のOUTにフィルタを適用
```

ート）の通信を遮断する（図4-6）。

　ルータのフィルタはポートごとに設定しなければならない。RTX1000の場合はLANポートが3つあり、今回使っているLAN1とLAN3（pp1）についてそれぞれフィルタリングを設定する必要がある（リスト4-5およびリスト4-6）。

基幹ルータと回線の冗長化

　ここまでの設定でインターネットの接続も可能になった。しかし、企業で利用するには、もうひと工夫が必要だ。最近のネットワーク機器は壊れにくいとはいえ、絶対ということはない。万一に備え、機器や回線の冗長化も考えなければならないだろう。

　ここでは、社内LANで特に重要な位置を占める基幹のレイヤ3スイッチの冗長化と、インターネット回線のバックアップを試してみよう。

ルータの冗長化を行なう「VRRP」

　機器の故障に備えるというだけであれば、単に同型の予備機を用意しておくだけでも十分かもしれない。しかし、ここでいう機器の「冗長化」とは、予備機も並列に運用することでユーザーに故障を意識させないようにする工夫のことである。

　ルータの冗長化では、一般に「VRRP（Virtual Router Redundancy Protocol）」というプロトコルが使われる。

第4章　高度なトピック

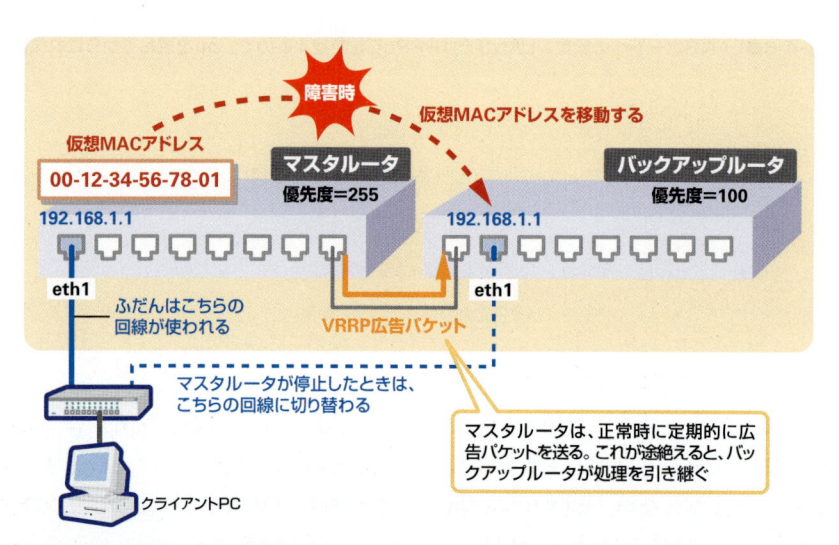

図4-7●VRRPの原理：ルータに同じIPアドレスを割り当てて、マスタルータが壊れたらバックアップルータがルーティングを引き継ぐのがVRRP

　これは、基幹のルータやレイヤ3スイッチを2台準備し、どちらかが故障しても、瞬時にもう一方が処理を肩代わりできるという機能のことだ。

　VRRPでは、1つのLANに2台のルータを接続し、一方のルータを「マスタルータ」、もう一方のルータを「バックアップルータ」とする（図4-7）。このとき2台のルータには、同じIPアドレス（仮想IPアドレス）を持たせることができ、クライアントマシンのデフォルトルートには、このIPアドレスを設定しておく。

　VRRPを使うと通常は、マスタルータがルーティング処理を行ない、バックアップルータはルーティングを行なわないようになっている。また、マスタルータはバックアップルータに一定間隔で「VRRP広告」と呼ばれるパケットを送り続ける。VRRP広告パケットは、マスタルータが正常に働いていることを示すハートビート信号となる。もしマスタルータに障害が発生し、VRRP広告パケットが届かなくなれば、これを検知してバックアップルータがマスタルータのルーティング処理を引き継ぐのである。

　ここでは、このVRRPを二重に適用して、負荷分散までできるようにしてみよう。図4-8のように総務部からは左の8724XLがマスタルータに、営業部からは右の8724XLがマスタルータになるように設定する。

基幹レイヤ3スイッチを冗長化する

　VRRPの設定では、VRRPを構成するルータの組み合わせを区別するために「VR ID (Virtual Router ID)」という識別番号が必要となる。また、それぞれのルータのどちらがマスタルータになるかは、「優先度」という値を設定することで決定される。この優先度の数値が大きいほうがマスタルータになる。

　まず図4-8の構成の総務部ルートを考えてみよう。総務部ルートでは、左の8724XLがマスタルータとなる。ここではVR IDは20、仮想IPアドレスは192.168.20.3としている。また、優先度は、左の8724XLのほうを高く設定する。これでマスタルータが左の8724XLに設定される。

　また総務部のマシンでは、デフォルトルートを192.168.20.3に設定しておく。こうすることで、総務部のマシンはパケットを両方の8724XLに送ることになる。しかし、2台の8724XLはVRRPを構成しているため、実際にパケットを転送するのは左の8724XLだけとなる（リスト4-7）。

　一方、営業部ルートにも同様の設定を行なう。こちらは、右の8724XLがマスタルータになるようにしよう。総務部ルートと区別するため、VR IDは21とする。また、仮想IPアドレスは192.168.21.3にし、優先度を右の

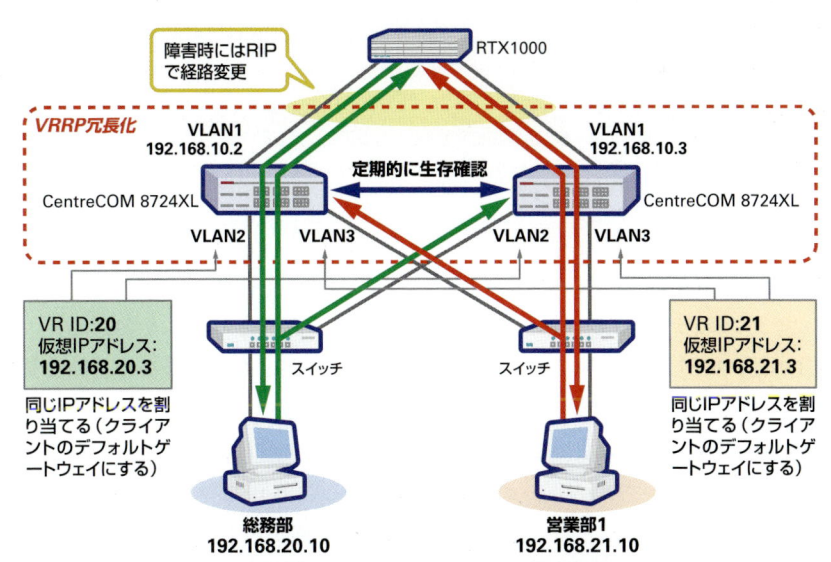

図4-8●CentreCOM 8724XLを2台用意してVRRPで並列運用する設定を行なってみる

第4章 高度なトピック

リスト4-7●こちらは左のCentreCOM 8724XLの設定

```
VLANの作成とポートの付加。Default VLAN (vlan1)は標準で作られている
Manager > create vlan="soumu" vid=2
Manager > create vlan="eigyou" vid=3
Manager > add vlan="soumu" port=2
Manager > add vlan="eigyou" port=3
VLANインタフェースへのIPアドレスの付加
Manager > enable ip
Manager > add ip int=vlan2 ip=192.168.20.1
Manager > add ip int=vlan3 ip=192.168.21.1
Manager > add ip int=vlan1 ip=192.168.10.2
Manager > add ip rip int=vlan1
Manager > enable vrrp
VRRP設定
VR ID=20の設定。対向のスイッチより優先度を高く設定し、マスターとする
Manager > create vrrp=20 over=vlan2 ipaddress=192.168.20.3
priority=101
WAN側のポートが落ちた場合には、優先度を10まで落としバックアップとなる
Manager > add vrrp=20 monitoredinterface=vlan1 newpriority=10
VR ID=21の設定。対向のスイッチより優先度を低くし、バックアップとする
Manager > create vrrp=21 over=vlan3 ipaddress=192.168.21.3 priority=99
```

リスト4-8●こちらは右のCentreCOM 8724XLの設定。VR IDごとに反対の設定をしている

```
VLANインタフェースへのIPアドレスの付加
Manager > enable ip
Manager > add ip int=vlan1 ip=192.168.10.3
Manager > add ip int=vlan2 ip=192.168.20.2
Manager > add ip int=vlan3 ip=192.168.21.2
Manager > add ip rip int=vlan1
VRRP設定
Manager > enable vrrp
VR ID=20の設定。対向のスイッチより優先度を低く設定し、バックアップとする
Manager > create vrrp=20 over=vlan2 ipaddress=192.168.20.3 priority=99
VR ID=21の設定。対向のスイッチより優先度を高くし、マスターとする
Manager > create vrrp=21 over=vlan3 ipaddress=192.168.21.3 priority=101
WAN側のポートが落ちた場合には、優先度を10まで落としバックアップとなる
Manager > add vrrp=21 monitoredinterface=vlan1 newpriority=10
```

8724XLのほうを高くしておく。営業部のマシンのデフォルトルートは192.168.21.3としておこう。これで総務部ルートとは逆に、パケットは右の8724XLから転送されるようになるはずである。

また、総務部と営業部の間の通信も、パケットはいったんそれぞれのマスタルータへ送られ、そこから各部のVLANへ転送される。そのため、パケットは往路と復路で異なる経路を通ることになる。

これで、総務部と営業部で経路を分散することができるようになった。8724XL側から上流（VLAN1側）への通信は、RTX1000をデフォルトルート

にするだけである。逆にRTX1000が各部へパケットを転送する経路は、8724XLからのRIP情報によって、自動的にそれぞれのマスタルータに設定される。また、VLAN1側でRIPを使わずに、VRRPをVLAN1にも適用するという方法もある。ただしこの場合には、8724XLの一方だけをマスタルータにするため、経路は偏ったものとなってしまう。

障害が発生したらどうなる？

ではこの状態で、左の8724XLが故障した場合を考えてみよう（図4-9）。

正常時には、VRRP広告パケットは下流のスイッチを通して双方が交換しあっているが、一方に障害が発生すると、このVRRP広告はストップしてしまう。この場合、左の8724XLからのVRRP広告パケット（VR ID=20：総務部ルート）が届かなくなるため、総務部ルートのマスタルータが右の8724XLに切り替わる（リスト4-9〜11）。

そして、新たに総務部ルートのマスタルータになった右の8724XLは、総務部からのパケットのルーティングを開始する。また、上流のRTX1000にもRIPにより経路の変更が伝えられる。このような動作ののち、総務部のパケットは再びパケットが上流まで届くよ

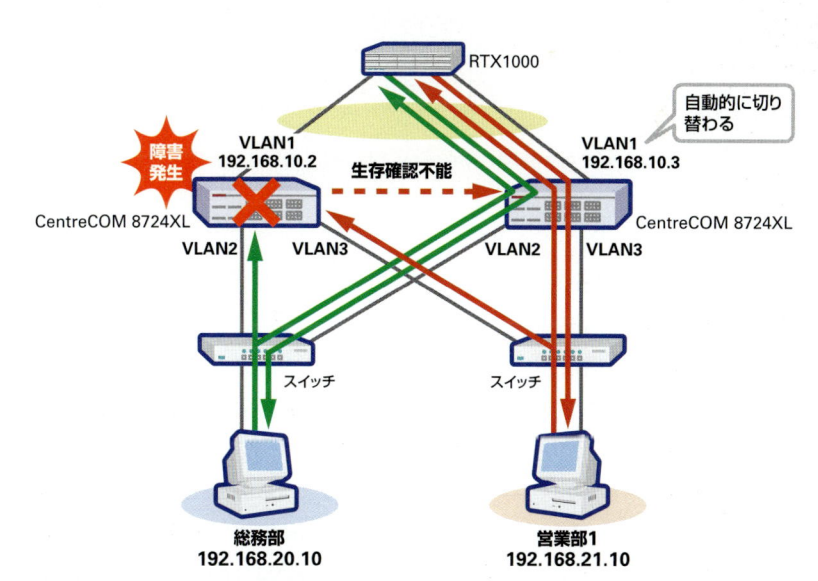

図4-9●障害が発生したらどうなる？：左のCentreCOM 8724XLが壊れたときは、総務部からのパケットは右の8724XLがルーティングするようになる

第4章　高度なトピック

リスト4-9●正常時の経路。左の8724XLを経由している

```
C:\>tracert www.ascii.co.jp
Tracing route to at3.ascii.co.jp [61.11x.182.85]over a maximum of
30 hops:

  1    <1 ms   <1 ms   <1 ms  192.168.20.1    切り替え前の経路
  2     1 ms   <1 ms   <1 ms  192.168.10.1
  3    17 ms   17 ms   17 ms  p1001.tokyo.***.ne.jp [218.22x.8.1]
  ～
 14    19 ms   18 ms   18 ms  at3.ascii.co.jp [61.11x.182.85]
```

リスト4-10●障害が発生した後の経路。右の8724XLに変わった

```
C:\>tracert www.ascii.co.jp
Tracing route to at3.ascii.co.jp [61.11x.182.85]over a maximum of 30 hops:

  1    <1 ms   <1 ms   <1 ms  192.168.20.2    切り替え後の経路
  2     1 ms   <1 ms   <1 ms  192.168.10.1
  3    16 ms   16 ms   17 ms  p1001.tokyo.***.ne.jp [218.22x.8.1]
  ～
 14    18 ms   18 ms   18 ms  at3.ascii.co.jp [61.11x.182.85]
```

リスト4-11●アスキーのWebサイトにpingを送信してみた。障害が発生したときに届かないパケットはあるが、思いのほかスムース

```
C:\>ping -t www.ascii.co.jp

Pinging at3.ascii.co.jp [61.11x.182.85] with 32 bytes of data:

Reply from 61.11x.182.85: bytes=32 time=19ms TTL=241
  ～
Reply from 61.11x.182.85: bytes=32 time=18ms TTL=241
Request timed out.              スイッチが切り替わった
Reply from 61.11x.182.85: bytes=32 time=19ms TTL=241
  ～
Reply from 61.11x.182.85: bytes=32 time=18ms TTL=241
```

うになる。これを総務部から見た場合、障害発生時にいったんパケットが届かなくなり、すぐにまた通信が元に戻ったように見えることになる。

> **インターネット接続のバックアップ**

次に、RTX1000でインターネット回線のバックアップを行なってみよう。今回は、ADSLのバックアップ回線としてISDNのダイヤルアップ接続を使用する（図4-10）。本来、この手法はインターネット回線のバックアップと

してより、支店間のWAN回線（デジタル専用線など）のバックアップに使われる。一般に、企業のインターネット接続は広い帯域を必要とするため、INSネット64のようなナローバンド回線ではバックアップにならないことが多い。しかし、細くてもよいからどうしてもリンクを確保しておかなければならないといった場合には、信頼性の高いISDNは有効な手段となる。

RTX1000には、PPPoEのリンクを監視する機能がある。このリンク監視機能では、PPPoEリンクが切断された場合に、即座に別のリンクを接続するようにすることが可能だ。そこで、この機能を使ってADSLのPPPoEリンクを監視し、ADSLの障害時にISDNで別のISPへ接続して経路を切り替えるよう

に設定する。ルータのデフォルトルートの変更については、RTX1000が自動的に行なってくれる。また、下流から見た経路は変更されないため、下流の機器での特別な設定は何も必要ない。

RTX1000の設定手順はそれほど難しいものではない（リスト4-12）。本章の冒頭で述べたPPPoEの設定と同様にISDNのダイヤルアップ接続の設定を行なえばよい。ADSLと異なるのは、ppに結びつけるインターフェイスがISDNで使う「BRI（Basic Rate Interface）」であることや、ダイヤルアップ先の電話番号設定があることくらいだろう。

次に、すでにPPPoEの設定をしてあるpp 1を選択して、そのバックアップ先としてpp 2を指定する設定を追加す

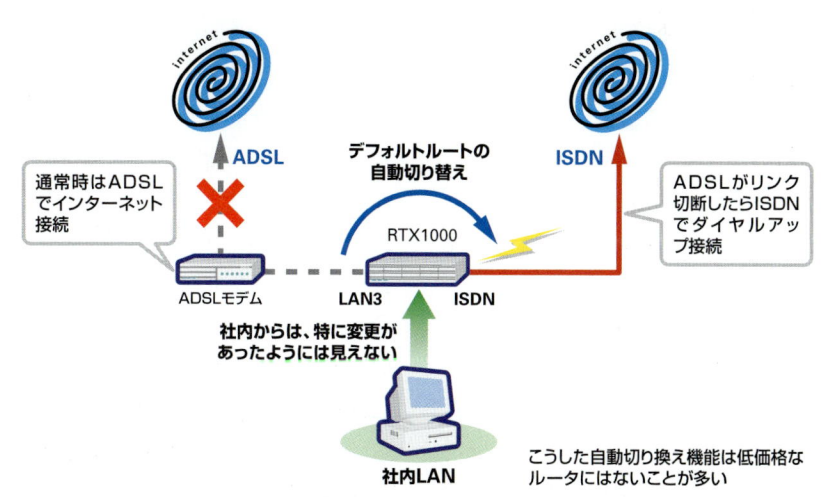

図4-10●インターネット回線のバックアップ：さきほどはADSLでインターネット接続をしたが、これをISDNでバックアップするようにしてみる

第4章 高度なトピック

リスト4-12●ISDNのダイヤルアップ設定はPPPoEと似ている。バックアップの指定も簡単

```
# pp select 2                pp 2にISDNダイヤルアップの設定をする
pp2# pp bind bri1             pp2とBRI（ISDNのインターフェイス）を結びつける
pp2# isdn remote address call 0352xx0510
pp2# pp auth accept pap
pp2# pp auth myname ****** password
pp2# ppp ipcp ipaddress on
pp2# ip pp nat descriptor 1
pp2# pp enable 2
pp2# ip route default gateway pp 1
pp2# nat descriptor type 1 masquerade
pp2# pp select 1              pp 1を選択する
pp1# pp backup pp 2           pp 2をバックアップ先に指定
pp1# pp always-on on          PPPoEのリンクダウンを検出する
```

リスト4-13●PPPoEがリンクダウンしたらpp 2のISDNが接続される

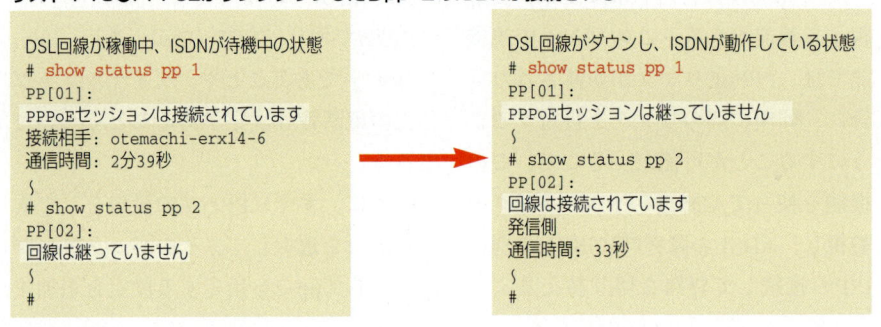

```
DSL回線が稼働中、ISDNが待機中の状態
# show status pp 1
PP[01]:
PPPoEセッションは接続されています
接続相手: otemachi-erx14-6
通信時間: 2分39秒
〜
# show status pp 2
PP[02]:
回線は継っていません
〜
#
```

```
DSL回線がダウンし、ISDNが動作している状態
# show status pp 1
PP[01]:
PPPoEセッションは継っていません
〜
# show status pp 2
PP[02]:
回線は接続されています
発信側
通信時間: 33秒
〜
#
```

る。最後に、pp 1に対してリンクダウン検出を行なうよう設定する。これで、PPPoEのリンクダウンを検出すると、自動的にpp 2の設定を使ってISDNでダイヤルアップ接続を始めるようになるはずだ。

ISDNは帯域が狭いので、絶対に必要なサービス以外をフィルタリングで遮断することも考えたほうがよいだろう。また、ここでは扱わないが、RTX1000にはQoS機能があるので必要なサービスに対して優先制御を適用することも可能だ。

一方、アクセスルータもVRRPで冗長化できる。最初に冗長化した8724XLの上流に、さらに2台のアクセスルータをVRRPで配置し、それぞれにブロードバンド回線を接続する。この方法は費用がかさむものの、両方の回線がブロードバンドであり、通常時には経路も分散できるという利点がある。また、アクセスルータ自身も冗長化されるため、より堅牢なネットワークとすることができる。

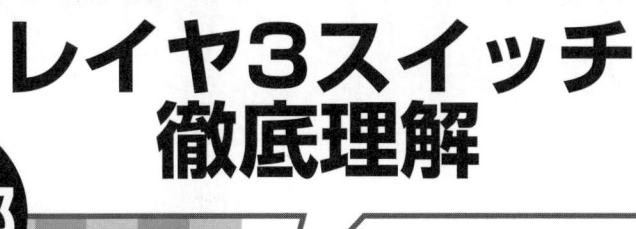

第3部 レイヤ3スイッチ徹底理解

一口にレイヤ3スイッチといっても、小規模ネットワーク向けのものから、データセンタや通信事業などが使う大型機までさまざまな種類がある。また、メーカーの製品ラインナップにも、それぞれの戦略が反映されている。第3部では、これらのレイヤ3スイッチ製品が持つ特徴を用途やメーカーごとに比較し、体系的な知識として身に付けていこう。

第1章 製品知識がぐんぐん広がる レイヤ3スイッチの機能

レイヤ3スイッチにはさまざまな製品がある。これらの製品はボックス型とシャーシ型に大別することができる。本章では、これらの製品の違いを見て、さらにレイヤ3スイッチの機能がどのような用途で使われているかを見てみよう。

市場に受け入れられたレイヤ3スイッチ

「レイヤ3」と「スイッチ」は少々異質な組み合わせだ。スイッチとは、もともとLANに流れるEthernetのフレーム（パケット）を高速に交換するためのハードウェア「スイッチングハブ」のことを指す。つまりOSI参照モデルでいえば、レイヤ2のデータリンク層の機能を提供するネットワーク機器である。一方、レイヤ3という言葉はOSI参照モデルのネットワーク層を指す。レイヤ3の主な機能は、レイヤ2ネットワーク間のルーティング（経路制御）を行なうことだ。このレイヤ3の機能を提供する機器といえば、従来ルータを指すことがほとんどであった。つまり、スイッチングハブにルータの機能を組み合わせ、高速なルーティングが実現できるように作られたのが「レイヤ3スイッチ」なのである。

レイヤ3スイッチが作られた背景には、100MbpsのファーストEthernetや近年のギガビットEthernetの登場が挙げられる。LANの基盤となるEthernetが高速化したことで、それまでのルータでは処理が追いつかなくなってきたのである。もちろん、ルータ自身もCPUが高速化したことで、処理性能は向上していた。しかし従来型のルータでは、100MbpsのEthernetをルーティングすることはできても、ファーストEthernetを10本以上束ねてルーティングするような芸当はできなかった。ましてギガビットEthernetの能力を100％引き出したルーティングを行なうことは、従来型のルータでは不可能である。また価格面においても、Ethernetのポ

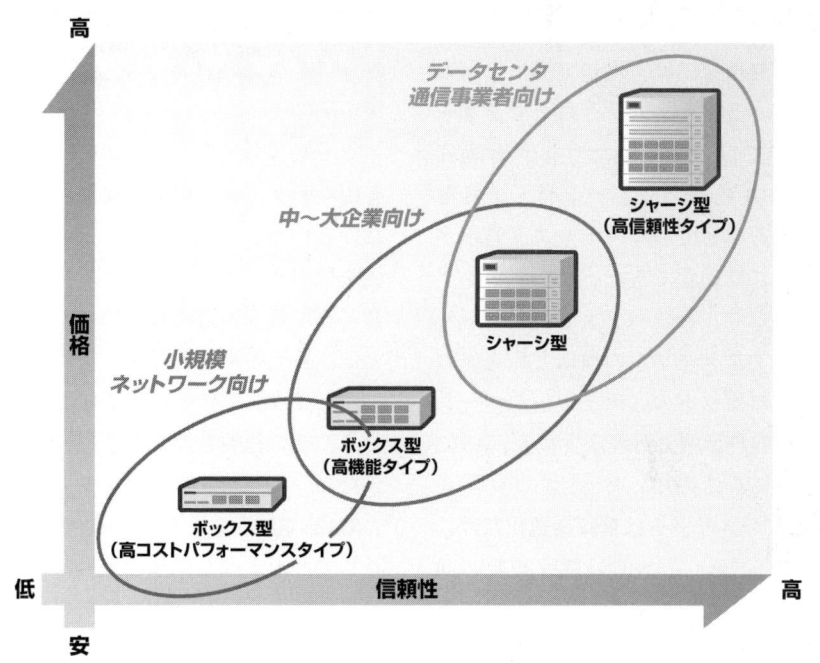

図1-1 ●レイヤ3スイッチはハイエンドからローエンドまでさまざまな種類がある

ートを10本以上持つルータは非常に高価だった。

このような背景から、ギガビットEthernetでのIPルーティングを行なう新しいルーティング専用機が求められ、その結果作られたのがレイヤ3スイッチである。

高速で低価格なルータ

レイヤ3スイッチが登場するまでのルータは、LANに比べて低速なWAN回線をルーティングするために利用されるのが普通で、LAN回線を多数収容して高速にルーティングできるというルータは非常に限られていた。これはPowerPCやPentiumなどといった汎用CPUでソフトウェア処理するのが一般的だったためだ。そこで、レイヤ3スイッチではギガビットEthernetにも対応できる高速なルーティングを実現するため、今までのルータにない新しい試みがなされた。それは次のようなものだ。

・IPの処理に特化
・ASIC（Application Specific IC：特定用途向けIC)による処理の高速化

第1章　レイヤ3スイッチの機能

レイヤ3スイッチでは、まずルーティング処理をIPに特化して構造を簡素化した。そのうえで、それまでソフトウェアで行なっていたパケット処理を、ASICを使ったハードウェア処理に変えることで、ルーティング処理が飛躍的に高速化できた。ルーティング処理のうち、特にパケットの受信やルーティングテーブルの検索と転送先の特定、パケットの送出といったベーシックな処理は例外処理が少なく、ASICに向いていたのだ。

ASICのメリットは単に高速化だけにとどまらない。ASICは従来複数の回路で実現していたことを1つのICで実現する（図1-2）。このため、部品点数が節約でき、製品の小型化や発熱量の減少、製造コストの削減、信頼性の向上といった効果がもたらされる。現在では、ブロードバンドルータなどの小型ルータにもASICが採用されるようになっている。

製品の幅の広がるレイヤ3スイッチ

こうしてレイヤ3スイッチは、高速なIPルーティング環境を安価に構築したいという要望に応えた。その結果、従来型のルータはレイヤ3スイッチにどんどん置き換えられていった。現在では、多くのネットワーク機器ベンダーがレイヤ3スイッチ製品を出荷しており、その種類も非常に多彩になってきた。

第3部では、レイヤ3スイッチ導入に際してどのような機種を選べばよいのか判断できるよう、体系的な知識を身に付けることを目標にする。そこで本章では、レイヤ3スイッチをいくつかの種類に分類し、それぞれの用途ごとに求められる機能をチェックする。企業といってもその規模はさまざまである。数十台クラスのネットワークではコストパフォーマンスが重視されるし、数万台規模のネットワークにもな

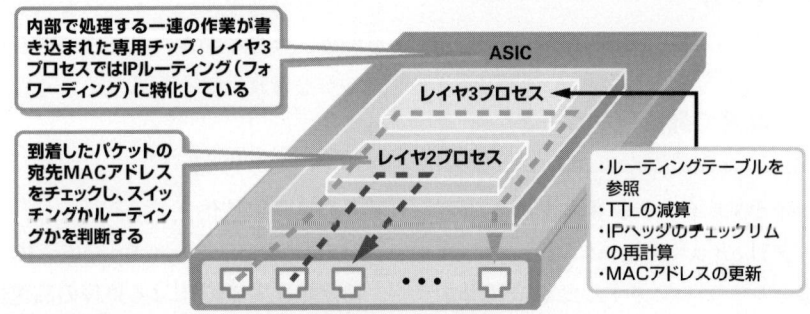

図1-2●ASICはレイヤ3スイッチの処理を高速化する主要部品

れば高い処理能力はもちろん、ポート密度や信頼性、豊富なルーティング機能といった付加価値が求められるようになる。

さらに、レイヤ3スイッチを導入する上で必要なのが、各メーカーの製品ラインナップの特色を知ることだ。第2章と第3章では、主にローエンド製品に多いボックス型（一体型）機種と、ハイエンド製品に多いシャーシ型（モジュール取り付け型）機種についてチェックしていく。

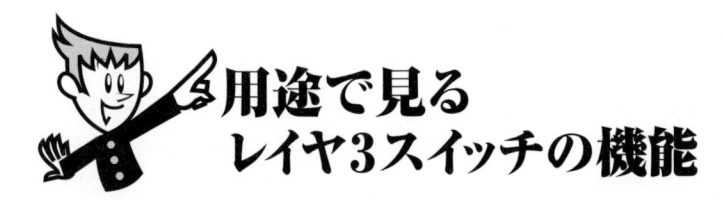

用途で見るレイヤ3スイッチの機能

レイヤ3スイッチの種類

レイヤ3スイッチの種類は多岐にわたる。秋葉原で手に入るような小型のものから、通信事業者が導入するような大型のものまでさまざまだ。

レイヤ3スイッチは、取り扱うネットワークの規模によって大きく2つに分類することができる。まず、レイヤ3スイッチとしてのすべての機能が一体になっている「ボックス型」と、各種の機能がモジュールに分けられていて、必要なモジュールを選択して組み立てる構造の「シャーシ型」に分けられる。こうした分類を表にしたのが表1-1である。まずは、形態による違いを整理しておこう。

●ボックス型レイヤ3スイッチ

まずボックス型のレイヤ3スイッチは、ポートの数や種類が固定されていて変更できないのが普通だ。ボックス型スイッチの多くはポート数が24ポート以下であるが、中には48ポートや96ポートのレイヤ3スイッチも存在する。また、高機能なボックス型レイヤ3スイッチには数個程度の拡張スロットが用意されていて、ここにギガビットEthernetなどの拡張インターフェイスモジュールが収容できるようになっている。

ボックス型は主に小規模から中規模のネットワークで使われることが多く、コストパフォーマンスを高めたタイプと、付加機能や信頼性に重点を置いたタイプがある。

現在、ボックス型の低価格機には実

第1章 レイヤ3スイッチの機能

売で20万円を大きく下回る値段で販売されているものもある。このクラスの機種は中小規模ネットワークでルーティング機能のあるフロアスイッチとして利用するような場合には非常に重宝する。

一方、ボックス型の上位機種は企業の勘定系システムなど、要求仕様の厳しいところで使われるよう考えて作られている。ギガビットEthernetのサポートや管理機能の強化、電源の冗長化などが施されているのが特徴だ。もちろん機能が充実している分、価格も上がることになる。

● シャーシ型レイヤ3スイッチ

これに対してシャーシ型は、最低限の機能しか持たないシャーシ（筐体）に、各種のインターフェイスモジュールを収容するという形態のレイヤ3ス

イッチだ。ユーザーは、必要に応じて好きなインターフェイスモジュールを選ぶことができる。

こうしたモジュールには、10ギガビットEthernet、ギガビットEthernet、10/100Mbps Ethernetなどのインターフェイスが用意されており、物理層規格も光ファイバやツイストペアケーブル、PoE（Power Over Ethernet）サポートタイプといったものを自由に組み合わせることが可能だ。

シャーシ型の機種は、ボックス型に比べてポートあたりの処理性能も非常に高く、動的ルーティングのサポートプロトコルの多さや安定度の点でも優れた点は多い。また、シャーシ型のスイッチは、CPUなどの制御部を二重化している機種と、していない機種の2つに分けることができる。

表1-1 ● レイヤ3スイッチの分類

規模		小型 ←――――→ 大型			
		ボックス型		シャーシ型	
		高コストパフォーマンス	高性能・多機能	高ポート密度	高信頼性
用途	小規模企業	○			
	中規模企業	○	○	○	
	大規模企業		○	○	○
	データセンタ		○	○	○
	通信事業者			○	○
プラネックスコミュニケーションズ		FML-24K			
アライドテレシス		CentreCOM 8724XL、8748XL	CentreCOM 9606T、9812T	SwitchBlade 4000	
日立製作所				GS4000	
エクストリーム ネットワークス		Summit 200	Summit i	Alpine	BlackDiamond
ファウンドリー ネットワークス			FastIron Edge Switch	FastIron	BigIron
シスコシステムズ			Catalyst 3550	Catalyst 4500	Catalyst 6500
フォース10					Eシリーズ

第1章 レイヤ3スイッチの機能

写真1-1●ボックス型スイッチ
アライドテレシス「CentreCOM 8724XL」

写真2●シャーシ型スイッチのシスコシステムズ
「Catalyst 4500」シリーズ

●シャーシ型は非常に高価

　ボックス型に比べてシャーシ型は非常に高価になる。ボックス型スイッチなら、通常はスイッチ本体のほかは、必要に応じてアップリンク用インターフェイスモジュールを購入すればよい。それでも30万円あればそこそこのものはそろう。しかし、シャーシ型のものは、シャーシとその中に収納する各種モジュール（電源、制御、インターフェイス等）のほか、ソフトウェアライセンスなど多くの部品を注文して組み立てなければならないからだ。

　特にインターフェイスモジュールは、低速なものでも1枚あたり数十万円、10ギガビットEthernetなどの高価なインターフェイスモジュールでは数百万円にもなる。実際には、シャーシ型を導入しようとすれば最低でも500万円前後はかかることになる。さらに大型シャーシに高速インターフェイスを追加したり、冗長化を施したりした場合には、数千万円規模のオーダーになってしまうことも少なくない。

　このようにシャーシ型スイッチは圧倒的に高価だが、集中配線を行なう大規模な企業や高速インターフェイスを高密度で利用する通信事業者では、安定性と拡張性の必要性から多用されている。

レイヤ3スイッチの基本機能

　さて、表1-3は、レイヤ3スイッチに用意されている主要な機能を、表1-1

表1-2●ボックス型とシャーシ型の特徴

	ボックス型	シャーシ型
ポート数	6～48ポート	24～1000ポート以上
高速インターフェイス	アップリンクでギガビットEthernetを1～2本	10ギガビットEthernetやギガビットEthernet等を自由に構成
拡張性	×	○
安定性	△	○
値段	13万円～500万円以上	数百万円～数千万円

第3部 レイヤ3スイッチ徹底理解

第1章 レイヤ3スイッチの機能

の分類に当てはめたものである。レイヤ3スイッチには数多くの機能があるが、すべてがつねに必要というわけではない。ここからは、レイヤ3スイッチの基本的な機能について、どんなときにどんな機能が必要なのか説明していこう。

1つのLANを分割：VLAN

VLANはレイヤ3スイッチの中心的な役割を果たす重要な機能である。VLANとはVirtual LANの略で、仮想LANと呼ばれることも多い。仮想という言葉は、機器の配線と、実際の動作が異なっていることを表現している。つまり、1つのLANとして配線されているネットワークを、独立した複数のLANに分割して利用するというのがVLANである。レイヤ3スイッチでは、ルーティングをこのVLANという単位で行なっている。

VLANにはいくつか種類があるが、

表1-3●レイヤ3スイッチ製品の指向性と求められる機能

規模		小型 ←──────→ 大型			
		ボックス型		シャーシ型	
製品の指向性		高コストパフォーマンス	機能・安定性	高ポート密度	高信頼性
ポート	ファーストEthernet	○	○	○	○
	MDI/MDI-X自動切り替え	○	○		
	10/100自動切り替え	○	○		
	ギガビットサポート	○	○	○	○
	10Gサポート			○	○
	リンクアグリゲーション	○	○	○	○
VLAN	ポートベースVLAN	○	○	○	○
	タグVLAN	○	○	○	○
	拡張タグVLAN			○	○
ルーティングプロトコル	スタティック	○	○	○	○
	RIP	○	○		
	OSPF		○	○	○
	BGP			○	○
	MPLS			○	○
IP機能	フィルタリング	○	○	○	○
	QoS	○	○	○	○
経路冗長化	STP	○	○	○	○
	STP拡張		○	○	○
	VRRP		○	○	○
	VRRP拡張			○	○
管理機能	コマンドライン	○	○	○	○
	Web管理	○	○	△(*1)	△(*1)
	SNMP	○	○	○	○
ハードウェア安定性	電源冗長化		○	○	○
	制御部冗長化				○
	モジュールホットスワップ			○	○

*1 大型のレイヤ3スイッチ4では設定項目が多く、Webのメニューからでは部分的にしか設定が確認できない

主に使われるのはポートベースVLANとタグVLANだ（図1-3、図1-4）。

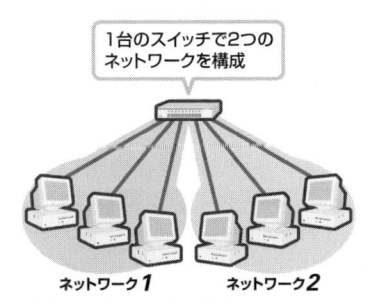

●レイヤ3スイッチの基本「ポートベースVLAN」

ポートベースVLANはスイッチ上のポートを複数取りまとめ、グループ化して使う機能だ。このグループ間はデータリンク層（Ethernet）では通信できないようになっている。そのため、フロアを複数のLANに分割したい場合に便利だ。物理的なポート数しかVLANを構成できないが、見た目とVLAN数が一致するので管理もしやすくなる。

レイヤ3スイッチでは、このVLAN間をルーティングすることができる。レイヤ3スイッチでは、VLAN内のポート間はデータリンク層で「スイッチング」するが、VLANとVLANの間はネットワーク層で「ルーティング」される。

通常、レイヤ3スイッチは初期状態で全体が1つのVLANとなっている。また、レイヤ3スイッチではポート単位ではなくVLAN単位にIPアドレスを割り当てる。そのため、レイヤ3スイッチの設定では、最初に初期のVLANを外したうえでVLANを追加し、それぞれにIP設定を行なう。そして、VLAN間のルーティングを有効にするという手順を取る（図1-5）。

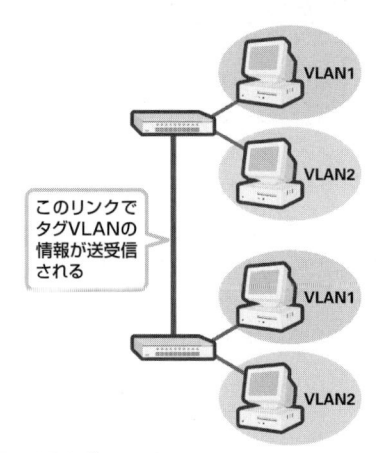

●中・大規模向けのVLAN「タグVLAN」

一方、タグVLANはスイッチ単体ではなく、複数のスイッチで構成されたネットワーク上でVLANの情報を共有する機能だ。タグVLANでは、VLANごとに「VID（VLAN ID）」と呼ばれるIDが付けられる。さらに、EthernetフレームにVIDを格納した「タグ」を

図1-3●ポートベースVLAN

図1-4●タグVLAN

第1章 レイヤ3スイッチの機能

初期状態
すべてのポートが1つのVLANに

VLAN VID=1

レイヤ3スイッチ

IPアドレスの設定
1. 新しいVLANを定義し、スイッチを複数のVLANに分割する
2. それぞれのVLANにIPアドレスを割り当てる

レイヤ3スイッチ

| VLAN VID=1 | VLAN VID=101 | VLAN VID=102 |
| IPアドレス =192.168.0 | IPアドレス =192.168.101.1 | IPアドレス =192.168.102.1 |

VLAN間はルーティング　　VLAN内はスイッチング

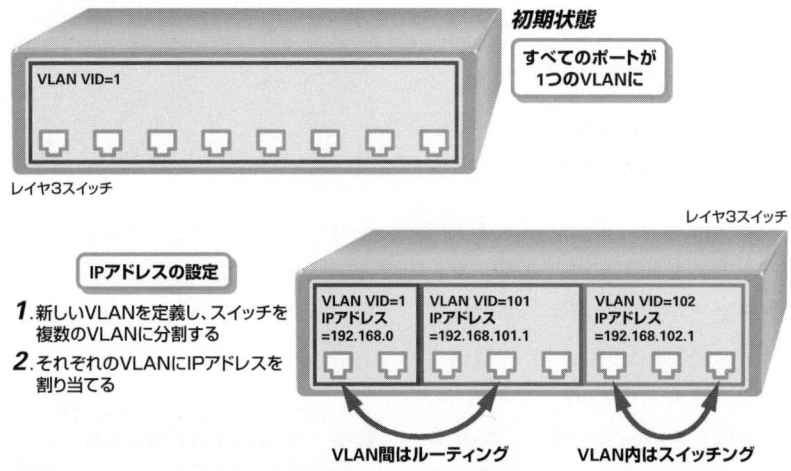

図1-5●レイヤ3スイッチでのルーティングとスイッチングの動作

付けることで、どのフレームがどのVLANに属するのかを識別できるようにしている。そして、複数のタグVLAN対応スイッチの間で共通のVIDを使用することで、複数のスイッチをまたがるVLANを構成できるというわけである。この規格はIEEE802.1Qで標準化されており、ほとんどのレイヤ3スイッチに搭載されている。ちなみに、Ethernetフレームに変更が行なわれたのは、このVIDタグの追加が唯一の例だ。

また、通信事業者が提供する広域EthernetサービスEthernetベースのWAN接続サービス）にも、このタグVLANが使われている。ユーザーのネットワークを分割するために、WAN内でタグVLANを利用しているわけだ。しかし、そのままではユーザーがVLANを使おうとするとタグVLANを二重に使うことになって、VLANが利用できない。そのため、標準規格にはない「拡張VLANタグ」を使っている。通信事業者用のハイエンドレイヤ3スイッチには、このような特殊な機能も用意されているのだ。

なお、MACアドレスに基づいてVLANを設定し、物理ポートより多くのVLANを作る「MACアドレスVLAN」と呼ばれる機能もある。ただし、こちらは管理が難しいため、あまり使われることはない。

レイヤ3の中心機能 ルーティング機能

先に述べた通り、レイヤ3スイッチではVLANごとにIPアドレスを設定し、

第1章 レイヤ3スイッチの機能

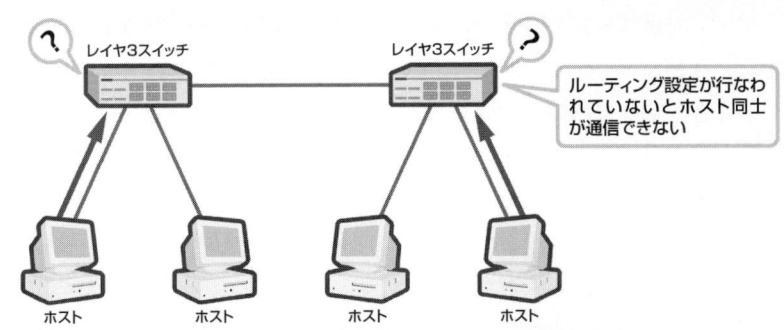

図1-6●レイヤ3スイッチはルーティングを設定することではじめて動作する

ルーティングを行なう。レイヤ3スイッチやルータが複数ある場合には、経路情報も設定しなければならない。経路情報が正しく設定されていなければ、ホストの間にレイヤ3スイッチが2台入っただけで通信ができなくなってしまう（図1-6）。

経路を1つずつ手入力する方法が「静的ルーティング」だ。スタティッククルーティングはすべてのレイヤ3スイッチでサポートされている。

しかし、機器が増えてくると手動での設定には限界が見えてくる。そこで、自動的に経路設定を行なわせる機能を利用することになる。それが「動的ルーティング」である。動的ルーティングのプロトコルとしてはRIP（Routing Information Protocol）やOSPF（Open Shortest Path First）、BGP（Border Gateway Protocol）といったものが知られている。

●使いやすい小規模向けのRIP

RIPは非常に単純なプロトコルで、すべてのレイヤ3スイッチで使うことができる。CPUの負荷が小さく、低価格のレイヤ3スイッチでも安定して動作するといった魅力がある。そのため、中小企業のLANには最適である。ただし経路中のルータ（レイヤ3スイッチ）数が15台を超える大規模ネットワークには利用できないという制約があるため、通信事業者などの大規模ネットワークで利用されることはない。

●中・大規模LAN向けのOSPF

OSPFはRIPよりもネットワーク変更の収束（各機器に情報が伝わること）が早く、消費する帯域も少ないルーティングプロトコルである。そのため、経路の変更が多いネットワークや、大規模なネットワークでは非常に有効に働くプロトコルである。

しかし、OSPFはやっかいな側面も

133

ある。まず、低価格機器ではサポートされることは少ない。また、サポートされていても、機能に制限が設けられている場合がある。しかも、プロトコル自体が複雑で、どのメーカーの製品も何らかのバグを内在している。さらに、多くのメモリが必要でCPUの負荷も大きいため、ネットワークが大きくなると期待したように動かないといったことが起こりやすい。

特に低価格な製品でのOSPFサポートには、大きな期待は禁物だ。上位機種ではそれなりに安定してくるが、それでも利用に当たっては事前の検証が必須であると考えた方がよい。設定が複雑で互換性も問題になるため、異機種間でルーティングが行なえるように設定をするためには、それなりにプロトコルと機器についての理解と習熟が必要だ。OSPFは大規模なネットワークでは必須のプロトコルとなっているが、それなりの難しさが伴う熟練者向けのプロトコルである。そのため、中小規模の企業でいきなりOSPFを導入するのは避けたほうがよいだろう。

● 通信事業者用のBGP

BGPは通信事業者が通信サービスを行なう際に使うプロトコルだ。一般企業のほとんどは自社ネットワークで利用することはない。特にインターネットなど大規模なネットワークでBGPを効率よく動作させるためには、莫大なメモリが必要になる。そのため、BGPはシャーシ型レイヤ3スイッチで利用するのが普通で、ボックス型のレイヤ3スイッチでは、サポートされていても利用するのはあまり薦められない。

安定運用の要
冗長化機能

ネットワークの規模が大きくなると、安定性が求められるようになる。特に企業のオンラインサービスなどでは、ネットワークの停止は顧客の信用を失うことになるので絶対に避けなければならない。

ネットワークの安定性を高める方法としては、経路の冗長化がまず挙げられる。経路冗長化の方法としては主に「スパニングツリー」「動的ルーティング」「VRRP」の3つの方法がある。

● スパニングツリーによる経路の冗長化

まずスパニングツリーについて説明しよう。スパニングツリーは、Ethernetフレームの永久ループ（回送状態）を防止するための仕組みだが、経路の冗長化にも使われる。

パケットの永久ループは個人向けのスイッチが3台あれば確認できる。3台を互いに接続すれば、フレームは3台のスイッチをぐるぐる回り続けるよう

になる。そして、いずれ他の通信ができなくなってしまう。本来、このようなループ配線は避けなければならないものだが、経路を複数作っておくのはネットワークの信頼性を高めることになる。こうしたループ配線をスパニングツリーと呼んでいる。

スパニングツリーで使われるSTP（Spanning Tree Protocol）は、こうしたループ配線を見つけて自動的に最適な経路を構成し、無用な配線を断ち切ってくれるプロトコルである。また、物理的なループが解消されれば、経路の再構成が行なわれて断ち切った経路が復活するようになる。これをうまく利用すると、経路の冗長化に応用できる（図1-7）。

中小規模のネットワークでこうしたループを意識して作ることはそれほど多くはない。しかし、特に重要な部分では、ネットワークの冗長性を確保するためにわざとスパニングツリーを作ることがある。

スパニングツリーの問題点は構成変更時の収束時間だ。配線を変更したとき、スイッチ同士がその変更を認識して、新しい経路の再計算を行なうのに約1分の時間がかかる。場合によっては、その間の通信はできなくなる。この際、約1分の収束時間はサービス品質に影響するため問題になる。そのため、大型のレイヤ3スイッチでは独自にSTPを改良し、収束時間を数秒に縮めるSTP拡張機能を持っている。

STPは低価格機も含め、ほとんどの機種でサポートされている。そのため比較的採用しやすい手段だといえる。

●動的ルーティングによる経路の冗長化

動的ルーティングを利用することで

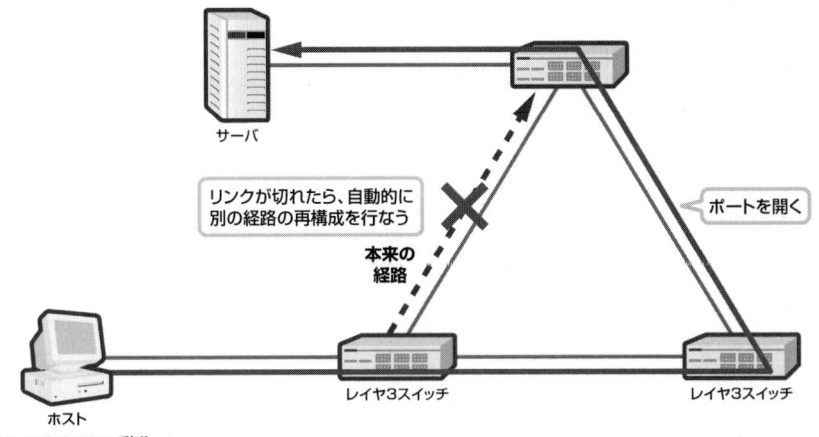

図1-7●STPの動作

も、経路の冗長化は実現できる。レイヤ3スイッチはIPレベルで複数の経路があった場合、動的ルーティングで最適な経路を選ぶか、あるいは複数の経路にトラフィックを分散させることができる。また、経路に障害が発生した場合には、その障害を自動的に見つけ出して、別の経路を探してくれる。経路の再計算にかかる時間はプロトコルごとに異なるが、RIPではだいたい数分、OSPFでは数秒程度である。

RIPについては前述のようにすべての機種で利用できるが、OSPFはボックス型の低価格機ではサポートされていても、こなれていない場合が多いので注意したい。

● VRRPでレイヤ3スイッチを冗長化

一般のサーバやクライアントPCは、普通デフォルトゲートウェイのIPアドレスが固定的に設定されている。そのため、デフォルトゲートウェイのレイヤ3スイッチに障害が発生した場合には、動的ルーティングは役に立たない。このような特定のIPアドレスを持つルータやレイヤ3スイッチへのアクセスを冗長化するためには、VRRP（Virtual Router Redundancy Protocol）というルータの多重化プロトコルが使われる（図1-8）。VRRPは、複数のレイヤ3スイッチを並列運用し、一方が障害を起こしたときに、もう一方が代替機として動作できるようにするためのプロトコルである。

VRRPの問題点は、レイヤ3スイッチが障害を起こしてから、代替機に切り替わるまで30秒近くかかることだ。そのため、大型レイヤ3スイッチはVRRPを独自に拡張することで、数秒以内での切り替えを実現している。

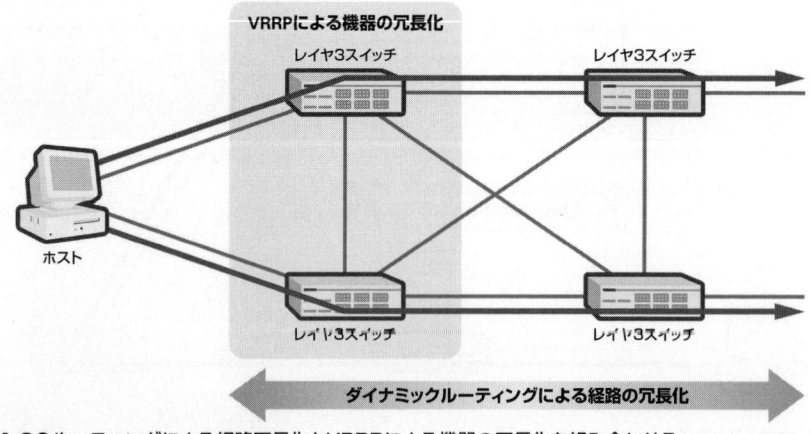

図1-8 ● ルーティングによる経路冗長化とVRRPによる機器の冗長化を組み合わせる

VRRPはシャーシ型ではサポートしていない機種はないといっていいだろう。ボックス型の機種では高機能タイプでの採用が多い。

レイヤ3スイッチの運用に不可欠管理機能

レイヤ3スイッチというのは設定が面倒な機械だ。もちろん、レイヤ2スイッチとして使うだけならば、ケーブルを差して電源を入れるだけで動作する。ところが、ネットワーク層の機能をしっかり使おうとすれば、VLAN設定、IPアドレス設定、ルーティングプロトコル設定など、多くの項目を設定しなければならない。そして、設定した機能が正常に動いているかどうかをチェックし、異常があった場合には問題点を早く見つけて、復旧する必要がある。

レイヤ3スイッチでは詳細な機能設定から動作確認までを行なう機能がそろっており、規模が大きいほど管理機能が充実していると考えてよいだろう。一般的な管理機能はコマンドライン（シリアルコンソールやTelnet）、Web管理、専用GUIソフトウェア、SNMPなどがある。

コマンドラインはネットワーク層をサポートするほとんどすべての機器で利用できる。レイヤ3スイッチはデフォルトではIPアドレスが設定されていないため、最初にシリアルケーブルでPCを接続して操作する必要がある。

低価格機では、Webブラウザや専用ソフトウェアといったGUI環境を用いて設定するのが普通だが、大企業や通信事業者に導入される機種ではコマンドラインによる設定のほうが便利だ。これは、大型機では設定項目があまりにも多く、WebなどのGUI環境では一覧性が悪くなってしまうためだ。コマンドラインの利点は入力への応答が速いことと、設定内容がリストとして確認できるため、ドキュメント化が容易であることだ。また、数百ものポートを設定し、OSPFやVRRPの詳細な設定を行なった場合、GUIでは作業をしているうちに、どこで何を設定したのかわからなくなってしまう。さらに、GUI環境はまだソフトウェアがこなれていない機種が多く、画面の表示と実際の設定値が異なっているといったバ

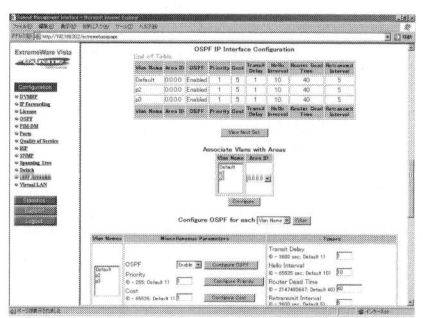

画面1-1●Webブラウザからのレイヤ3スイッチ設定（エクストリーム「Summit 5i」）

グが散見される。

一方、専用のGUIソフトウェアによって設定を行なう機種もある。専用GUIソフトウェアはWebベースの設定環境に比べて、応答が速く安定している。また、Web管理とは違って、複数の機器を1つのソフトウェアから操作できるものもある。

●SNMPによる管理

SNMPはネットワーク機器を管理するための手順で、企業で使うレベルのルータやスイッチならまず実装されている。ただし最低価格帯のブロードバンドルータやレイヤ2スイッチではほとんどサポートされていないので、注意が必要だ。

SNMPを使ってレイヤ3スイッチを管理するには「MIB（Management Information Base）」について知っておく必要がある。MIBは機器内部の設定内容や状態を管理するデータベースで、機器の種類に応じて標準規格がいくつか用意されている。そのため、SNMPで管理できる項目を調べるには、機器がどのMIBに対応しているかを調べればよい。

なお、SNMPはネットワーク機器の設定や管理を行なうための通信規約でしかない。実際には、SNMP対応の管理ソフトをPCなどにインストールして利用することになる。

●ログ情報の管理機能

ネットワーク管理で非常に重要なのがログ情報だ。ログ情報にはシステムのさまざまな情報を収集することができる。こうした情報には、不正アクセスやログインの成功／失敗、システムの異常、ルーティングプロトコルの動作、特定パケットの転送といったものがある。こうしたログ情報はトラブルシューティングには必須のものだ。ところが、ログ情報はメモリ上に蓄えられるだけで、再起動すると記録が消えてしまうという機器が多い。

そのため、何らかの異常によって再起動が発生すると、記録が消えてしまって、なぜ再起動が起こったのかわからないという事態になる。そのため、レイヤ3スイッチの多くは、管理用サーバに対してインストールされたUNIXのsyslogデーモンや、Windowsのイベントログ機能にログ情報を自動的に送信することができる。こうすれば、スイッチに障害があってもログ情報は正常に収集され、しかも、複数のスイッチのログを1台のPCで確認することができるというわけだ。

中小企業向けローエンドスイッチを斬る!

第2章 ボックス型スイッチ

ボックス型のレイヤ3スイッチは、筐体の中に必要な機能を詰め込んだものだ。シャーシ型のものと比べると性能や拡張性は高くないものの、低価格なことが最大の魅力である。本章では、価格帯ごとに各社のボックス型スイッチを見てみよう。

各社のボックス型スイッチはここが違う

ボックス型スイッチとは

ボックス型スイッチは、箱形の筐体の中にインターフェイスや制御用のCPU、パケット転送用のASICなどを内蔵するオールインワンタイプの製品である。10/100BASE-TXインターフェイスを24ポートもしくは48ポートを搭載するのが通常で、加えてアップリンク用にギガビットEthernetインターフェイスを内蔵している製品もある。また、ギガビットEthernetを内蔵していない製品でも、オプションの拡張モジュールで後から追加できる(写真2-1)。ただし、こうした製品も、追加モジュール用のスロットは2つだけというのが通常だ。

このように、ボックス型スイッチは

写真2-1●アライドテレシスのCentre COM 8724XL用拡張モジュール。これを使うことで、1000BASE-T/SX/LXといったギガビットEthernetインターフェイスを追加できる

写真2-2●プラネックスの「FML-24K」

第2章 ボックス型スイッチ

写真2-3●アライドテレシスの「CentreCOM 8724XL」

表2-1●ボックス型スイッチの価格（2004年12月上旬の愛三電気のWebページより）

メーカー	機種	価格	インターフェイス（注1）	ポート単価
プラネックス	FML-24K	13万9900円	FE×24、拡張×2	5579円
アライドテレシス	CentreCOM 8724XL	14万2600円（注3）	FE×24、拡張×2	7817円
	CentreCOM 8748XL	25万円（注3）	FE×48、拡張×2	6833円
	CentreCOM 9606T	42万3000円	GE×6、拡張×2	7万500円
エクストリーム	Summit 200-24	16万8000円	GE×2、FE×24、拡張×2	6462円（注2）
	Summit 200-48	30万4000円	GE×2、FE×48、拡張×2	6080円（注2）
	Summit 48si	46万7000円	FE×48、拡張×2	9729円
	Summit 1i	85万8000円	GE×6、拡張×2	14万3000円
	Summit 5i	108万円	GE×12、拡張×4	9万円
	Summit 7i	196万5000円	GE×28、拡張×4	7万179円
シスコ	Catalyst 3550-24-EMI	45万1000円	FE×24、拡張×2	1万8792円

注1●FE：ファーストEthernet、GE：ギガビットEthernet、拡張：追加インターフェイス用拡張スロット
注2●GEとFEのポート数を単純に合算して算出
注3●キャンペーン価格

ポートがほとんど固定されている。そのため、一度購入したらインターフェイス構成を変更するのは困難なので、事前に必要なインターフェイスの種類やポート数を計画しておく必要があるだろう。

こうした、ボックス型のレイヤ3スイッチを選ぶ際に大きな目安となるのが、本体価格を搭載するポートの数で割った「ポート単価」だ。表2-1は、2004年12月中旬に秋葉原にある「愛三電気（http://www.aisan.co.jp/）」がWebページで公開していた各製品の価格表だ。これを見ると、ポート単価が1万円を切る製品とそれ以上の製品の2種類に分類できることが分かるだろう。前者は10/100BASE-TXインターフェイスを24ポート搭載して実売価格10万円台というコストパフォーマンスに優れた低価格モデルで、後者は30万円から百数十万円台の機能・性能に優れたモデルである。

コストパフォーマンス重視の機種

執筆時点でもっとも安価なレイヤ3スイッチは、プラネックスの「FML-24K」だ。FML-24Kのポート単価は5000円台で、インテリジェントスイッチ（レイヤ2スイッチ）並みの価格である。そのため、初めてレイヤ3スイッチを導入する際のエントリーマシンとして使うほか、高性能なインテリジ

ェントスイッチとして導入することも可能だ。

ただし、このクラスの製品には安いならではの欠点もある。①OSPFに対応していない、②電源部の冗長化ができない、③マニュアルが不親切といった点だ。ただし、これらの点もFML-24Kの場合には致命的というわけではない。まず、OSPFについては、2003年10月にファームウェアのバージョンアップで対応した。ただし、中小規模のネットワークのルーティングプロトコルはRIPを使えばよいので、OSPFが使えないからといって困る企業は少ないだろう。

また、電源の冗長化機能については、予備機を用意するという方法がある。冗長化電源に対応している製品は、本体が高額なだけでなく冗長化電源ユニットも高額だ。それよりも、ポート単価5000円台の製品を2台購入した方が安価に済む。

企業用途に堪える
アライドテレシス製品

ポート単価が6000円から1万円程度のボックス型スイッチの代表が、アライドテレシスの「CentreCOM 8724XL」である。アライドテレシスは、ネットワーク機器の老舗といえる国産メーカーだ。同社は、ルータ制御用のソフトウェアを自社開発しており、8724XLにもこれを採用している。レイヤ3スイッチのソフトウェアにもかかわらずISDN接続などのWAN用のコマンドが入っているのは、その名残だ。

他のメーカーでは、ソフトウェアを自社開発ではなく、OEMで供給されている製品もある。こうすることで、開発期間が短縮でき、豊富な機能を持つ製品を市場に早く出すことができる。しかし、この場合は、①ソフトウェアの修正が容易でないため、障害への対処に時間がかかる、②自社内にノウハウがたまらないため、顧客からの問い合わせに対応できない、といったデメリットがある。また、自社開発であっても海外メーカーのスイッチは、自国の本社管轄で開発を行なっている。そのため、日本独自の要求は実現しにくいことがある。この点、自社でソフトウェアを開発する国内企業であるアライドテレシスの安心感は高い。

マニュアルについては、製品添付のものは一部記載が不親切な点があるが、オンラインマニュアルでは事例ごとの詳細な設定例が記載されている。そのため、オンラインマニュアルを読めば、基本的な設定で悩むことはない。

アライドテレシス製品のネットワーク管理は、コマンドラインが基本だ。シスコシステムズ（以下、シスコ）やエクストリームなど海外メーカーのス

イッチと比べると少々癖があるが、使っていればすぐに慣れるだろう。また、コマンドライン以外の設定方法として、管理ソフト「CentreNET SwimView」も提供している（画面2-1）。値段は約20万円とやや高額だ。しかし、ネットワーク全体の管理ツールを導入するメリットは、単に設定の手間を軽くするだけではない。これらのツールを使うとトラフィックのふくそう状況やネットワークの異常が視覚的に把握できるようになり、異常の回避や将来のネットワーク設計に必要なデータを容易に分かりやすく収集できる。複数台のレイヤ3スイッチやSNMP対応のレイヤ2スイッチを導入する場合には導入を薦めたい。

アライドテレシス製品の強みは、価格と性能／品質のバランスがよいことだ。CenterCOM 8724XL/8748XLはポート単価で1万円を割っており、ギガ

ビットEthernetをサポートする上位機種もそろっている。また、サポート体制も早くから24時間356日のオンサイトサポート契約を実施している。確かに、ソフトウェアのバグの話はたまに聞くが、OSPFも実用レベルの品質に達している。そのほか、ルータを二重化するVRRPといった冗長化プロトコルに対応する点も企業の基幹対応として強みがある。

アライドテレシスは8700シリーズのほか、ギガビットEthernetを8本収容する9600、16本収容する9800シリーズを販売している。これらも、現在入手できる全ポートギガビットEthernetのレイヤ3スイッチでは、もっともポート単価が安い製品だ。

マニュアルまでしっかりしたエクストリーム製品

ポート単価1万円前後の製品の代表は、エクストリームの「Summit200」だ。高額な製品が多い海外メーカーのスイッチの中では、かなり安価な製品だ。ファーストEthernet24ポート（または48ポート）に加え、ギガビットEthernet（1000BASE-T）を2ポート標準搭載し、実売価格で20万円を切るという非常にコストパフォーマンスにすぐれた製品だ。これは、上位機種の「Summit iシリーズ」から機能を絞る

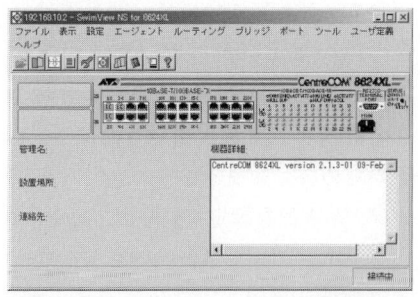

画面2-1●アライドテレシスのSNMP管理ソフトウェア「CentreNET SwimView」。CentreCOMのフロントパネルが表示される直感的で使いやすいツールだ

ことで実現している。たとえば、OSPFもサポートしているが、エッジ用に限定している。というのも、OSPFでいうところの「代表ルータ（DR）」の機能を搭載していないからだ。DRはネットワーク内のOSPFルータをとりまとめるルータのことである。これがないとOSPFは利用できないため、Summit200でOSPFを使うには、DR機能を持ったスイッチを別途用意する必要がある。

ただし、これらは機能に関する制限であり、品質に問題はない。ポート単価1万円以下の他社製品よりも完成度はかなり高い。また、コマンド体系が分かりやすいことに加えて、Webブラウザベースの設定ツールも充実しており、OSPFの詳細レベルまでGUIで設定できる（画面2-2）。さらに、マニュアルもしっかりしており、ネットワークの教科書といえるぐらいていねいな内容となっている。

人気の高さはシスコが一番

ボックス型スイッチの中で、人気が高いのが「Catalyst 3550-24-EMI」を代表とするシスコのCatalyst 3550シリーズだ。Catalyst 3550-24-EMIは、Summit200と同様のポート数でありながら、実売価格は約3倍という高額な製品だ。これは、シスコのネームバリュ

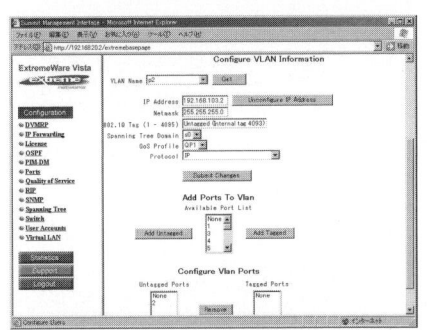

画面2-2●Summit200の前身であるSummit 24e3の設定用Webページ。英語だが、メニュー構成がしっかりしていてわかりやすい

ーの高さもあるが、他社の低価格製品とは持っている機能が違うことも大きい。具体的な数値は公開されていないが、Catalyst 3550は規模の大きなOSPFネットワークでも利用できる能力を有している。

総じていうと、シスコにせよ、エクストリームにせよ、レイヤ3スイッチのソフトウェアの完成度は国産メーカーより一段上だ。その理由の大きな点は、シャーシ型の大型機からボックス型の小型機まで単一のソフトウェアを長く使い込んでいることである。つまり、大企業や通信事業者の大規模なネットワークできちんと動くようにソフトウェアをチューンナップしているのだから、小規模ネットワークでもきちんと動くのが当然というわけだ。特にシスコの「IOS（Internetworking Operating System）」というソフトウェアは、ルータOSの世界標準として信頼

第2章　ボックス型スイッチ

写真2-5●エクストリームの「Summit200シリーズ」

写真2-6●シスコの「Catalyst 3550シリーズ」

されている。

　ボックス型スイッチの分野では、一般論としてエクストリームの製品はシスコ製品に比べてコストパフォーマンスは高いとされている。とはいえ、シスコには強力な販売網や幅広い製品ラインナップ、IOSへの信頼といった総合力があるため、シスコを好んで導入する企業が多い。

ボックス型スイッチはこう選ぶ

　CatalystやSummitクラスの製品が必要なネットワークでは、自社ではなくネットワークインテグレータに構築を外注することがほとんどだろう。当然、インテグレータは自社で扱い慣れた製品を推薦してくるので、それにまかせてしまうのがもっとも安全な方法だ。もし、インテグレータの選択が納得できない場合や、自社で製品選定をしなくてはならない場合は、次のような判断をすればよいだろう。

　まず、Catalyst 3550はポート単価が高いため、コスト的に厳しければ避けることが賢明だ。シスコ製品を選択するのは、すでにシスコ製品が社内に氾濫していてネットワーク管理ソフトにもシスコ製品を使っている場合や、購入先・サポート先を一元化する必要がある場合である。

　それ以外では、導入コストを極力抑えたい場合は、プラネックスだ。また、シスコの導入は無理だが、導入実績の多いメーカーの製品を選びたい場合は、アライドテレシスかエクストリームだろう。両者の製品は、中小規模のネットワークに必要な機能や性能は十分に持っている。どちらを選んでも失敗はないだろう。

COLUMN
ルータとレイヤ3スイッチは何が違う？

●どちらもルーティングをする装置

ルータとレイヤ3スイッチは、IPルーティングをするという意味では、ともに「ルータ」だ（表2-2）。もともとは、ルーティングする装置はすべて「ルータ」と扱われていた経緯がある。ただし、ルータが当初からルーティング用装置であるのに対し、レイヤ3スイッチは起源はレイヤ2のスイッチである。スイッチの高機能化に伴いレイヤ3のルーティング機能を追加したのがレイヤ3スイッチだ。

「ASICで高速化した機器がレイヤ3スイッチで、汎用CPUを使った機器がルータだ」という説明がある。しかし、この理解はすでに正しくない。現在では、すべてのネットワーク機器でASICが一般的に使われており、もちろんルータにもASICが多用されている。また逆に、レイヤ3スイッチでもパケットの転送を行なうのはASICだが、機器全体の制御はCPUで処理を行なうソフトウェアで実現している。

●内部機構は違っている

ルータとレイヤ3スイッチの大きな違いは、マルチプロトコルへの対応だ。ルータはIPに加え、IPXやDECnet、XNSといった今はあまり使われない特殊なプロトコルもサポートしている。これに対しレイヤ3スイッチはIPだけだ。他には、VLANの扱いも違っている。レイヤ3スイッチの設定は、ポートベースVLANが中心となる。ルータがポート単位にIPアドレスを割り当てるのに対し、レイヤ3スイッチはVLANごとにIPアドレスを割り振るわけだ。

また、内部的な違いとして「フォワーディングテーブル」の形態がある。フォワーディングテーブルとは、パケットを転送する際に内部で使うデータベースである。ルータ／スイッチは、ルーティングプロトコルを使ってルーティングテーブルを作り、パケットのルーティング先を決める。しかし、ルーティングテーブルの情報には、宛先ネットワークアドレス、ネクストホップ、インターフェイスはあるが、実際にパケットの送り先を指定するのに必要なMACアドレスが含まれていない。そのため、IPアドレスとMACアドレスを結びつけた情報が別途必要になる。これがフォワーディングテーブルだ。

ルータのフォワーディングテーブルは、ネットワークアドレスごとに宛先MACアドレスを持つ。これに対してレイヤ3スイッチは、ホストアドレスごとに宛先MACアドレスの対応づけを持っており、パケットを転送する際にはホストアドレスから直接MACアドレスを引くことができる。このことは、LAN内のホスト宛の通信に必要な処理の高速化をもたらす。逆にルータは、ホストアドレスにとらわれることなく内部テーブルを作るため、アドレス解決にはレイヤ3スイッチより処理数が増えるが、インターネットのような大規模なネットワークで使う場合もテーブル数が爆発的に膨れることはないのだ。

●ルータとレイヤ3スイッチの使い分け

とはいえ、すでにルータとレイヤ3スイッチは競合する物ではない。もはやソフトウェアベースのルータを企業LANの基幹に導入する企業はないだろうし、WAN接続にレイヤ3スイッチを使うのは適切ではない。WAN接続にはルータ、LANにはレイヤ3スイッチを導入する。その上で、LAN内でIP以外のプロトコルがどうしても必要な場合だけ、マルチプロトコルで実績のあるシスコなどのルータを導入すればよい。もちろん、この場合もレイヤ3スイッチと並列に配置

表2-2●ルータとレイヤ3スイッチの違い

	ルータ	レイヤ3スイッチ
LAN	○	○
WAN	○	×
IPプロトコル	○	○
IPX等のマルチプロトコル	○	△
コストパフォーマンス	△	○

第2章 ボックス型スイッチ

し、IP以外のプロトコルのみをルータで処理することになる（図2-1）。

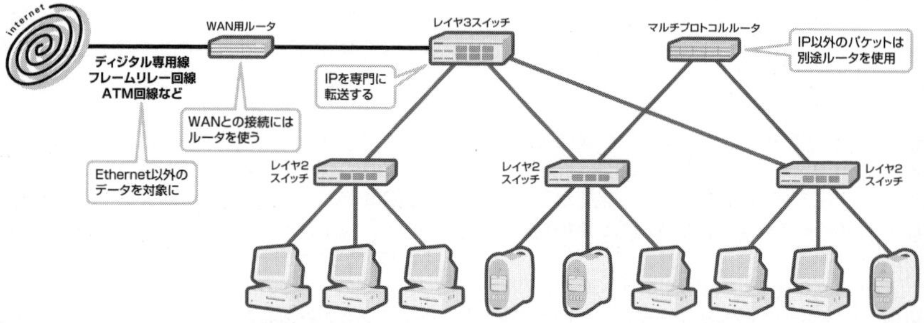

図2-1 ●ルータとスイッチを使い分ける

第3章 シャーシ型スイッチ

高性能／高信頼性はこうして実現

ボックス型のレイヤ3スイッチの欠点は拡張性と柔軟性に乏しいことである。対して、シャーシ型のレイヤ3スイッチは、各組織のニーズに応じた柔軟性の高い構成が可能である。本章では、シャーシ型のレイヤ3スイッチを見ていこう。

機能を選べるシャーシ型スイッチの仕組み

シャーシ型レイヤ3スイッチの構造

シャーシ型レイヤ3スイッチは、本体（シャーシ）にインターフェイスや管理モジュールなどのカードを接続していくタイプの製品である。必要なインターフェイスだけ搭載するなど柔軟な構成が可能なのが特徴で、大規模なネットワークを運用する大企業や通信事業者向けの製品である。

シャーシ型スイッチを理解するために、ボックス型スイッチとの違いを見てみよう（図3-1）。ボックス型スイッチは、一枚の基板の上にCPUとメモリ、インターフェイスなど必要なすべての機能を搭載している。拡張性はほとんどなく、追加でインターフェイスモジュールを拡張できる程度だ。

これに対して、シャーシ型スイッチでは、制御処理（CPU）、スイッチ処理（転送部）、インターフェイス、電源がすべて別々のモジュールになっている（図3-2）。これらのうち、電源以外のモジュールは、シャーシのスロットに挿入するため、これらを総称として「ラインカード」と呼ぶ。シャーシには「バックプレーン」と呼ぶバスとスロットがついており、ここにラインカードを接続するのだ。PCに例えると、バックプレーンはPCIバスで、ラインカードはPCIバスに装着する拡張カードに相当する。

制御処理を行なうモジュールは、設定に使うコンソールやWebブラウザベースのユーザーインターフェイスを提

第3章　シャーシ型スイッチ

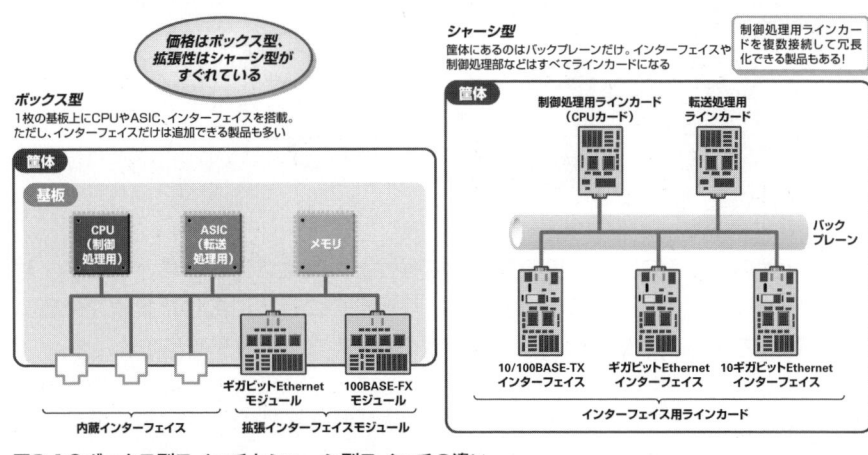

図3-1●ボックス型スイッチとシャーシ型スイッチの違い

ボックス型
1枚の基板上にCPUやASIC、インターフェイスを搭載。
ただし、インターフェイスだけは追加できる製品も多い

価格はボックス型、拡張性はシャーシ型がすぐれている

シャーシ型
筐体にあるのはバックプレーンだけ。インターフェイスや制御処理部などはすべてラインカードになる

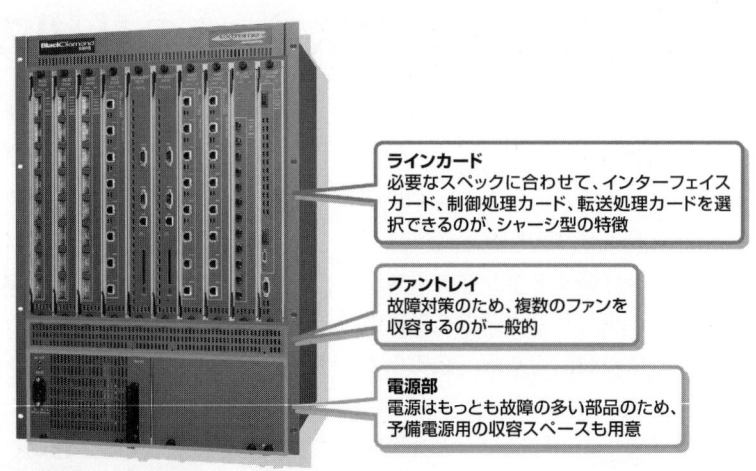

制御処理用ラインカードを複数接続して冗長化できる製品もある！

図3-2●シャーシ型スイッチの構成

ラインカード
必要なスペックに合わせて、インターフェイスカード、制御処理カード、転送処理カードを選択できるのが、シャーシ型の特徴

ファントレイ
故障対策のため、複数のファンを収容するのが一般的

電源部
電源はもっとも故障の多い部品のため、予備電源用の収容スペースも用意

供し、RIPやOSPFなどのルーティングプロトコルの処理を担当する。一方、スイッチ処理モジュールは、インターフェイスカードから送られたパケットを必要な宛先に転送するラインカードになる。パケットを各モジュール間で交換するため「スイッチ」と表現しているのだ。そして、インターフェイスモジュールは、10/100BASE-TXやギガビットEthernetなどのインターフェイスを搭載するラインカードだ。カード一枚に複数のインターフェイスを搭載することも珍しくはない。なお、制御処理モジュール、スイッチモジュー

シャーシ型スイッチ　第3章

ルのラインカードはシャーシ内で利用できるスロットが決まっており、シャーシの中央に配置する機種が多い。

ここまででシャーシ型スイッチを構成する部品について簡単に説明したが、実際の詳細な動きは機器ごとにかなり異なっている。シャーシ型のもともとの構成は、バックプレーンを中心にすべてのラインカードが接続される方式だ。しかし、この方式では、バックプレーンにパケットが集中するなどの問題がある。そこで、現在では、スイッチ処理部に直接インターフェイスカードがつながってパケットの転送を行なう「中央スイッチ型」、各インターフェイスがスイッチ処理機能を搭載し1対1で直結する「分散スイッチ型」、そして両方を合せた複合型などが主流だ（図3-3）。同じメーカーでもシリーズによって方式が異なっている。たとえば、エクストリームの場合、Alpineは中央スイッチ型だが、BlackDiamondは複合型だ。また、シスコのCatalystのように、基本は中央スイッチ型だが、一部の高額なインターフェイスだけはカード上にスイッチ処理部を搭載するという中央スイッチ／複合型の混在タイプもある。

写真3-1●ファウンドリーNetIronのラインカード。こうしたラインカードがあって初めてスイッチとなる

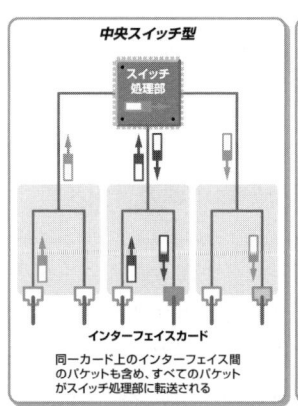

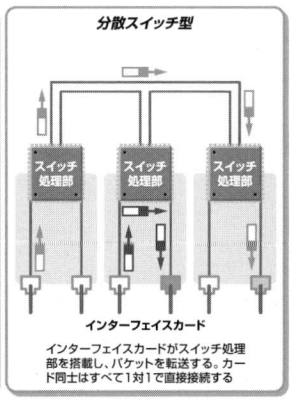

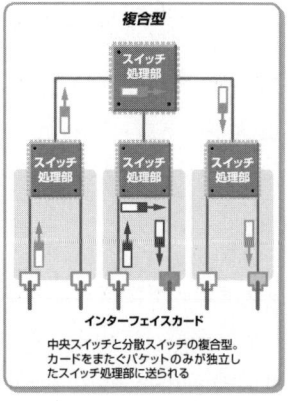

図3-3●シャーシ型スイッチの応用タイプ

第3部　レイヤ3スイッチ徹底理解

スイッチのバックボーン能力

続いて、シャーシ型スイッチの性能を見ていこう。もっとも分かりやすい要素は、搭載可能なインターフェイスの種類と数だが、それ以外にもポイントがある。それは、①バックプレーン能力、②パケットスイッチ能力、③冗長化の有無である。この3点について順番に説明していこう。

バックプレーン能力はバックプレーンの転送能力のことで、単位は「bps」である。PCでいうところのバス幅にあたる。バックプレーンは各モジュール間をつなぐ役割を果たしており、論理上はすべてのインターフェイスの転送速度を合計した値であることが必要になる。たとえばギガビットEthernetインターフェイスを64ポート搭載可能なアライドテレシスのSwitchBladeでは、次のようになる。

1Gbps（ギガビットEthernet）×64（最大ポート数）×2（全二重通信）＝128Gbps（必要バックプレーン能力）

つまり、論理上SwitchBladeは、バックプレーンにボトルネックが起きない容量を持っている。これに対して、BlackDiamond 6816に必要なバックボーン能力は

1Gbps（ギガビットEthernet）×360（ギガビットEthernetのポート数）×2（全二重通信）＝720Gbps（必要バックプレーン能力）

となる。ところが、実際のバックプレーン能力は256Gbpsしかなく、論理上必要なバックプレーン能力を下回っている。これは、シスコシステムズのCatalyst 6513も同様だ。そのため、ギガビットEthernetインターフェイスを最大数搭載した場合、理屈としてはフルに性能が発揮できない。

逆に、機器の持つ帯域が必要帯域より大きい製品もある。ファウンドリーのBigIron MG8では、必要帯域640Gbpsに対してバックプレーン能力が1.28Tbpsもある。また10GbE（10ギガビットEthernet）に世界で最初に対応したフォーステンのForce10 E1200は、必要帯域は672Gbpsに対して、バックプレーン能力は1.2Tbpsある。これは将来的な拡張のためだ。

パケットの転送能力「pps」

パケットスイッチ能力は、スイッチ処理モジュールがパケットを転送（ルーティング）する能力のことで、単位として「pps（パケット／秒）」を用いる。ただし、パケット長は固定ではな

いので、短いほど処理能力的に負荷がかかる。そのため、パケットスイッチ能力は、一般にEthernetの最小パケット長である64バイトのパケットで測定する。

ここから、伝送速度を実現するために必要なパケットスイッチング能力が算出できる（表3-1）。これを計算する意味は、機器間で論理的なボトルネックが発生するかどうかである。ポートあたりの性能が出ても、機器の内部でボトルネックになることがある。そのため、機器全体でのパケットスイッチング能力が重要になってくるわけだ。

たとえば、エクストリームのAlpineにギガビットEthernetを32ポート搭載した場合を例にとって計算してみると次のようになる。

1488100pps（ギガビットEthernetのPPS値）×32（ギガビットEthernetの最大ポート数）＝47.9192Mpps（pps必要能力）

つまり、ギガビットEthernetインターフェイスを32ポート搭載した場合、ボトルネックとならずにパケットを転送するのに必要なパケットスイッチ能力（pps必要能力）は、47.9192Mppsと算出できる。そこで、Alpineのカタログ上のスイッチング能力を見てみると48Mppsである（表3-2）。つまりAlpineは、pps必要能力を満たしているわけだ。他に、ギガビットEthernetインタ

表3-1●伝送速度とパケットスイッチ能力

通信速度	必要な転送能力
10Mbps	1万4880pps
100Mbps	14万8810pps
1Gbps	148万8100pps
10Gbps	1488万1000pps

表3-2●シャーシ型スイッチ製品のパフォーマンス

	アライドテレシス	日立製作所		エクストリームネットワークス	
	SwitchBlade（AT-SB4108-76）	GS4000-80E	GS4000-160E	Alpine 3808	BlackDiamond 6816
バックプレーン能力	128Gbps	96Gbps	192Gbps	64Gbps	256Gbps
パケットスイッチング能力	(未公開)	(未公開)	(未公開)	48Mpps	192Mpps
10/100Mbpsポート最大数	384	96	192	256	1440
1Gbpsポート最大数	192	48	96	128	360
10Gbpsポート最大数	0	4	8	0	16
処理部冗長化	○	×	○	×	○

	ファウンドリーネットワークス		シスコシステムズ		フォーステンネットワークス
	BigIron 15000	BigIron MG8	Catalyst 4506	Catalyst 6513	Force10 E1200
バックプレーン能力	480Gbps	1.28Tbps	64Gbps	256Gbps	1.2Tbps
パケットスイッチング能力	345Mpps	480Mpps	48Mpps	210Mpps	500Mpps
10/100Mbpsポート最大数	672	0	240	576	0
1Gbpsポート最大数	232	320	240	194	336
10Gbpsポート最大数	14	32	0	32	28
処理部冗長化	○	○	×	○	○

ーフェイスを232ポート搭載可能なBigIron 15000では、パケットスイッチ能力のカタログ値は345ppsで、こちらもpps必要能力（345.2392pps）を満たしている。

これに対して、ギガビットEthernetインターフェイスを194ポート搭載可能なシスコのCatalyst 6513の場合は、カタログ上のスイッチング能力は210Mppsしかない。pps必要能力は288.6914Mppなので、210Mppsでは足りないのだ。

シャーシ型スイッチを選択する際の条件は、インターフェイスの最大搭載数だけではない。それをまかなえるだけのバックプレーン能力とスイッチング能力を搭載しているかどうかが重要なのだ。

冗長化による信頼性向上

大型のレイヤ3スイッチは大企業や通信事業者の基幹部分に使われている。そのため信頼性を高めるための機能が、ボックス型のスイッチに比べて桁違いに高い。シャーシ型スイッチでは、次のような部分で主に信頼性向上策を行なっている。

・ホットスワップ
・電源部
・ファン
・制御部（転送部、制御部）

ホットスワップとは、動作中のラインカードの交換が可能な機能だ。レイヤ3スイッチはインターフェイスに合わせてルーティングテーブルを作っている。もし、ホットスワップに対応していない状態で、インターフェイスカードを抜いた場合、メモリ上のテーブルが壊れ、レイヤ3スイッチはダウンしてしまう。ホットスワップはこのようなことがないよう、抜き差しするインターフェイスカードを安全にメモリから切り離す機能だ。

そして、冗長化で一番複雑なのが、制御処理とスイッチ処理の冗長化だ。制御処理のラインカードを二重化することによって、一方が故障したときでも他方で動作が可能になる。制御処理の冗長化には、リブート後に切り替える方式と、リブートなしの方法がある。

制御部に異常があった場合にリブートしてしまうのは、もっとも簡単な方法だ。しかし、リブート中はパケットの転送処理が止まってしまう。また、稼働側とバックアップ側でいっさい情報を引き継がないので、フォワーディングテーブルやルーティングテーブルといった転送に必要なすべてのテーブルを再計算する必要がある。

しかし、リブートせずに切り替える

方式は実装が難しい。コンフィギュレーションの同期はもちろん、メモリの内容も同期を取らなくてはならない。しかもバックアップ側への切り替わりが外のネットワークに影響しないよう瞬時に行なわれる必要がある。一般企業ではここまでの機能は必要とされないが、サービスの中断が許されない通信事業者には必須の機能である。

シャーシ型スイッチの販売事情

現在日本でよく売れているシャーシ型スイッチは、エクストリームのBlack DiamondとAlpineといわれている。企業で導入もあるが、それに加えて通信事業者の導入が多く、日本の広域Ethernetサービスのインフラのほとんどをエクストリームが押さえているといってよい。これは、VLANを拡張した独自規格「vMAN（Virtual MAN）」機能が通信事業者に評価されたためだ。日本以外の地域では、エクストリームよりもファウンドリーの製品をよく見かける。ただ、ファウンドリーは日本での販売チャネルが限定的で、エクストリームよりも割高に販売されたため、日本では出遅れた感がある。

企業利用では、シスコのCatalystが強い。表3-2のバックボーン能力やppsでも分かるように、実のところコスト

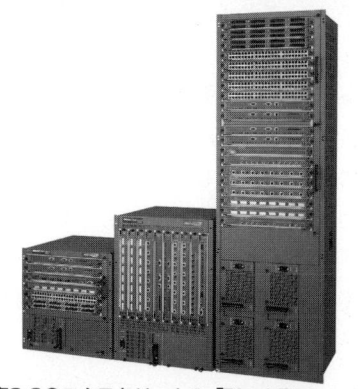

写真3-2●エクストリームの「BlackDiamond」。大企業や通信事業者向けの最上位モデルだ

写真3-3●ファウンドリーの「BigIron 15000」。他社のレイヤ3スイッチがスペックの限界が指摘される中、高機能とレイヤ2／レイヤ3の安定性で最近特に高い評価を受けている製品だ

写真3-4●日立の「GS4000」。10GbEインターフェイスを8ポート搭載可能でIPv6で先行する、国産スイッチの代表製品だ

第3章　シャーシ型スイッチ

パフォーマンスでは前2社に劣る。しかし、それを補ってあまりあるのが、ネットワーク業界での圧倒的なネームバリューと、これを支えるネットワンシステムズをはじめとする日本国内の強力な販売・サポート網だ。

　国産のシャーシ型のレイヤ3スイッチとしてアライドテレシスのSwitchBladeと日立のGS4000をあげた。SwitchBladeはシャーシ型レイヤ3スイッチとしては、もっともコストパフォーマンスの高い製品であり、今後は企業利用を中心に伸びるだろう。また、日立のGS4000はIPv6の実装で海外ベンダーに先行している。今後日本でのIPv6利用が進めば、多くの場所で利用されるようになるだろう。

動的ルーティングを極めよう

第4部

ネットワークをきちんと理解するには、ルーティングについての知識が不可欠である。第4部では、ルータの役割、ルーティングの基本、静的ルーティングと動的ルーティング、小規模なネットワークで使われるRIP、大規模なネットワークでも利用可能なOSPF、インターネットを構成するAS間で使用されるBGPのそれぞれのプロトコルについて、詳しく見ていくことにする。

第1章 動的ルーティングとは何か

ルータやレイヤ3スイッチといったネットワーク機器の設定では、ルーティングの設定に関する知識が不可欠である。逆にルーティングさえしっかりわかっていれば、これらのネットワーク機器の扱いはほとんど問題なくできるといっても過言ではない。第4部では、ルーティングの基本と応用についてしっかり学んでいこう。

TCP/IP（インターネット）のネットワークは、多数のネットワークが複数の「ルータ」と呼ばれる機器を介して相互に接続し合っている。そのため、パケットを相手に届けるためには、経路を探す手段が必要になる。

また、経路が複数あれば、各経路の速度や回線の利用料金といった選択基準を決めて、その中から最適な経路を選ぶ必要が出てくる。ルーティングとは、このような経路の探索と選択を行なう処理のことである。

本章では、ルーティングの概念と第4部の各章で扱うプロトコルについて紹介しよう。

ルータの役目は経路制御

TCP/IPでは、ルーティング（経路制御）は送信元のホストではなく、途中のルータの役目になっている。そのため、通信を行なうホストは、宛先ホストまでの正しい経路を知っている必要はなく、近くのルータにパケットを受け渡すだけでよい。

通常、送信先ホストからパケットを受け取ったルータは、それぞれが経路の判断を行なったうえで、バケツリレー方式によって最終的な宛先ネットワークまでパケットを届けている。

これは郵便で手紙を届ける手順によく例えられる。つまり、ルータを郵便局に置き換えるのである。郵便局で受け取った手紙は宛先ごとに分別され、宛先に応じて各地の集配局に届けられる。さらに、集配局でも同様に、宛先ごとに整理されて地区の郵便局へ送られ、そこから各家庭に手紙が届けられるというものだ。郵便局にあたるルー

動的ルーティングとは何か　第1章

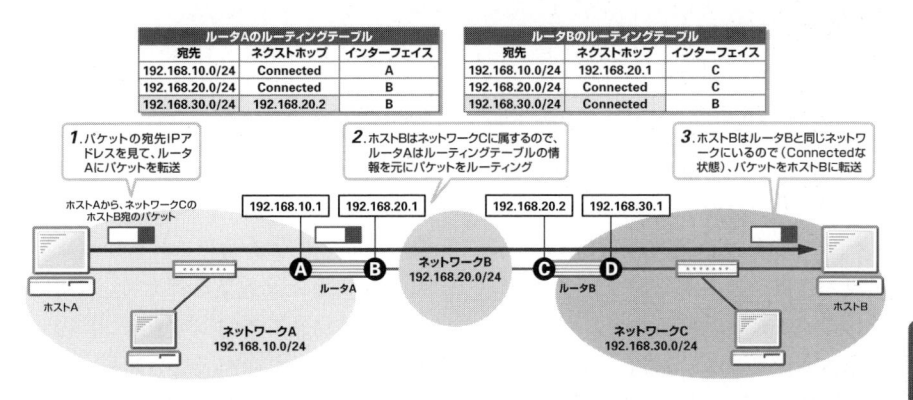

ルータAのルーティングテーブル		
宛先	ネクストホップ	インターフェイス
192.168.10.0/24	Connected	A
192.168.20.0/24	Connected	B
192.168.30.0/24	192.168.20.2	B

ルータBのルーティングテーブル		
宛先	ネクストホップ	インターフェイス
192.168.10.0/24	192.168.20.1	C
192.168.20.0/24	Connected	C
192.168.30.0/24	Connected	B

図1-1●ルーティングの基本的な仕組み：IPパケットをどのネットワークへ送ればよいかを決めるのがルーティング。パケットの転送先は、ルータに保存された「ルーティングテーブル」によって決められる

タでは、宛先ネットワークまでパケットを届けるために、どの方向へパケットを送ればよいのかという情報を表にまとめた「ルーティングテーブル」を持っている（図1-1）。そして、このルーティングテーブルを元に、宛先ネットワークごとにパケットを整理して次に届けるべきルータを判断しているわけだ。

ルーティングテーブルでは、「宛先」「ネクストホップ」「インターフェイス」の3つの要素が管理されている。ネクストホップは、次にパケットを受け渡す隣接ルータのことで「ゲートウェイ」と呼ぶことも多い。もしルータが宛先ネットワークに直接つながっている場合には、このネクストホップは省略される（コネクテッドネットワーク）。そして、インターフェイスは実際にパケットを送り出すルータのポートのこと

である。つまりインターフェイスの先には、宛先ホストやネクストホップとなるルータが接続されていなければならないということだ。

静的ルーティングと動的ルーティング

次に問題になるのは、ルーティングテーブルをどのように管理するかという点だ。

基本的な管理方法の分類としては、コマンドやWebの管理画面から直接手動でルーティングテーブルを設定する「静的（スタティック）ルーティング」と、ルータ同士で経路情報を交換させて自動的にルーティングテーブルを生成させる「動的（ダイナミック）ルーティング」がある。

静的ルーティングを行なう場合に

157

は、ネットワーク管理者が自分でネットワークの構成を管理して、すべてのルータに正しいルーティングテーブルを設定する必要がある（図1-2）。管理するルータの台数が少ない場合や、ブロードバンドルータなどでISPなどの接続先を複数利用する場合によく利用される。また、いくつものルータを使う場合でも、トラブルなどでうまく動的ルーティングが行なえないケースでは、応急的な対応として静的ルーティングが行なわれることがある。

一方、動的ルーティングは管理するルータの台数が増えて、静的ルーティングで対応できない場合に利用される。実際にはルータが3台以上になれば、動的ルーティングの適用になると考えて差し支えないだろう。

動的ルーティングには、いくつかの種類がある。大きく分類すると、主に企業やISP内のネットワークで利用される「IGP（Interior Gateway Protocol）」と呼ばれる種類と、大企業やISP同士のインターネット接続で利用される「EGP（Exterior Gateway Protocol）」がある（図1-3）。特に、EGPでは「AS（Autonomous System：自律システム）」と呼ばれる大きなネットワーク同士を接続するような工夫がされている。

このASという言葉を使えば、IGPはAS内で使われる動的ルーティングのプロトコルで、EGPはAS間で使われるプロトコルということができる。

第4部で扱うプロトコル

第4部では、このIGPとEGPの両方を扱っていく。IGPからは、小規模ネットワーク向けの「RIP（Routing Information Protocol）」と、中大規模向けの「OSPF（Open Shortest Path First）」を扱う。またEGPとしては、現在の主流になっている「BGP（Border Gateway Protocol）」を扱う。次章以降で詳しく説明するのに先立って、まず

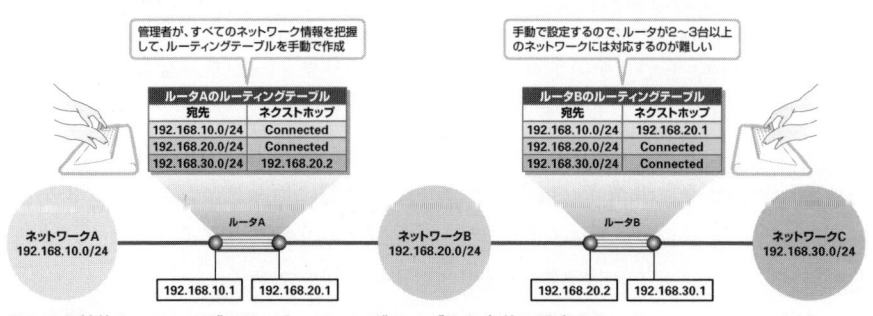

図1-2●静的ルーティングでは、ルーティングテーブルを自分で設定する

第1章 動的ルーティングとは何か

はこれらのプロトコルを簡単に紹介しておこう。

●RIP

「RIP」は小さなネットワーク（ルータ2、3台から10台くらいまで）向けのプロトコルである。比較的簡単な仕組みになっていて、隣接ルータとルーティングテーブルを交換し、相手が管理しているネットワークの情報を自分のルーティングテーブルに追加していくというものだ（図1-4）。

この仕組みは、「ディスタンスベクタ（Distance Vector）方式」と呼ばれている。ディスタンスベクタ方式では、最適な経路を判断するのに、交換するルーティングテーブルに含まれる「メトリック（Metric）」と呼ばれる距離情報を使う。RIPのメトリックは、宛先ネットワークまでルータを何台経由するかを表わす「ホップ数」をもとに計算されている。つまり、複数の経路があった場合には、ホップ数がもっとも少ない経路を採用して新しいルーティングテーブルを作るというものである。また、RIPではホップ数を4ビットで管理しており、最大値の16は「宛先に到達できない」という意味で使って

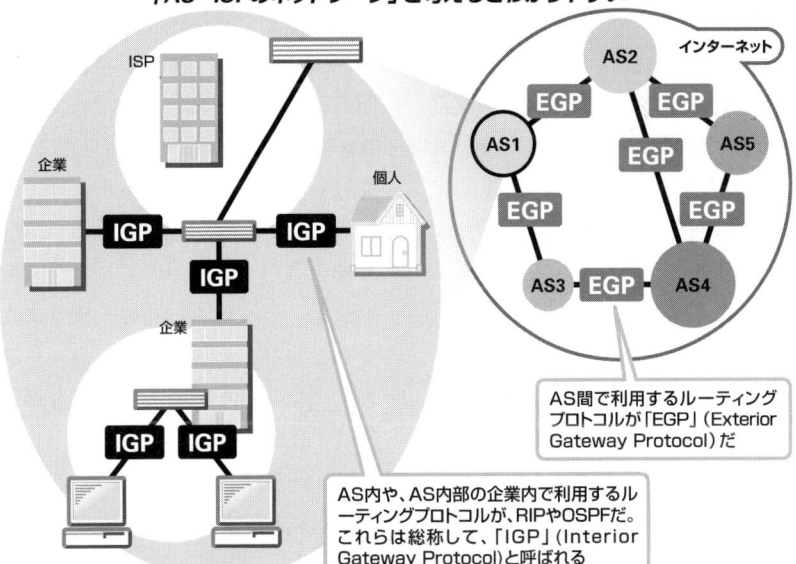

図1-3●動的ルーティングのプロトコルにはIGPとEGPがある

インターネットは、AS（Autonomous System：自律システム）と呼ばれるネットワークが集合してできている。「AS=ISPのネットワーク」と考えるとわかりやすい

AS間で利用するルーティングプロトコルが「EGP」（Exterior Gateway Protocol）だ

AS内や、AS内部の企業内で利用するルーティングプロトコルが、RIPやOSPFだ。これらは総称して、「IGP」（Interior Gateway Protocol）と呼ばれる

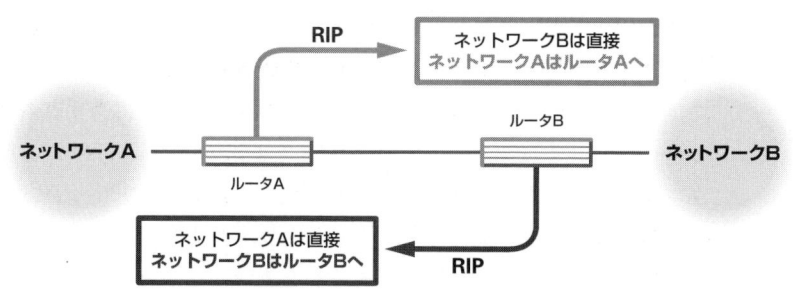

図1-4●RIPでは隣接するルータ同士でルーティングテーブルを交換して経路情報を更新する

いる。そのため、ホップ数が15を超えてしまうような大きなネットワークでは利用できない。

また、RIPは30秒ごとにルーティングテーブルを交換するため、規模が大きくなると、ネットワークの帯域を圧迫してしまうことがある。

●OSPF

「OSPF」は、大規模なネットワークでも利用できるIGPである。RIPが利用できないネットワークで多く使われている。OSPFでは、経路の管理に「リンクステート（Link State）方式」という仕組みが使われている。

リンクステート方式は、ネットワーク構成図（リンクステート）をルータ同士で共有して、これをもとに最適な経路（最短パスツリー）を計算して新しいルーティングテーブルを作るというものだ（図1-5）。ネットワーク構成図はルータ内でデータベース化されていて、LSA（Link State Advertisement：リンクステート広告）と呼ばれるネットワーク情報をルータ同士で交換することで作られる。また、OSPFにはRIPのようなホップ数の制限がなく、代わりに「コスト」という値を使って最適経路の計算を行なっている。

●BGP

BGPはインターネットを構成するネットワーク「AS」同士を接続する際に使われるEGPである。ASには、それぞれ0～65535の数値で表わされる「AS番号」という固有の番号が付けられている。BGPでの経路制御では、このAS番号を利用する。IPアドレスを直接利用せず、かわりにAS番号を使うようにすることで、AS内部でどんなルーティングプロトコルを使っていても影響を受けずに済むようになる。

BGPでは、「パスベクタ（Path Vector）」と呼ばれる方式で経路の管理を行なっている。パスベクタ方式では、経路情報を交換する際に「パス属

性」と呼ばれる情報と、「プレフィックス」という情報をやり取りする。パス属性は、ルータが最適経路を計算するための「ASパス」という情報や、パケットを複数の経路に振り分けるための情報などが含まれる。またプレフィックスは、宛先ネットワークに送るに は次にどのASへ送ればいいか、というアドレス情報のことだ。

以上を踏まえて、次章ではもっともよく使われているプロトコルであるRIPの基本的な仕組みと設定について取り上げることにする。

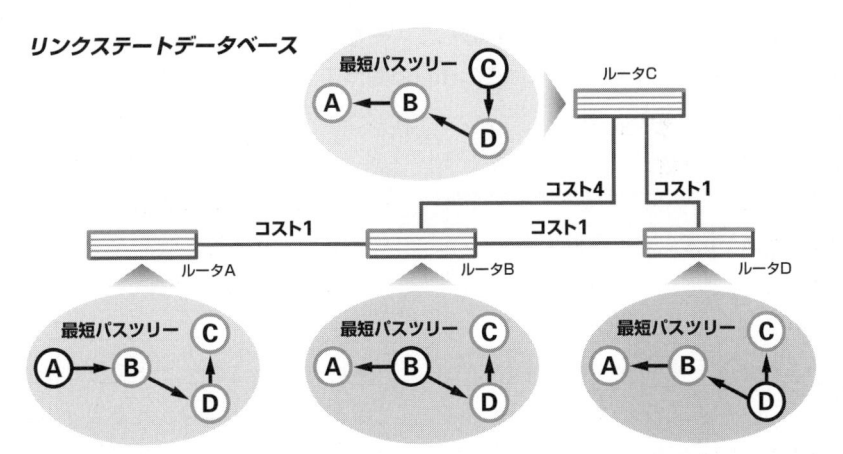

図1-5●OSPFで使われるリンクステート方式では、各ルータで同じネットワーク構成図（リンクステートデータベース）を利用して経路を設定する

第2章 RIPの動作

RIP（Routing Information Protocol）は、動的ルーティングの入門に最適なプロトコルだといえる。動作原理が単純であるため、小さなネットワークで利用するぶんには設定もそれほど難しくないからだ。一方、RIPは大きなネットワークには向かない側面も持っている。本章はこのRIPの動作について詳しく説明していこう。

もっともよく使われるRIP

RIPはほとんどのルータに搭載されている動的ルーティングプロトコルである。ルータ以外にも、Windows ServerやUNIXなどのOSでもサポートされている。仕組みも簡単で、特別な場合を除けば設定もほとんどないため、ルータが数台程度と少ないときには非常によく利用されるプロトコルだ。

RIPには、RFC1058で定義された「RIP version 1（RIPv1）」とRFC2453で改訂された「RIP version 2（RIPv2）」がある。RIPv1はクラスフルネットワークで使われていた初期のプロトコルで、RIPv2はRIPv1をクラスレスネットワーク対応にしたほか、認証機能などが追加された拡張版である。

ここでいう「クラスフルネットワーク」とは、IPアドレスのネットワーク部（ネットワークに割り当てる上位部分）のビット数を、8ビットの「クラスA」、16ビットの「クラスB」、24ビットの「クラスC」に分類して割り当てる古い方式で設計されたネットワークのことである。

一方、現在のネットワークは「クラスレスネットワーク」で、前述したクラスに関係なく好きなビット数をIPアドレスのネットワーク部に割り当てられる。クラスレスネットワークでは、「192.168.8.12/23」のようなネットワーク部のビット数をIPアドレスの表わす「プレフィックス」という数値を添えたり、「255.255.254.0」のようなネットマスクでIPアドレスのネットワーク部を表現する。

現在は主にRIPv2が利用されているが、ここでは基本的な動作のわかりや

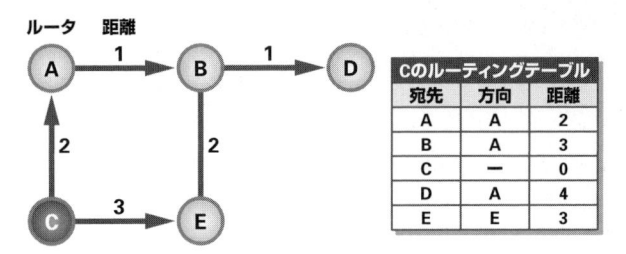

図2-1 ●ディスタンスベクタ方式は「距離（Distance）」と「方向（Vector）」によって経路を制御する方式である

ディスタンスベクタ方式とは

RIPは、「ディスタンスベクタ（Distance Vector）方式」で経路を制御するプロトコルである。ディスタンスベクタ方式とは、文字通り「距離（Distance）」と「方向（Vector）」を使って経路を制御するという方法だ。図2-1は、5つのルータで構成されたネットワークで、数字は「距離」を表わしている。また、「向き」は各ルータが直接パケットをやり取りできる隣接ルータ（ネクストホップ）を指している。

ここで、ルータCを基準にして見てみると、ルータAはCから2つ離れたところにあり、BはAを経由して距離3つ（C→Aが2、A→Bが1）の場所にある。また、DはAを経由して距離4つ（C→Aが2、A→Bが1、B→Dが1）の場所にあり、EはCから3つ離れたところにある。BやDへは、Eを経由することもで

きるが、その場合の距離はB宛が5つ（C→Eが3、E→Bが2）で、これに対してD宛は6つになってしまう。つまり、Eを経由するよりAを経由したほうが「近い」ため、経路としてはA経由を採用することになる。これらの経路情報をまとめたものが「ルーティングテーブル」である。

経路交換の手順

RIPでは各ルータの経路情報を交換することで、ルーティングテーブルを構築していく。RIPでの経路交換に使われる情報は、RIPv1では「宛先IPアドレス」と「メトリック値（ホップ数）」だけだ。各ルータは、自分のルーティングテーブルから宛先IPアドレスと、その宛先までのホップ数を組にして、この一覧表を「経路情報」として隣接ルータへまとめて送信する。これを「RIP広告（advertisement）」と呼ぶ。最初、この経路情報を受け取った

第2章　RIPの動作

ルータは、経路を1ホップ分遠くするため、それぞれのホップ数を1つずつ増やして自分のルーティングテーブルに追加する。一方更新時には、宛先に同じものがあるため、ホップ数を増やした結果がもとのホップ数より小さい時だけ新しい情報に差し替える。

図2-2は、ルータCに接続されたネットワークCの情報が伝わる様子を示したものである。ルータCにネットワークCが接続されると、ルータCとネットワークCは直接通信できるため、メトリック値としてホップ数0が設定される。次に、隣接するルータBに対して、経路情報「宛先としてネットワークC、ホップ数は0」を送信する。この経路情報を受け取ったルータBのルーティングテーブルには、ネットワークCを宛先とした新しいエントリが追加される。内容は、ネクストホップ（送信先）にルータC、メトリック値にはホップ数1が設定される。

また、さらにその先のルータAに対しても同様にルータBから経路情報が送信される。ルータBが送信する経路情報は「宛先としてネットワークC、ホップ数は1」となる。一方、ルータAのルーティングテーブルは、ネクストホップ（送信先）にルータB、メトリック値にはホップ数2が設定される。これで各ルータに経路情報が行き渡ったことになる。つまり、ルータAがネットワークCにパケットを送るときにはルータBへ、ルータBがネットワークCへパケットを送るにはルータCへそれぞれパケットを受け渡せばよい。

ここでルータAとルータCの間が接続され、経路が追加された場合を考えてみよう（図2-3）。2つのルータが接続されると、この経路の間で新たにRIPで経路情報が交換されるようになる。ルータCからは、ネットワークCの経路情報がルータAに対して送信される。この経路のメトリックはホップ

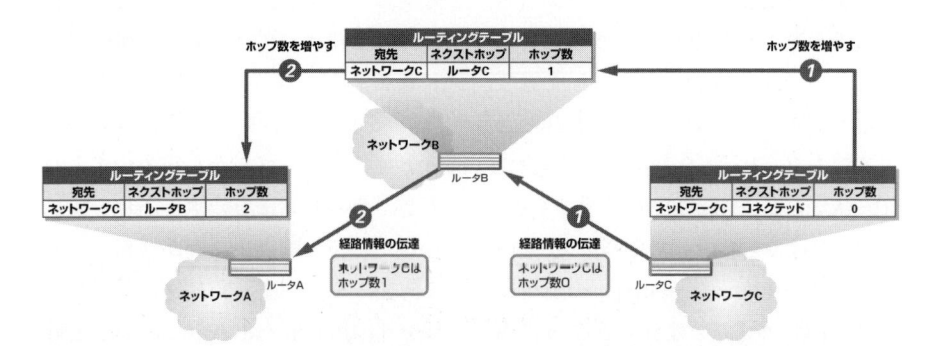

図2-2 ● RIPはルーティングテーブルの経路情報を隣接ルータと交換することで、経路を管理している

数0（ルータを経由しない）である。また、ルータBからも同様にネットワークCの経路情報が送信されるが、こちらのメトリックはルータC経由であるためホップ数1である。ルータAはこの2つを比較してメトリックが小さいほうを選択する。つまり、ホップ数0であるルータC経由の経路である。これでルータAのルーティングテーブルにはネットワークC宛として、ルータC経由でメトリックがホップ数1と記録されることになる。

また経路の更新時には、すでにルーティングテーブルにエントリがあっても同様にメトリックのチェックが行なわれる。その結果、受け取った経路情報のほうがより近い経路であると判断されたときには、ルーティングテーブルが更新されるようになっている。

RIPパケットの構造

この経路情報の交換に使われるRIPのパケットの構造が図2-4である。先頭8ビットはコマンドになっていて、その種類は「要求（リクエスト）」と「応答（レスポンス）」の2つだけである。RIPでは、経路情報を送るのに要求を受ける必要はなく、応答コマンドとして定期的に経路情報が送信される。また、ルータの起動時など経路情報をすぐ送ってもらいたい場合には、隣接ルータに対して要求パケットを送

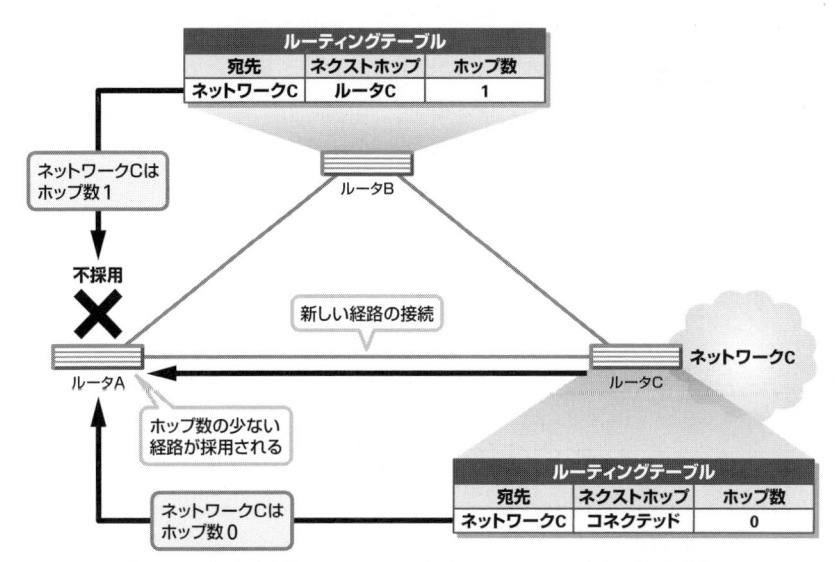

図2-3●ルータ間に新しい経路が接続されたケースでは、メトリックの小さい経路が選択される

第2章 RIPの動作

信することで経路情報をまとめて受け取ることができる。

次の8ビットはバージョンを表わしている。当然、RIPv1では「1」、RIPv2では「2」が入る。そして、次の16ビットの予約領域までがRIPのヘッダに当たる部分になる。あとは、経路情報を表わすフィールドである。最初のアドレスファミリはアドレスとして何を使うかを示すフィールドで、通常はIPアドレスを意味する「2」が入っている。RIPv1のパケットには、このアドレスファミリ以外は宛先IPアドレスとメトリックしかなく、空いている部分はすべて予約領域となる。経路情報は1つあたり20バイトで、1つのRIPパケットに最高25個まで経路情報を入れることができる。これは、RIPが使用しているUDPのパケットサイズ（IPパケットが分割されない512バイトまで）から来る制限で、もっとたくさんの経路情報を送りたい場合には、その数だけRIPパケットを送ることになる。

RIPv2では、クラスレスネットワークに対応するため、予約領域だったところがネットマスクに変更されている。また、ネクストホップを明示する領域も追加されている（図2-5）。

図2-4●RIPv1パケットの構造

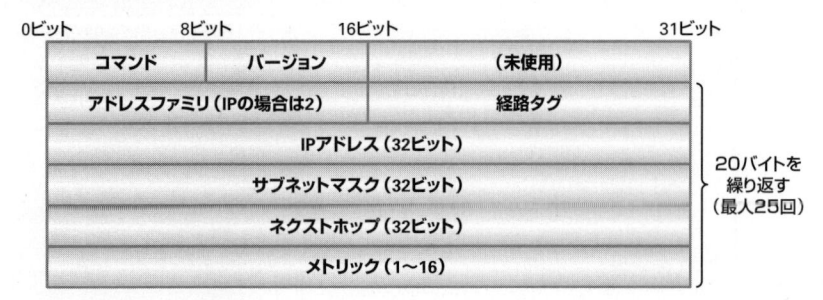

図2-5●RIPv2パケットの構造

経路がなくなったときの挙動

　ここで先ほどとは逆に経路がなくなったときのRIPの挙動を見てみよう（図2-6）。まずルータ間の経路が切られている場合には、ルーティングテーブルの各エントリに設けられた「タイムアウトタイマ」によって経路の切断を検知する。通常、定期の経路情報が送られると、タイムアウトタイマがその都度リセットされることになっている。しかし経路情報が180秒経っても送られてこない場合、その経路が切断されたと判断する。つまり、ルーティングテーブルのタイムアウトタイマが180秒を超えた場合、そのエントリのメトリックをホップ数16にセットする。RIPの経路情報では、メトリックのホップ数16を「無限遠（経路なし）」として扱う決まりになっているからだ。次に「ガベージコレクションタイマ」を起動し、さらに120秒間待機する。この間に有効な経路情報が送られてくれば、そのエントリを復活させてあらためてメトリックを設定しなおす。しかし、120秒経過しても経路情報が送られてこない場合には、エントリを削除してルーティングテーブルを更新する。つまり、5分近く応答パケットが受信されないと、その経路は消失したとみなされるわけだ。

　また、ルータに直接つながっている経路が切断された場合、ルータはルー

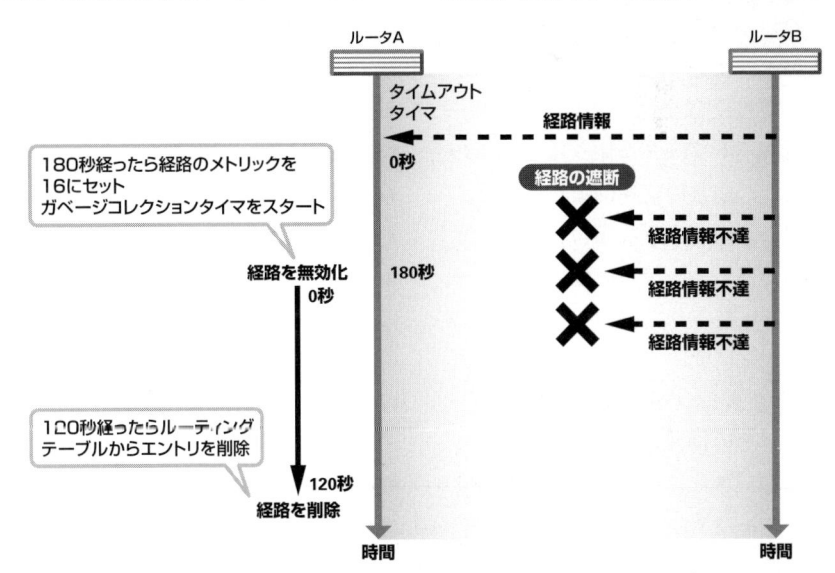

図2-6●ルータ間の経路が切断されると、タイムアウトタイマとガベージコレクションタイマによって段階的に経路情報が取り除かれる

ティングテーブルの該当エントリのメトリックをいったんホップ数16（切断）に設定する。さらに、経路の切断がより早くネットワークに伝わるよう、隣接ルータへその経路のメトリックが16になったことをすぐに通知する。これを「トリガードアップデート(Triggered Update)」という。ここでいきなりエントリを削除しないのは、通知した経路情報がネットワーク内を一周して戻ってきたとき、無駄なエントリの追加と削除が繰り返されないようにするためである。

ルーティングループの発生とスプリットホライズン

この動作の中で、特別な状況で経路情報が無駄に送られてしまうケースがある。たとえば、図2-7のようにルータからネットワークが切り離されるのと同時に、通常の定期的な経路更新が起こったというような場合である。

たとえば、ルータCからネットワークCが切り離された場合、ルータCのルーティングテーブルのネットワークCのエントリはメトリックが16にセットされ、その情報がルータAに対して送られる。さらに、これと同じタイミングでルータAからネットワークCの定期更新の経路情報（メトリック＝ホップ数1）がルータCへ送られる。すると、ルータCはメトリック値の小さいこの情報を「経路の変更」と誤解して、ネットワークCの経路を「ルータA経由でメトリックがホップ数2である」と設定してしまう。一方、ルータA側ではルータCからの変更情報を受け取ってネットワークCのエントリのメトリックを16に設定する。さらに、30秒後の定期更新でルータAとルータCが同時にネットワークCの情報を交換するため、メトリックが両方16になるまで経路の交換が無駄に繰り返されてしまう。このような現象を「ルーティングループ」と呼ぶ。こうなると、経路の切断が正しく認識されるまでに長い時間がかかることになる。

このルーティングループを防止する手段として、RIPには「スプリットホライズン（Split Horizon）」という仕組みがある。スプリットホライズンは経路情報を送ってきたルータには、その経路情報を送り返さないというものだ（図2-8）。これで、古い情報が隣接ルータから戻ってくることがなくなるので、ルーティングループが解消できるというわけだ。しかも、定期更新時のパケットから無駄な経路情報を省くことができるので、トラフィックの軽減にもつながるという利点がある。

また、切断を通知する経路情報を送ったあと、120秒間ルーティングテーブルの変更を禁止する「ホールドダウ

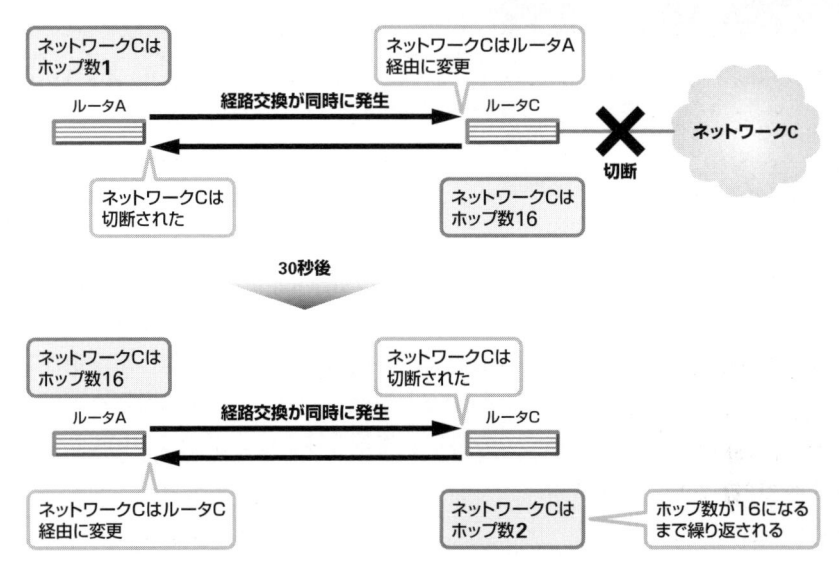

図2-7●誤った経路情報が長い間ネットワーク内を循環する「ルーティングループ」

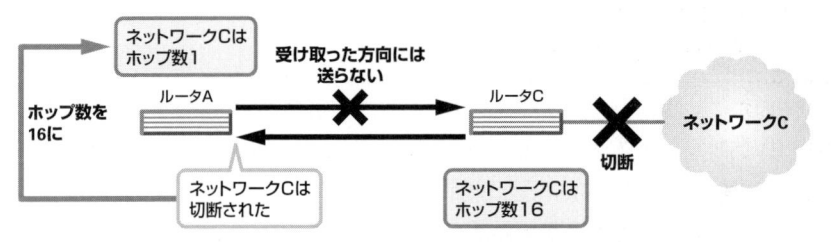

図2-8●スプリットホライズンは、経路情報を送ってきた相手にその経路情報を戻さないという仕組み

ンタイマ」もオプションとして利用できる。これによって、ネットワーク内に残留している古い経路情報のために、ルーティングテーブルが誤って変更されてしまうことを防ぐことができる。

RIPの設定

RIPの設定は「RIPを有効にする」というコマンドをインターフェイスやネットワーク単位で実行する。シスコ製ルータの場合には、まずRIP設定モードにする「router rip」コマンドを実行する。そして、RIPを有効にしたいネットワークのIPアドレスをnetworkコマンドで「network 192.168.18.0」のように指定する。また、RIPv2を有効にする場合には、さらに「version 2」コマンドを実行すればよい。

第3章 OSPFを極める

OSPF（Open Shortest Path First）は、大規模なネットワークでよく利用されているルーティングプロトコルである。OSPFは経路が安定するまでの時間がRIPに比べると短いうえ、回線帯域などのボトルネックを考慮した設定ができる。その反面、OSPFはRIPよりもずっと複雑なので、その動作原理を理解していないとまともに動かすこともできない。本章ではこのOSPFについて、その基礎を説明していこう。

大規模ネットワークでよく使われるOSPF

OSPFは大規模なネットワークに対応した内部ルーティングプロトコルである。OSPFはRIPと比べて、①収束が早い、②回線帯域を考慮した経路制御ができる、③RIPの使えない大規模ネットワークに対応できる仕組みを備えている、④他のルーティングプロトコルとの連携が考慮されている、などの利点を持っている。反面、動作が複雑なため、安価なルータには実装されていないことも多い。

現在利用されているOSPFはバージョン2で、RFC2328で定義されている。また、RFC2740で定義されたOSPFバージョン3では、IPv6に対応した。ここでは、特に断わらない限りOSPFバージョン2について解説する。

リンクステート方式とは

OSPFは経路を計算する方式に「リンクステート（Link State）方式」を用いている。リンクステート方式では、ネットワーク全体の接続状態（リンクステート）をやりとりすることでルーティングテーブルを作成する。OSPFのほかにリンクステート方式のルーティングプロトコルとしては、OSIで定められている「IS-IS（Intermediate System-Intermediate System）」が知られている。

ルータはネットワーク全体の接続状

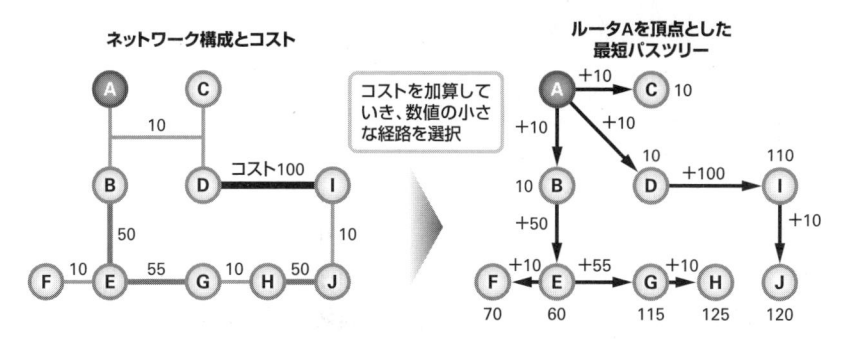

図3-1●リンクステート方式では、回線コストを使った「最短パスツリー」によって目的のルータまでの経路を決定する

態を「LSDB（リンクステートデータベース）」という形で持つ。ルータは、LSDBから各ルータの接続形態と各リンクの距離（コスト）を元に、各ルータまでの最短距離をツリーで表わした「最短パスツリー」を生成する（図3-1）。そして、これを使ってルーティングテーブルを作成するのである。

また、リンクステート方式のルーティングプロトコルは、経路情報を直接交換することなく、リンクの接続状態を交換するだけで最短経路を計算する。そのため、ルータやリンクの状態が変化しても、その変化した部分の情報だけをやりとりすれば、あとは各ルータが経路を計算できる。そのため、経路情報がすべてのルータに行き渡るまでの「収束時間」が短くて済むのである。これがリンクステート方式の大きな特徴である。

コストを元に最適な経路を導き出す

OSPFはRIPに比べると非常に柔軟な経路選択が可能だ。RIPの場合は経由するルータの数を表わす「ホップカウント」というパラメータを元に経路選択を行なうが、OSPFは回線（リンク）の帯域幅や利用料金といった現実的な要素を元に計算した「コスト」というパラメータを使って経路計算を行なう。この経路計算で使う「ダイクストラ（Dijkstra）アルゴリズム」では、各リンクに設定したコストを積算することで最短パスツリーの計算を行なっている。また、RIPのホップカウントは最大値が15であるのに対して、OSPFのコストは65,535が最大値であるため、OSPFの方がきめ細かい経路設定が可能だ。

ここでRIPとOSPFの経路選択の違い

を図3-2で見てみよう。RIPの場合、経路選択はホップ数を元に行なっているため、必ずしも最適とはいえない経路を選択してしまう場合がある。これに対して、OSPFの場合の経路選択はコストを用いて行なうため、ホップ数そのものは多くとも、コストの合計が少ない方を最短経路として選択する。

OSPFでは、各リンクのコストは回線容量に応じて設定するのが普通だ。シスコのルータの場合、明示的な指定がない場合には、「リンクコスト＝100÷回線容量（Mbps）」という計算式を用いて計算を行なう。これは100Mbpsを基準とした計算方法だが、昨今は10Gbpsの回線も使われるようになっている。広帯域の回線に対応する場合、この基準値を変更するのが普通だが、上記の計算方法で10Gbpsを基準にすると64kbps回線のコストは設定できる最大値を超えてしまう（この場合はコストを65,535とすることになる）。OSPFのコストを設定する際には、適用するネットワークの回線帯域と規模を考慮して最適なコストを設定しよう。

ルータを識別する方法

OSPFルータがLSDBを作成するためには、各ルータを識別するための仕組みが必要になる。OSPFの場合、「ルー

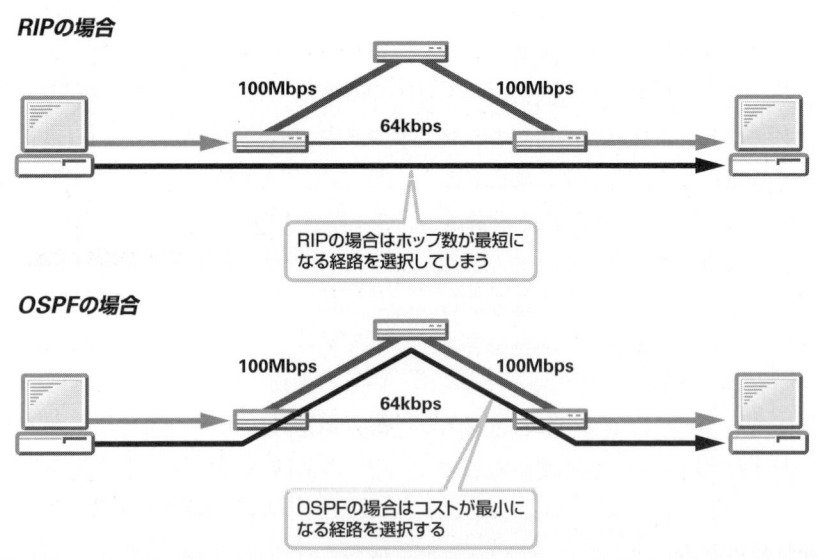

図3-2●RIPでは経路中のルータの数「ホップ」で経路を選択したが、OSPFではコストの小さな経路を選ぶため、間違いが少ない

タID」と呼ばれるパラメータがその役割を果たす。

ルータIDは32ビットのパラメータで、これはIPv4アドレスと同じ長さだ。ルータIDは明示的に設定することも可能だが、設定を省略した場合には、ルータに設定されたIPアドレスのいずれかが自動的にルータIDに選ばれるものが多い。

しかし、ルータIDはなるべく明示的に指定した方がよい。ルータIDが変わると、LSDB上では既存のルータをリンク上から撤去して新しいルータを追加するのと同じことになる。そのため、他のOSPFルータに無用な負荷をかけてしまうことになるからだ。

OSPFルータ同士の通信方法

OSPFはRIPに比べると、ルータ同士の通信方法も大きく異なっている（図3-3）。まず、OSPF自身がトランスポート層プロトコルとして働くため、TCPやUDPを利用しない。また、OSPFは再送制御などのトランスポート層プロトコルが持つ機能も独自に持っている。そして、経路広告にマルチキャストを積極的に利用したり、隣接するルータとの間に主従関係を構成す

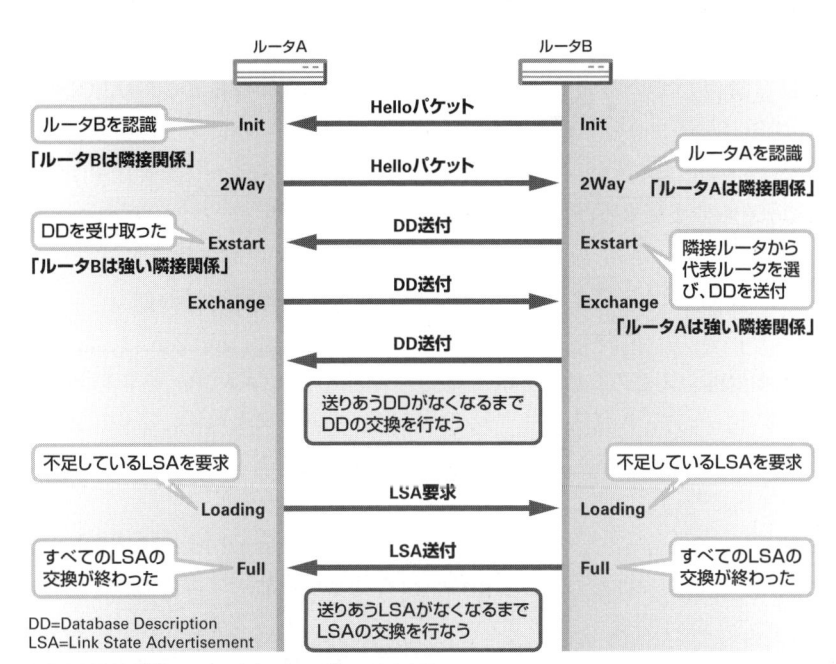

図3-3●OSPFの動作フロー（メッセージシーケンス）

るなどの特徴もある。

では、OSPFの動作フローを図3-3に沿って解説していこう。

まず、OSPFを起動するとルータは切断を意味する「Down」という状態になる。Down状態のルータは、最初にOSPFを使うインターフェイスにHelloパケットを送信する。Helloパケットとは、隣接しているルータ同士がお互いの存在を確認するために投げ合うパケットである。Helloパケットを送出すると、OSPFは初期化を行なう「Init」という状態に移行する。また、Helloパケットを受け取ったルータは、送ってきたルータを「認知」する。これにより、2台のOSPFルータはお互いを認知している「2-Way」状態となる。

次に、隣接しているルータ同士で「隣接関係（Adjacency）」が結ばれる。ここでは、同一リンクからリンクステート情報を取りまとめる「代表ルータ」が2つ選抜される（理由は後述）。そして、ルータは代表ルータと「強い隣接関係」を結んで「LSA（Link State Advertisement：リンクステート広告）」を交換する。一方、非代表ルータ同士の関係は「弱い隣接関係」という。この隣接関係については後でもう少し詳しく説明しよう。

そして、代表ルータとの隣接関係は2-Way状態から、強い隣接関係の「ExStart」という状態に遷移する。

ExStart状態では、代表ルータとの間で「DD（Database Description）パケット」の交換が行なわれる。DDパケットとは、各ルータが持っているLSAの要約を集めたパケットである。ルータはDDパケットを交換することで自分が持っていないLSAをピックアップすることができる。DDパケット交換の2往復目からOSPFの状態はDDパケットの交換中を意味する「Exchange」に移行する。さらに、持っていないLSAが明らかになったルータは、情報を持っているルータに対してLSAを要求する（Loading状態）。要求を受けたルータは要求されたLSAの詳細を転送する。これをLSAがすべて揃うまで続ける。

LSAがすべて揃うと、OSPFは「Full」という状態になる。この状態になったらルータは経路計算を開始し、新しいルーティングテーブルを構築する。

隣接関係の確立

OSPFルータが強い隣接関係を結ぶ際、LSAの交換には、信頼性があって効率的な方法を用いる必要がある。もし、仮にOSPFルータがフルメッシュ（すべてのルータ同士がおのおの通信を行なう形態）で隣接関係を結んだとしたら、ルータが5台あったとするとリンク全体で10本の隣接関係を結ばな

ければならない。しかし、OSPFは代表ルータを2台選ぶことでリンク全体で隣接関係の本数を7本に減らすことができる（図3-4）。この代表ルータのことをそれぞれ、「代表ルータ（DR：Designated Router）」「バックアップ代表ルータ（BDR：Backup Designated Router）」と呼ぶ。

DR/BDRの選抜には、事前にルータに設定された「プライオリティ」というパラメータが使われる。3台目以上のルータをリンクに接続した場合、OSPFはHelloパケットに含まれるプライオリティの値を参照し、もっとも大きいプライオリティを持つルータをDRに、次に大きいプライオリティを持つルータをBDRとする。ここで決まったDR/BDRは、何らかの理由で該当ルータがDR/BDRを続けられなくなるまで変更されることはない。

LSAの交換

OSPFルータは隣接関係を結んだ後にLSAの交換を行なう。LSAには、リンクのコスト情報やルータの情報、OSPF以外のネットワークの情報などといった、ネットワークの構成要素が含まれている。

LSAは扱う情報の種類によってタイプが決まっている。まず、もっともよく使われるLSAであるタイプ1 LSAとタイプ2 LSAについて解説しよう。また、LSAの要求に使われる「LSR（Link State Request）」とLSRの回答でもある「LSU（Link State Update）」についても解説する。

●LSAヘッダ

OSPFのすべてのLSAパケットには

フルメッシュで隣接関係を結んだ場合

2つの代表ルータを選んで隣接関係を結んだ場合

A DR（代表ルータ）

BDR（バックアップDR）

通信量が膨大になってしまう

通信に必要なリンクが節約できる

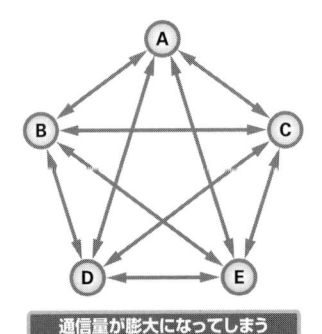

図3-4●代表ルータと隣接関係

0	4	8	12	16	20	24	28	31
リンクステートの生存期間				オプション		リンクステートタイプ		
リンクステートID								
広告ルータのルータID								
リンクステートシーケンス番号								
リンクステートチェックサム				LSAパケット長				

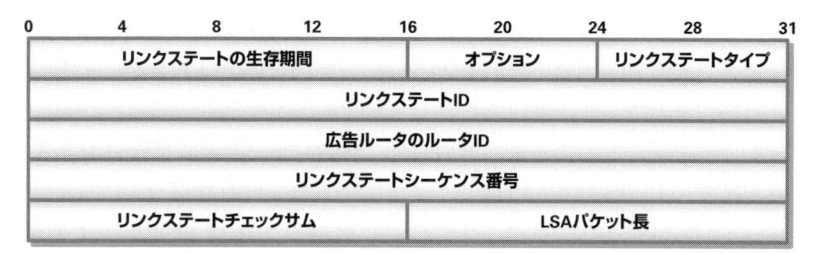

図3-5●LSAヘッダの構造

図3-5で示す「LSAヘッダ」が付加される。このLSAヘッダを参照するだけでこのLSAがどのようなものか分かるようになっている。

LSAヘッダには、LSAが作られてからの時間（秒）、LSAのタイプ、リンクステートID（インターフェイスのアドレスやルータIDなど）、広告元ルータのルータID、パケットが送られるたびに増加するシーケンス番号、チェックサム、パケットの長さが情報として含まれている。

●タイプ1 LSA：ルータLSA

タイプ1のLSAは「ルータLSA」と呼ばれる。タイプ1 LSAにはルータに関する情報が格納されている。タイプ1 LSAは、LSAを生成したルータが接続しているリンクに対する状態とコストを示すために使われる。1台のルータに関する情報は、1つのタイプ1 LSAで示さなければならないため、タイプ1 LSAは大きなパケットになることがある。

●タイプ2 LSA：ネットワークLSA

タイプ2 LSAは「ネットワークLSA」と呼ばれる。タイプ2 LSAには、ネットワークに関する情報が格納されている。タイプ2 LSAは、非常にシンプルで、そのネットワークのサブネットマスクと、そのネットワークにつながっているルータのルータIDが羅列されているだけである。このタイプ1 LSAとタイプ2 LSAとを組み合わせることで、ネットワークの接続状況を表わせる。

●LSR（リンクステート要求）

LSRパケットは、他のルータに不足しているLSAを要求するために使われる。構造は非常にシンプルで、要求するLSAのタイプ、リンクステートID、広告元ルータを指定しているだけである。このパケットに対し、OSPFルータは要求に応じたパケットを戻す。

●LSU（リンクステート更新）

LSUパケットは、LSRパケットに対

する応答として用いられる。その構造はLSAの固まりであり、その先頭で格納するLSAの数を指定するだけである。

ネットワーク構成が変わったら

OSPFはネットワークの構成（トポロジ）の変化を検知する方法として、次に示す2通りの方法を用意している。それぞれについて説明しよう。

●Helloパケットを利用する場合

OSPFは、リンクに接続されているルータの情報とルータの生存確認の目的を兼ねたHelloパケットというパケットを定期的に（通常は10秒に1回）リンクに流している（図3-6）。このHelloパケットはすべてのOSPFルータが受信している。

このHelloパケットが40秒間途絶えた場合、OSPFルータはHelloパケットが途絶えたルータが停止したと判断する。ルータが停止したと判断すると、各OSPFルータは停止したルータに関連するLSAを削除する（図3-7）。

●ルータが直接トポロジ変化を検知した場合

ルータがリンクダウンなどトポロジ（ネットワーク構造）の変化を検知した場合、OSPFルータは自身のLSDBからリンクダウンしたネットワークのLSAを削除するとともに、トポロジが変化したことを即座に代表ルータに通知する。代表ルータはそれを受け、配下のルータに対してトポロジ変更があった旨を通知する（図3-8）。

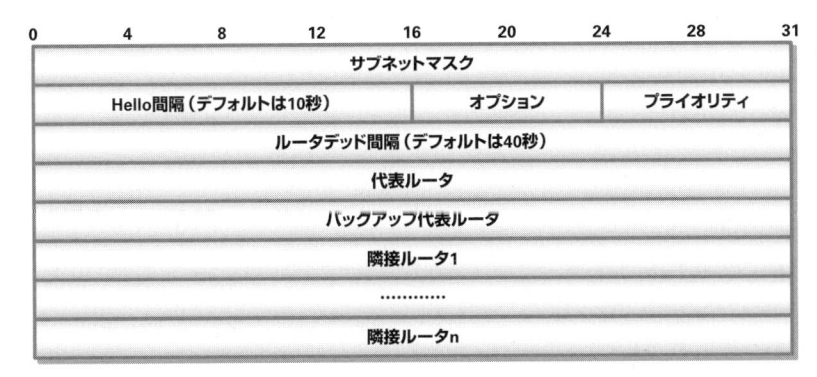

0	4	8	12	16	20	24	28	31
サブネットマスク									
Hello間隔（デフォルトは10秒）				オプション			プライオリティ	
ルータデッド間隔（デフォルトは40秒）									
代表ルータ									
バックアップ代表ルータ									
隣接ルータ1									
…………									
隣接ルータn									

図3-6 ●Helloパケットの構造

第3章　OSPFを極める

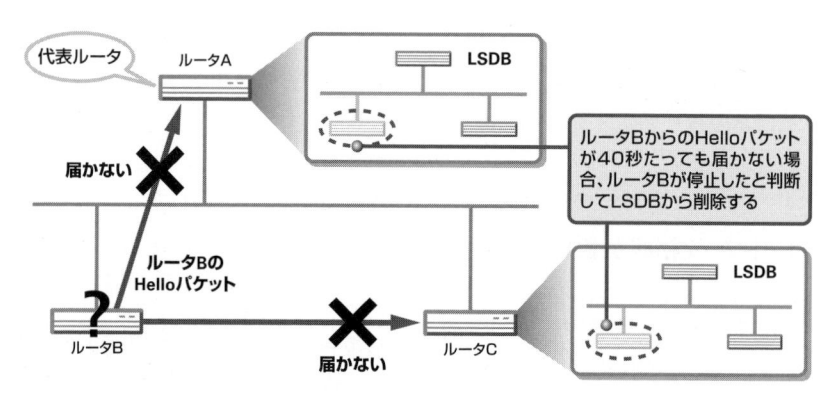

図3-7●ルータからHelloパケットが届かなくなると、LSDBからルータを削除する

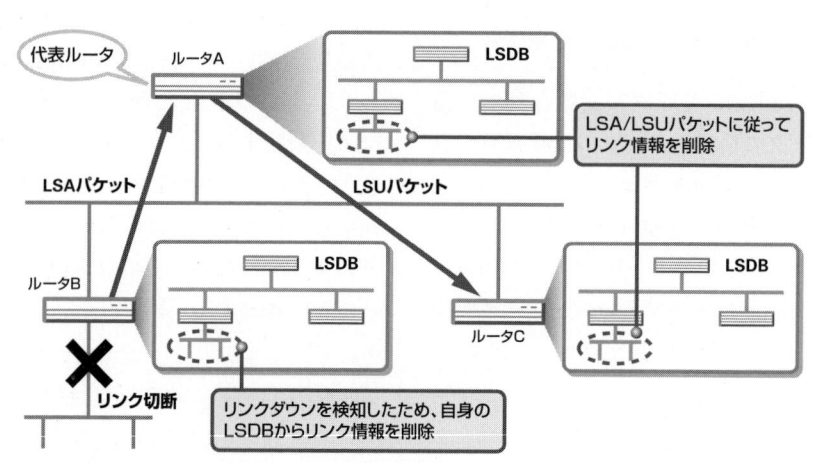

図3-8●リンクダウンしたネットワークをLSDBから削除

大規模なネットワークで効果的なエリア分割

　運用するネットワークの規模が大きくなったとき、OSPFでは管理がしやすいように経路の管理領域を論理的に分割することができる。この分割した領域を「エリア」と呼ぶ。

　大規模なネットワークでは、当然ながらルータやリンク（接続回線）の数が膨大な量になる。前回説明したとおりOSPFでは、ルータはネットワーク全体の接続状態をリンクステートデータベース（LSDB）という形で管理している。ところが、大規模ネットワークでOSPFをそのまま適用すると、必然的にLSDBも巨大になり、ルータの負担が大きくなりすぎてしまうという問題が発生する。この状態は、経路の収束（経路情報の交換が終わって安定すること）が遅くなるなどの弊害があるため、安定したネットワーク運用の大きな妨げとなる。そこで、ネットワークの経路を管理する領域を小さくする工夫が必要になってくるわけだ。

　実は、大規模ネットワークのルータにとっては、遠いところにあるルータやリンクの状態について、厳密に管理する意味はあまりない。遠隔地については、どの方向にどんなネットワークがあるかといった漠然とした情報でも構わないのである。

　そこで大規模ネットワークを、WAN回線で接続した小さなネットワークの集合体と考える。このとき、その中のルータにとって細かい経路情報が本当に必要な範囲を「小さなネットワーク」とする。そのうえで、この「小さなネットワーク」単位で経路計算を行なうようにすれば、ルータの負荷が軽くなるはずだ。このような考え方で、ネットワークを分割したのがエリアである。OSPFでは、ルータやリンクの状態といった、いわゆるトポロジ情報はエリア内だけで交換される。そのため、エリアの範囲が小さければ小さいほど、そのエリアでトポロジ計算を行なうための情報は少なくなるわけだ。

　OSPFは、このエリアという概念を利用して、階層的なネットワークを構成することができる。図3-9はネットワークをエリアに分割した例であるが、境界はリンクではなく、あくまでルータとなる。このエリアの境界上に位置するルータのことを「エリア境界ルータ（ABR：Area Border Router）」と呼ぶ。

　ここで、各エリアには32ビットで示す番号を付ける必要がある。エリア番号はIPv4アドレスと同じ32ビットなので、IPアドレスと同様のオクテット表記（0.0.0.2など）で表わすことが多い。エリアを利用する場合、原則としてす

第3章 OSPFを極める

エリア境界に位置するルータをABR(エリア境界ルータ)という

バックボーンエリアは原則としてすべてのエリアと隣接している必要がある

エリア0.0.0.0(バックボーンエリア)

ABRは複数あってもかまわない

ABR ABR ABR ABR

ルータ ルータ ルータ ルータ ルータ ルータ

エリア0.0.0.1　　エリア0.0.0.2　　エリア0.0.0.3

エリアには32ビットの番号が付き、IPアドレスと同じ表記をされることが多い

バックボーンエリアを使わずに他のエリアを接続することはできない

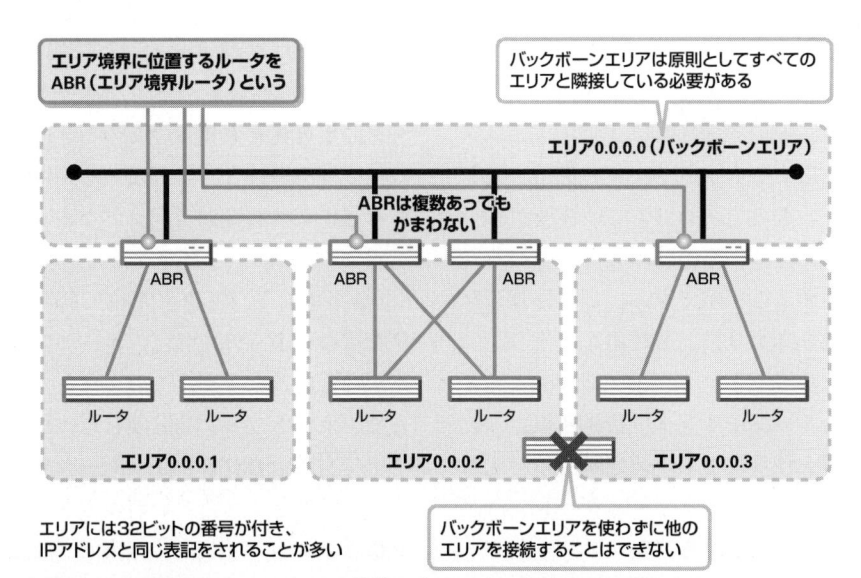

図3-9●OSPFは運用するネットワークを複数の「エリア」に分割することができる

エリア0(バックボーンエリア)

エリア1　　ABR

エリア2　　ABR

バーチャルリンクを用いることで、離れたエリアを仮想的にバックボーンエリアに接続することが可能

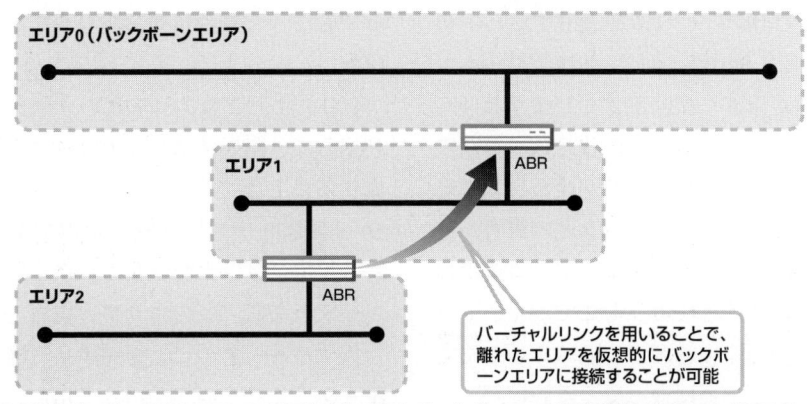

図3-10●バーチャルリンクで、エリアをまたいでもバックボーンエリアと隣接させることができる

べてのエリアは、番号が0である特別なエリア「バックボーンエリア」と隣接していなければならない。また、バックボーンエリア以外のエリア同士は直接接続することはできないというルールもある。ただし、「バーチャルリンク」という機能を用いることで、バックボーンエリアと隣接していなくても接続することは可能だ(図3-10)。

バックボーンエリア以外のエリアとしては、スタブエリア(Stub Area)とNSSA(Not So Stubby Area)がある

(図3-11)。これらのエリアはネットワークの端（スタブ）に位置するエリアで、通常はバックボーンエリアに接続される。これらのエリアをバックボーンエリアと接続するエリア境界ルータは、エリアの経路情報を別のエリアに流さないようせき止める。そしてその代わりに、デフォルトルートをエリア内に伝播させる。こうすることで、通常のエリア分割よりもルータの負荷を下げることができるのである。

スタブエリアには、エリア境界ルータは1つだけしか置けず、外部経路（スタティックルートなどOSPF以外の手段で外部から提供される経路）の利用ができない、という制限がある。また、NSSAはスタブエリアと同様にエリア境界ルータは1つだけという制限はあるものの、外部経路の利用が可能

であるという違いがある。

エリア分割の利点としては、先に述べたOSPFルータの負荷を軽減できることに加え、エリア間で経路情報をやりとりする際に経路情報を集約することができるという点が挙げられる。OSPFでのネットワーク設計では、この特徴が生かされるように工夫される（図3-12）。

他のエリアやOSPF以外の外部経路を取り扱うLSA

OSPF以外のルーティングプロトコル（RIPなど）で生成した経路をOSPFで利用するためには、OSPFがルータやリンクの状態を元に生成する通常のLSA（Link State Advertisement：リンクステート広告）とは異なるタイプの

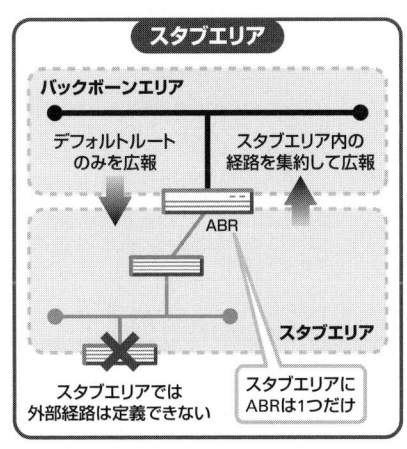

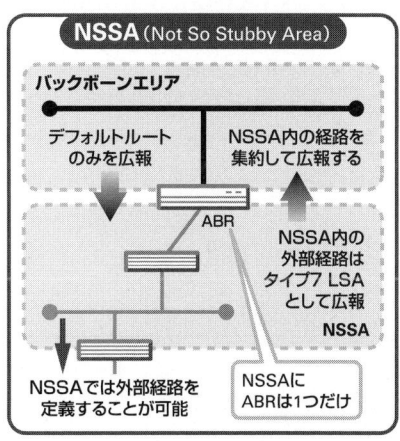

図3-11●バックボーンエリアの周りにはスタブエリアとNSSAエリアというエリアを置くことができる

LSAを利用して、経路情報を各ルータに伝達する必要がある。

OSPFには何種類かのLSAがあり、主に以下で述べるタイプ1からタイプ5まで5つのLSAが使われている。タイプ1 LSAは各ルータの情報を、タイプ2 LSAは各ネットワークの情報を示したものだ（176ページを参照）。OSPFを単一エリアかつ他のルーティングプロトコルとの連動なしで利用する場合は、この2つのLSAだけで表現可能だ。しかし、エリア分割を利用したり、OSPFで管理できない経路との連携を行なう場合には、他のLSAタイプを利用して経路情報を表現する必要がある。ここでそれらのLSAについて解説しよう。

●タイプ3 LSA：サマリLSA
　（IPネットワーク）

タイプ3 LSAは経路がエリア境界をまたぐ際にエリア境界ルータが生成するLSAである。この中のLSAヘッダには、他方のエリアの経路に関するネットワークアドレスが格納されている。タイプ3 LSAは、LSAで示すネットワークのネットマスクとTOS（Type Of Service：LSAのタイプ）別のメトリックで構成されている。タイプ3 LSAは、エリア境界ルータで何も設定しない場合は他のエリアで流れている経路情報を元に生成され、エリア境界ルータでエリア内の経路集約の設定を行なった場合には、集約した経路情報を元に生成される。

●タイプ4 LSA：サマリLSA
　（AS境界ルータ）

タイプ4 LSAは、タイプ3 LSAと同様、エリア境界をまたぐ際にエリア境界ルータが生成するLSAである。このLSAヘッダには、他のエリアのAS境

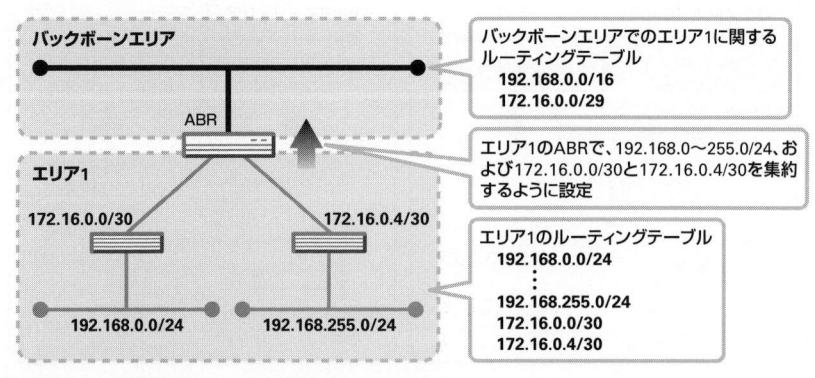

図3-12●エリア境界ではアドレスを集約することができる

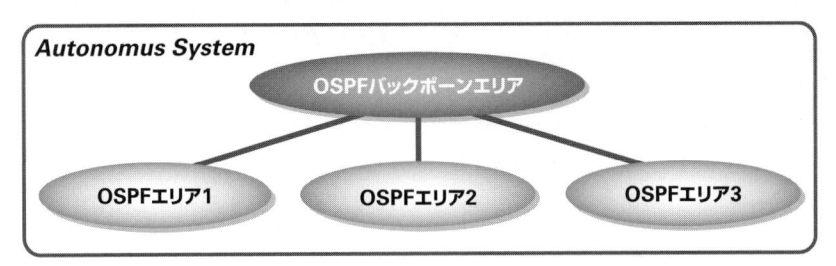

図3-13●OSPFでいうASの定義はOSPFを提供するネットワーク全体を示す

ルータ（ASBR：AS Border Router）のルータIDの情報が格納される。AS境界ルータとは、OSPFで構成されたネットワークとその外のネットワーク（RIPやBGPなど）との境界にあるルータのことである。タイプ4 LSAは、タイプ3 LSAと同様のパケットフォーマットを持っているが、タイプ4 LSAの場合、ネットマスクの情報はすべて0になる。

なお、OSPFでいう「AS（Autonomous System）」とは、OSPFで面倒を見るネットワーク全体のことをいう。次章で解説するBGPでもASが登場するが、これとは異なる概念なので注意しよう（図3-13）。

●タイプ5 LSA：AS外部LSA

タイプ5のLSAはAS境界ルータが生成するLSAである。このLSAには他のルーティングプロトコルの経路やスタティックルートなどといった外部経路の情報が格納される。ここでは、外部経路に関するLSAを生成するルータがAS境界ルータとなると考えて差し支えない。

タイプ5 LSAは該当経路のネットマスク、メトリック、転送先アドレス、外部ルートタグの情報で構成される。ここで、転送先アドレスとは該当経路の転送を担当するルータのIPアドレスを指す。転送先アドレスが0.0.0.0になっている場合は、タイプ5 LSAを生成しているAS境界ルータが転送ルータになる。外部ルートタグは特に使用法は定まっていないため、ルータベンダ独自の実装がなされていることがある。

ここで、タイプ5 LSAにはタイプ1とタイプ2の2種類のメトリック評価方法がある。これは外部経路の評価にAS内部の情報を含めて評価するかどうかを決めるためのパラメータである。タイプ1の場合には、AS内の通過メトリックとAS外のメトリックの双方が足されたメトリックで評価される。タイプ2の場合には、AS外のメトリックだけで評価される。

実際の大規模ネットワークを意識してOSPFの構成を考える

ここで、図3-14のような一昔前の典型的なISPのネットワークを想定してOSPFをどのように適用させればよいか考えてみよう。

なお図3-14のネットワークには、以下の5つの制約条件がある。①OSPFを利用できるルータはインターネットエッジルータ、コアルータ、地域ルータまで。②地域ルータ以下はRIPで対応。③上流のISPからはBGPでフルルート（全世界の経路）を受信している。④BGPを利用できるルータはインターネットエッジルータ、コアルータまで。⑤ユーザーにはルーティングプロトコルを利用したサービスは提供しない。

●まずはエリア分けから考える

図3-14で示すネットワークは典型的な階層型ネットワークであることから、階層的な構成が得意なOSPFには都合のよいネットワークであるといえる。さて、このネットワークをエリア分けするとすれば、どのように分けるのが望ましいだろうか。このエリア分けの方法として、3パターンの方法が考えられる。それぞれの方法について考察してみよう。

①エリア分けを行なわない

OSPFの構成を考える場合、エリア分けをしないという方法も選択肢の1つである。つまりバックボーンエリアだけで構成するということだ。OSPFルータの性能にもよるが、この程度のネットワークの規模であればエリア分けを行なわなくとも十分に安定運用できるはずだ。また、むやみにエリア分けを行なうことはネットワークを複雑にするという欠点もある。エリア分けが原因で、ネットワークの構成変更を行なう際の手順が複雑になることも予想できる。

しかし、ここで考えるISPネットワークは今後の拡張が十分に見込まれることから、何らかのエリア分けポリシーを持っていた方が後々のためにはよいだろう。

②各地域ごとにエリアを分ける

次の案としては、各地域ごとにエリアを分けるという方法が考えられる（図3-15左）。この案は、各地域に大量のOSPFルータを設置する予定があったり、各地域で十分な経路集約効果が期待できる場合に効果的だ。しかし、図3-14のネットワークは特にこのようなことは想定されていないことから、地域ごとにエリアを分割する意味はあまりない。

③地域ネットワークを収容コアルータ別に分ける

最後の案としては、地域ネットワークを収容するコアルータ別に分ける方法が考えられる（図3-15右）。この案は、地域ネットワークを束ねることによる経路集約効果が期待できたり、地域ネットワーク部分の経路制御がバックボーンエリアの経路制御に与える影響を軽減できるというメリットがある。先の2案と比べると、もっとも効率的なエリア分割法だと考えられる。

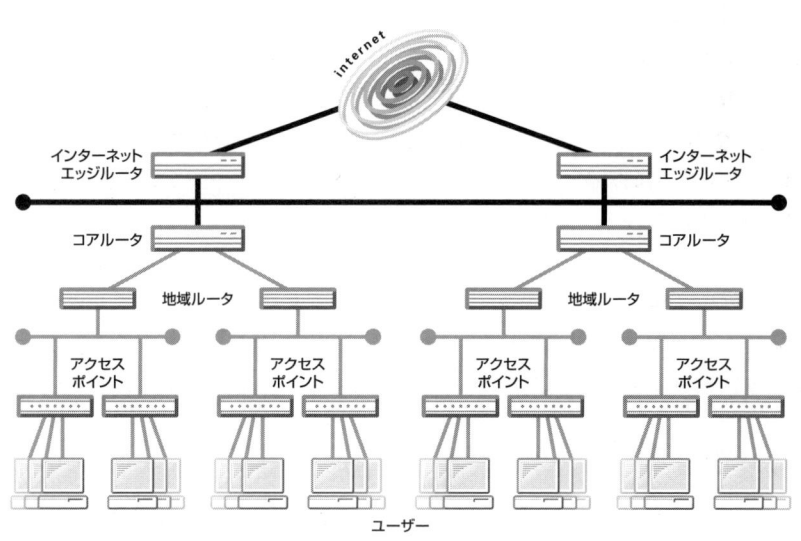

図3-14●やや古いISPネットワークの構成

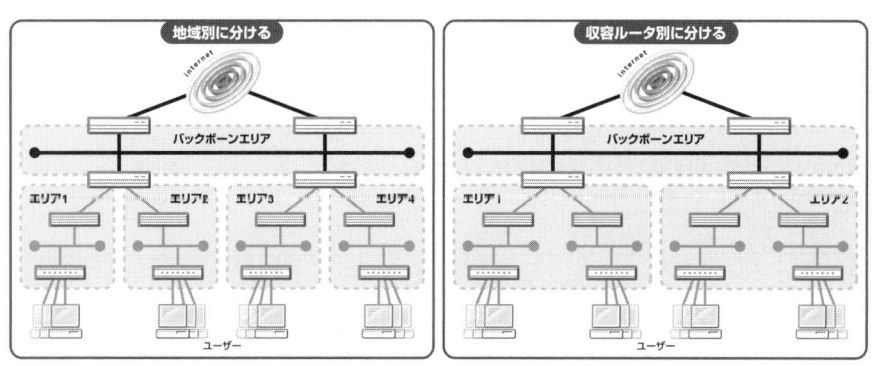

図3-15●エリア分けの方法。むやみに細かく分けるのはあまり得策ではない

外部経路の取り扱い

OSPFを用いることで、ネットワーク内部のルーティングについては解決することができる。しかし、このケースではOSPFだけでユーザー収容部分とインターネット接続部分の経路制御を行なうことはできない。なぜなら、制約条件②③から、ユーザー収容部分はRIP、インターネット側ではBGPが使われているからだ。

まずユーザー収容部分については、RIPを使って地域ルータとアクセスポイントを接続している。このような構成を取った場合、アクセスポイントがRIPで流している経路を、地域ルータでOSPFに取り込むような設定が必要だ。こうすることで、ユーザー部分の経路がOSPFで構成されている上流のネットワークに伝搬するようになる。

次に、インターネット接続部分の経路制御について考えてみる。やり方としては、インターネットの経路をOSPFに伝搬させるという方法も考えられるが、インターネットの経路（フルルート）は2004年2月中旬で、およそ13万3千経路もあるため現実的とはいえない。

そこで登場するのが、インターネット接続でおなじみの「デフォルトルート」である。デフォルトルートはインターネット上の全経路を集約した経路といえる。つまり、デフォルトルートをOSPFのAS内に伝搬させ、フルルートを保持しているルータまでインターネット行きのパケットを集めればよいわけだ。

図3-14に示したネットワークでは、BGPでフルルートを得るルータは、インターネットエッジルータとコアルータである。つまり、インターネットとの境界にあるルータ（インターネットエッジルータとコアルータ）がデフォルトルートを広告するのが望ましい。

なお、OSPFではデフォルトルートは外部経路として広告する。実現方法はルータによって異なるが、一般的にはあらかじめスタティックルートを用いてデフォルトルートを定義しておき、そのスタティックルートを外部経路としてOSPFに取り込ませる方法がよく使われる。

第4章 BGPを学ぼう

BGP（Border Gateway Protocol）はIX（Internet Exchange）やISP間で経路情報をやりとりするためのルーティングプロトコルである。これまで説明してきたRIPやOSPFなどのIGPと比べると、利用される局面が限定されているため触れる機会はあまりない。しかし、BGPはネットワーク間をつなぐ重要なプロトコルである。本章ではそのBGPについて、その概念を説明しよう。

BGPってなに？

BGPを実際に利用したことがある人は、あまり多くないのではないだろうか。これはある意味当然で、これまでの章で説明したRIPやOSPFと異なり、BGPはISPやCSP（Contents Sevice Provider）など、ある程度以上大きなネットワークで利用するルーティングプロトコルである。そのうえ、BGPでの経路交換方法や運用方法はかなり難しく、すべてを説明するのは非常に困難だ。しかし、BGPはISP間相互接続などでは避けて通れない経路制御技術である。そのため、ここではBGPのもっとも基本となる概念であるASと、BGPを利用している場所についての説明に留める。

第4部の最初でも述べたが、BGPとOSPFやRIPを比べてみると、OSPFやRIPが同一組織内で利用されるIGP（Interior Gateway Protocol）と呼ばれるルーティングプロトコルであるのに対して、BGPは異なる組織間で、その情報のやりとりに関する運営方針とその経路情報をやりとりするルーティングプロトコルであることが大きな違いだ。もう少し詳しく説明すると、OSPFやRIPのようなIGPは、ネットワークの管理方針（ポリシー）を組織内で統一して、その方針通り運用することが前提である。これに対して、BGPは「異なったポリシー」を持っている組織間でどのように情報をやりとりするのかを相互に決めて動かす。1つの組織内であれば自分で都合にあわせて好きなように運用できるが、組織間にな

第4部 動的ルーティングを極めよう

ると自らの組織の都合と接続先の都合が合わない場合、こちらの希望通りになるとは限らないところが難しいわけだ。そこでEGPが必要になる。

BGPもルーティングプロトコルの中で、EGP（Exterior Gateway Protocol）の1つに分類される。他のEGPとしては、インターネット開始当初に利用されていた「（プロトコルとしての）EGP」や、ISO（国際標準化機構）が提唱したOSI（Open Systems Interconnection）で定義されている「IDRP（Inter Domain Routing Protocol）」がある。しかし現在、事実上の標準はBGPとなっている。理由としては、BGPに代わるプロトコルが少ないこともあるが、何よりも事実上の標準として世界中に広がっており、置き換えることが難しいことがその一因であろう。

その現在のBGPはBGP4（BGP version 4）と呼ばれている。10年くらい前まではBGP3が利用されていたが、BGP3はCIDR（Classless Inter-Domain Routing/RFC1519：ネットワーク部の長さを指定してIPアドレスを割り当てる方式）に対応していなかったためBGP4へと移行された。

なお、IPv6の世界では、BGP4を拡張してIPv4以外のプロトコルも扱えるようにしたBGP4 Multi-Protocol Extension（BGP4+ということが多い）が利用されている。

BGPの基本概念「AS」

BGPを学ぶには、まずASの概念の理解が必須である。しかし、実はこのASの概念が一番理解しにくいところでもあり、一般にBGPが難しいといわれるのは、このASの概念の理解が難しいためともいえる。

前章で注意したように、ASの概念は実はOSPFにもある。しかし、OSPFのASとBGPのASは異なっているため、混乱を生む元になっている。

ASとはAutonomous System（自律システム）の略語である。このASを経路制御の専門用語で定義すると、「同一管理主体によって運用される」自律システムということになる。ここでいう管理主体とは、管理のルール作りを行なっている中心組織のことだ。しかし、これではまだ意味が分からないと思うので、もう少し詳しく説明してみよう。

ASとは「自律システム」であり、「自立」ではなく「自律」というところに気をつけたい。基本的にASは、そのAS内に所属しているさまざまなネットワークを、統一的に扱うネットワーク集合体の1つの単位である。別の表現をすれば、ASは「ネットワーク運用に必要な情報やネットワーク資源を持って」おり、かつ「その管理を自分だけで行なう」ことができる組織だ。つ

まり、自分で自分を律するネットワークであるということだ。

通常の企業であれば、ネットワークは単なる道具でしかない。そのため、ネットワーク管理といっても社内では「誰がどこで利用しているか」程度を把握していればよい。また、組織外と通信したい場合には、自分の通信を仲介してくれる業者（ISPなど）にデータを渡してあとは任せてしまう。このような企業は、ASの条件を満たしているとはいえない。一方、ISPなどネットワーク事業者の場合、「誰がどこに」いて、「次にどの仲介業者を利用すればよいのか」の両方を判断する必要がある。

ここでいう「仲介業者」自身は、単なる組織（多くの場合は企業だが、会社組織に限らず民間非営利組織だったり、その他の特殊法人だったりすることもある）だ。しかし注意したいのは、ASには「仲介業者」自身の場合はもちろん、「仲介業者に加え、その仲介業者を利用しているさまざまな『ASではない』組織の集合体」になっている場合もあることだ。典型的なのは、ISPとそのユーザーを合わせたネットワークだろう。

そして、BGPの運用時に「AS」といった場合には、「あるアドレスブロック（IPアドレスの塊）を管理している組織」という意味で解釈する場合もある。図4-1に示すように、あるISPから割り当てられたIPアドレスを持つ複数の企業の集合がASとして解釈されるわけである。図4-1の例でいえば、その代表であるISP-AがASになる。

このASには、組織ごとに特別な番号が割り当てられている。この番号を「AS番号」と呼ぶ。最近では、マルチホーム（Multi-home：複数のISPに接続すること）やシングルホーム・マルチイグジット（Single-home Multi Exit：1つのISPに複数の回線で接続している

```
ISP-Aが持つIPアドレスブロック (xxx.xxx.0.0/20)              xxx.xxx.0.0～15.255

  ISP-A:xxx.xxx.0.0/22                    企業-A:xxx.xxx.10.0/24
         xxx.xxx.0.0 ～ 0.255                    xxx.xxx.10.0 ～ 10.255
         xxx.xxx.1.0 ～ 1.255
         xxx.xxx.2.0 ～ 2.255
         xxx.xxx.3.0 ～ 3.255             企業-B:xxx.xxx.11.0/24
                                                 xxx.xxx.11.0 ～ 11.255
  組織-A:xxx.xxx.9.0/27
         xxx.xxx.9.0 ～ 9.31
                                          企業-C:xxx.xxx.12.0/23
  組織-B:xxx.xxx.9.32/27                          xxx.xxx.12.0 ～ 12.255
         xxx.xxx.9.32 ～ 9.63                    xxx.xxx.13.0 ～ 13.255
```

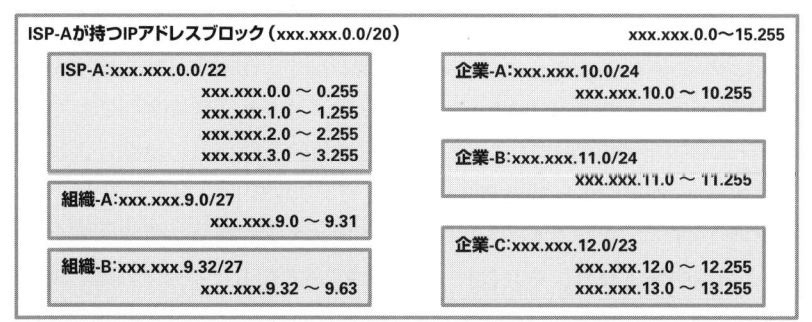

図4-1 ● ASであるISP-Aは、IPアドレスブロックとしてxxx.xxx.0.0/20を持っており、自身といくつかの下流ネットワークに対してアドレスを割り当てている

こと）を行なっている組織が独自にAS番号を取得し、BGPで経路交換するケースも登場している。実際、IRIコミュニケーションズでもAS番号を取得し、CIDRによるIPアドレスの割り当てを受け、BGPでマルチホームを利用した対外接続を行なっている。

このAS番号には、グローバルAS番号とプライベートAS番号の2種類がある。グローバルAS番号はインターネットで利用されるAS番号で、プライベートAS番号はグローバルASが独自に下流の各組織に対して個別に割り当てるAS番号である。プライベートAS番号は、インターネットで利用することが禁じられているので、外部のルータに広報する際には削除される。これは、シングルホーム・マルチイグジットによって接続している組織で用いられることが多く、日本でもオンラインゲーム会社などでこのような運用が行なわれているところがある。

現在のところ、ASとして独立して運用されている組織としてはISPが圧倒的に多い。一般企業が少ないのは、今までのネットワーク利用が「とにかくインターネットにつながれば」よく、ISPに接続すればそれで目的が達せられるからといえる。今後マルチホームを行なう組織が増えれば、それに伴ってASも増えることになるだろう。

● なぜISPがASになるのか

一般の企業においては、インターネットへの出入口となる接続は通常1つである。また、IPアドレスは上流のISPから割り当ててもらうことが多いため、ほとんどの場合は、各組織がASとして独自にネットワーク運用を行なう必要はない。しかし、そうした組織が接続先のISPを変更する場合、上流のISPから割り当てられたIPアドレスは返却し、新たに接続するISPからアドレスの割り当てを受け、その新しいアドレス空間に移行（リナンバ）する必要がある。

ところが、ISPのようなネットワークサービス事業者が同じようなことをすると、これは大問題になる。なぜならISPは、自身が持っているネットワーク資源が莫大なため、アドレスの移行が非常に難しいからだ。また、ユーザーに対しても、新しいアドレス空間へのリナンバをお願いしなければならないことになる。このような事態を受け入れてくれるユーザーは少ないだろうし、何より「仲介者」としてユーザーに負担を強いるのは受け入れ難い。

そこでISPは、自分自身でアドレスブロックを取得し、管理体制を整えた上でASとなる。こうすれば、接続先を変更してもIPアドレスのリナンバは発生しないし、他のISPとはBGPでルー

ティングすれば、内部の変更も最小限で済むわけだ。

BGPが使われる場所

では、BGPはどこで利用されているのだろうか？

BGPは、ASであるISP間を結ぶリンクの部分で利用される。このような、ISP間を結ぶ回線の集合体が「IX（Internet eXchange）」である。IXというとなんとなく難しいことをしているようなイメージを持っている人も多いだろうが、実はIXはそれほど難しいものではなく、本質的には単なるスイッチである（図4-2）。日本における代表的なIXとしては、DIX-ie（NSPIXP-2）、NSPIXP-3、JPIX、JPNAPがある。また、IPv6実験用のIXとしてNSPIXP-6もある。もちろん、AS間通信は非常に重要であるため、保守や運用はそれほど単純ではない。

ちなみに、IXでは、ほんの数年前には100Mbps程度のFDDIスイッチを用いた運用が行なわれていた。しかし、現在では転送性能や帯域、機器コストなどの問題で、ギガビットEthernetスイッチや10GbEスイッチ等が使われるようになってきている。当然ISP間接続に利用されるわけなので、その経路制御にはBGPが使われる。

BGPはいわゆるIGPとは異なり、経路を交換したい相手と1対1で特別な設定を行なう必要がある。これを「ピアリング（Peering）」と呼ぶ。したがって、BGPではピアリングを行なわない限り、経路交換ができない。

BGPにおけるピアリングには「IBGP（Internal BGP）」と「EBGP（External BGP）」という2種類の形態がある。IBGPは、同一AS内のBGPルータ間で

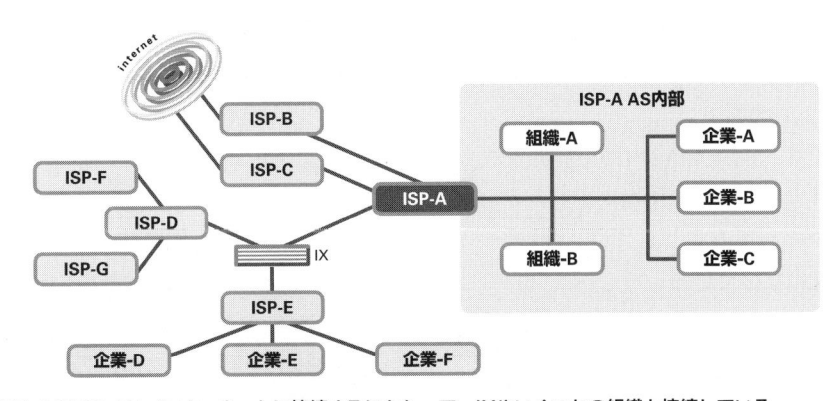

図4-2●ISP-Aはインターネットに接続するにあたって、IXやいくつかの組織と接続している

第4章　BGPを学ぼう

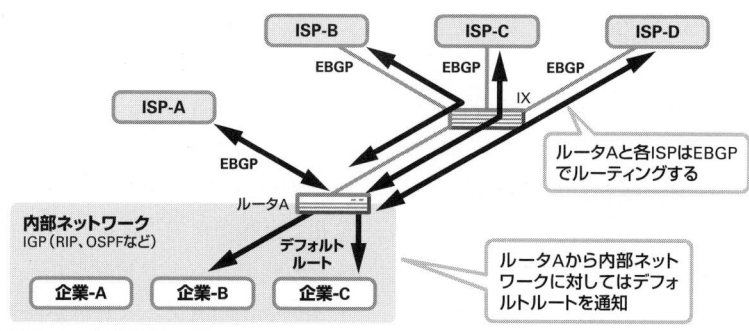

図4-3●EBGPのみ利用する例

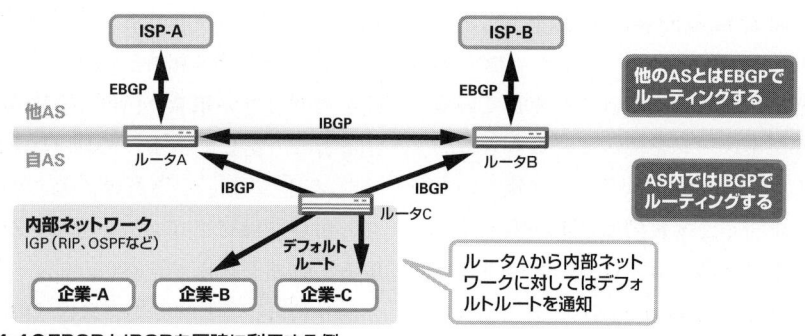

図4-4●EBGPとIBGPを同時に利用する例

経路を交換するための方式で、もう1つのEBGPは、異なるAS間でそれぞれの持つ経路を交換するための方式である。つまり、IXなどで利用されるBGPはEBGPである。

通常、BGPをAS内部の経路交換に利用することはまずない。したがってBGPの利用方式としては、次の2つが主流になっている。

①EBGPのみを使って外部のASと経路交換を行ない、内部はIGPを利用するという方法。この場合、BGP対応のルータが1組あればよく、IGP側ではこのBGPルータに対してデフォルトルートを設定する（図4-3）。

②EBGPとIBGPを併用する方法。この場合、EBGPを利用して他のASと接続している回線が2本以上存在しており、それぞれ別のルータに回線が収容されていることが多い。また、EBGPを利用しているルータ間ではIBGPを利用し、経路の統一を計る（図4-4）。

本来、経路制御を行なうには、ルータはすべての経路を知っている必要がある。特にルータ自身が持っている経路情報に関しては、IGPによる経路情報とEGPによる経路情報の整合性を取らなければならない。

たとえば、BGPとOSPFを同時に利用している場合には、AS外から来た経路（BGPによって作られた経路情報）については、OSPFのタイプ5 LSAを使って経路情報を取り込み、各OSPFルータに伝える必要がある。このEGP経路とIGP経路の整合性を取り、1つの経路情報にすることを「EGP経路とIGP経路の同期」と呼ぶ。

また、BGPルータは対外回線部分に接続されているが、接続先が複数ある場合、これらのルータがすべて近くにあるとは限らない。たとえば東京でDix-ieに、大阪でNSPIXP-3に接続している場合には、どちらもBGPを利用しているが、BGPルータの設置場所はおそらく東京と大阪に分散していると考えられる。この2台は、お互いのEGP経路情報を交換し、それぞれで経路情報を混ぜ合わせることで、もっとも効率がよい経路表を作成する必要がある。これを「EGP経路の同期」と呼ぶ。IBGPは、このEGP経路の同期をとるために利用される。

このように経路を同期させておかないと、複雑なネットワーク内部でパケットが特定のルータ間を行ったり来たりするような挙動（いわゆるピンポン）が発生する可能性がある。10年前のBGPにおける経路数がまだ8000〜1万程度のころは、まだIGPとEGPの同期で運用できた。だが、現在のように10万経路を超えるような状況では同期を必要とする運用は不可能である。なぜなら、10万経路をOSPFで全域に広げるような運用を行なうと、OSPFの経路再計算にかかるルータの負荷が増えてしまう。さらにこの負荷により、ルータが勝手に再起動する可能性も高くなる。そのため、現在では経路の同期をさせず、かわりにOSPFを用いているすべてのルータでIBGPを動作させ、BGPのレベルで経路の同期をとるだけで経路制御する、いわゆる「IBGP-Hack」と呼ばれる手法を用いるのが一般的になっている。

BGPの経路交換方法

BGPは経路情報をAS単位で扱う。BGPの経路情報にはさまざまなパラメータがあるが、主要なものとしてはAS番号やルータのID番号（ルータID）、IPアドレス情報、そのIPアドレスに到達するまでに通過するASといったものがある。

BGPの経路交換は、「パスベクタ

第4章　BGPを学ぼう

（PV：Path Vector）」と呼ばれる手法で行なわれる。名前から想像できるように、RIPの「ディスタンスベクタ（DV：Distance Vector)」方式と経路の交換方法がよく似ている。

実際には、BGPは経由するASの数によって他のASとの距離を測定し、距離の短いものを採用すべき経路として認識する。パスベクタ型経路制御アルゴリズムと呼ばれているのは、この経由するAS間の回線を「パス」と呼び、どのパスを経由するかによって経路を制御するためだ。

基本的にはRIPでのメトリック（ホップ）の数え方と同じで、ルータがASに置き換わったと考えればよい。RIPでは、目的地のネットワークまでに経由するルータの数をホップ数として、もっともホップ数の少ない経路を採用していた（図4-5）。一方BGPでは、これと同様に、経由するASがもっとも少ない経路を選ぶというわけだ。BGPでの経路の選択に利用される要素（属性）には、パスの長さ（経由するASの数）以外にも優先度による重み付けなどがある。そして、これら経路の属性がすべて等しい場合には、ルータIDが参照される。

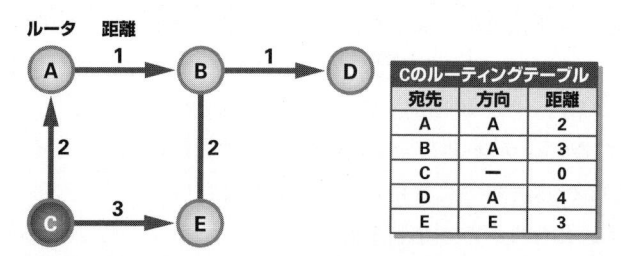

図4-5●RIPでは経由するルータ数（ホップ数）で経路を判断するディスタンスベクタ方式が使われる

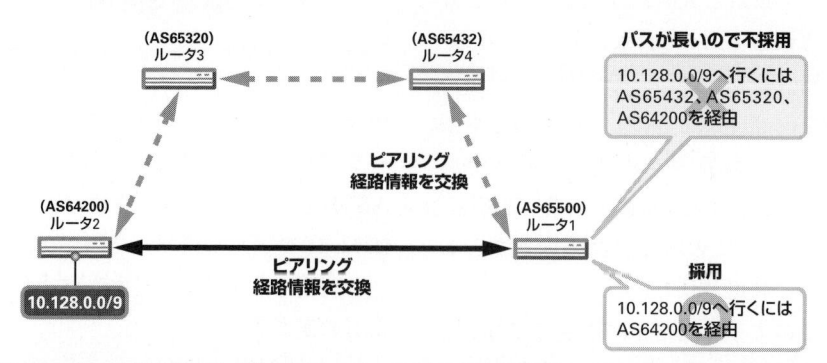

図4-6●BGPの経路交換では、経由するASパスの長さで経路を判断するパスベクタ方式が使われる

ここで図4-6を見てほしい。図4-6では、各ルータはそれぞれ隣接しているルータとBGPでピアリングを行なって経路交換する。

ルータ1から、ルータ2に接続されている10.128.0.0/9のネットワークの経路を判断する場合は、次のような手順が取られる。

①ルータ2はルータ3、ルータ1とBGPでのピアリングを行ない、経路交換を行なう。この際、AS番号（AS64200）を経路情報に付加する。
②ルータ3は、ルータ2から受け取った経路情報をルータ4へ送る。この際、AS番号（AS65320）も付加する。
③同様にルータ4は、ルータ3から受け取った経路情報をルータ1へ送る。この際、AS番号（AS65432）も付加する。
④ルータ1は、届いた経路情報を経路表にまとめる（リスト4-1）。
⑤10.128.0.0/9宛の経路は2つある。ルータ4から届いたものは3つのASを経由し、ルータ2から届いたものはASは1つだけ経由している。経由するASの少ないほうを採用し、最適な経路にまとめる（リスト4-2）。

この場合でいえば、ルータ2から直接届いた経路が採用される。もし、2つの経路のパス数が同じ場合は、その経路情報が入ってきたルータのルータIDを見て、値が小さい方を選択するというわけだ。

リスト4-1●ルータ1のBGP経路情報（10.128.0.0/9宛）

```
AS番号：65500
  IPアドレス情報：10.128.0.0/9
    到達するまでの通過AS：64200              （ルータ2からの経路）
    到達するまでの通過AS：65432、65320、64200 （ルータ4からの経路）
```

リスト4-2●ルータ1のBGP経路情報（整理後）

```
AS番号：65500
  IPアドレス情報：10.128.0.0/9
    到達するまでの通過AS：64200      （ルータ2からの経路）    Best
```

100Mbps&ギガビット Ethernetのすべて

第5部

第5部では、進化し続けるネットワーク規格の代表である「Ethernet」の歴史と技術をイチから紐解くことにしよう。Ethernetの歴史を丹念に追いながら、TCP/IPとの連携、高速化がどのように実現されているのか、他の規格を押しのけて普及した理由などを徹底解説する。さらに、最新の広域Ethernetの技術と10Gbps Ethernetについても触れる。

第1章 Ethernetの歴史と仕組み

進化するネットワーク規格の歴史と技術

現在もっと広く普及しているLAN規格はEthernetである。第1章では、Ethernetの理解に欠かせないOSI参照モデル、Ethernetの誕生の経緯、これがどのように進化をしてきたかにフォーカスを当てながら、Ethernetの特徴を見てみよう。

OSI参照モデルにおけるEthernetの位置づけ

EthernetとTCP/IPはどうして同居できる？

社内LANやインターネット、あるいは広域ネットワークといったさまざまなネットワークは、現在EthernetとTCP/IPという2つの技術をベースに構成されているといってよい。しかし、実際になぜ2つの異なった通信技術が必要になるのだろうか？ また、両者はどのように連携して、最終的にデータをユーザーに送り届けるのだろうか。これを理解するためにはOSI参照モデルとその階層構造について理解しなければならない。

OSI（Open Systems Interconnection）参照モデルは、ISO（国際標準化機構）がデータ通信を行なうための「役割」を階層化したネットワークのガイドラインである。

階層のうちもっとも上位に位置するのが、ユーザープログラムが直接扱う「アプリケーション層」であり、もっとも下位に位置するのが電気信号を送る「物理層」になる。アプリケーションからのデータは、より下位の層に向かって処理が行なわれ、相手先に届けられる。データを受け取った受信側ではまったく逆の処理を行なう。各プロトコルにおいては受け取った電気信号をより上位の層に向かって処理していき、最終的に意味のあるアプリケーションのデータに仕上げていく。このように、OSI参照モデルでは階層が完全

Ethernetの歴史と仕組み　第1章

に独立している。各層で決められた処理を行なってしまえば、あとは上位・下位の層にデータを渡してしまえばよい。階層化を行なった理由は、異機種でのデータ通信を実現するためである。つまり、各階層で決められた機能とインターフェイスを実装すれば、上位や下位の層のプロトコルを変更せず通信できるようになる。

このOSI参照モデルをTCP/IPとEthernetと対比したのが図1-1である。TCP/IPはプロトコルの集合体として見ると全部で4階層の構造となっているが、中心となるのはネットワーク間で通信を行なうIPと、アプリケーションに対してデータを渡すTCP/UDPである。そしてこのTCP/IPとEthernetという組み合わせがもっとも普及している。

Ethernetがカバーする範囲

一方、Ethernetのカバーする範囲は、物理層とデータリンク層にまたがっており、上位での処理はTCP/IPをはじめとする各種プロトコルに依存する。

物理層（PHY）では電気信号や記号、回線状態、クロックなどの要件、電気信号をデータに変換するためのエンコーディング（符号化）、コネクタやケーブルの仕様などが決められている。この物理層では送信ポートと受信ポートが信号をやりとりするという機能だけが実現されている。たとえば、リピータは信号をデコードすることなく、単に増幅して再送信するだけなので、この物理層で動作する機器と分類されている。第1層と実際のケーブルをつなぐインターフェイスをMDI（Medium Dependent Interface：メディア依存インターフェイス）と呼ぶ。EthernetではRJ-45コネクタがこのMDI

安価で手軽なEthernet機器：現在のLANは、安価な機器で手軽に構築できるEthernetを利用する場合がほとんど。写真はプラネックスコミュニケーションズのスイッチングハブ「FMX-24NW」（左）とバッファローの64ビット対応ギガビットLANカード「LCI-G1000T64」（右）。いずれも販売終了品

にあたる。逆に、物理層と上位層をつなぐインターフェイスも用意されている。100BASE-TXではこれをMII（Media Independent Interface：メディア非依存インターフェイス）と呼んでいる。つまりMDIに対して、こちらはケーブルなどの媒体（メディア）に依存しないインターフェイスというわけである。

一方、データリンク層はMAC（Media Access Control）とLLC（Logical Link Control）の2つの副層に分かれている。MACとLLCが同じ層の中で分割されている理由は、Ethernet以外のMACでも置き換えるだけで使えるようにするためである。MACは共有された媒体でいかに効率的にデータを送受信するかを規定するもので、Ethernetでは「CSMA/CD」がそれにあたる

（205ページ）。その他、データの形式やアドレス、データの流量制御、誤りの検出などが定義されている。データ形式は「フレーム」と呼ばれ、アドレスとしてはデータを送受信するインターフェイスの固有番号である「MACアドレス」が用いられる。

総じてEthernetの技術はこのMACを指すことが多く、第5部でもこのMACを中心に扱うことになる。

EthernetとTCP/IPの関係

では、EthernetとTCP/IPはどのように組み合わさっているのだろうか。ここではIPとEthernetがどのような連携をしているかだけを整理しておこう。

IPにあって、Ethernetにないものは

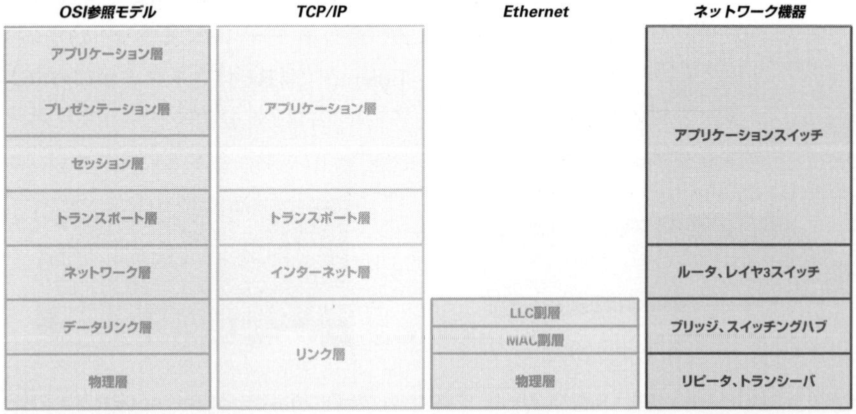

図1-1●Ethernetでは物理的な信号のやりとりや、データへのエンコード、そして共有媒体を用いるためのアクセス制御などを担当する

Ethernetの歴史と仕組み 第1章

「ネットワーク間通信」の機能である。ここでいうネットワークとはEthernetで通信できる範囲を指している。EthernetはMACアドレスをもとにデータを送受信するため、送信元が知っているMACアドレスにしかデータを送信できない。そのため、MACアドレスを知らない場合は、接続されているノード（コンピュータやルータ）すべてに問い合わせて（ブロードキャスト）、調べる方法が用意されている。つまり、「直接データを送受信できる」というのはMACアドレスをブロードキャストで調べられる範囲と規定することができる。Ethernetではこれを1つのネットワークと認識する。ここまではデータリンク層で実現可能で、マシンに搭載されたLANカードと中継機器であるスイッチングハブが、このネットワーク内でのデータ送信を担当している。

このネットワークを越えて通信するためには、IPが必要になる。IPは下位のネットワーク規格がどんなものかに関係なくネットワーク間での通信を可能にするためのプロトコルで、「パケット」という単位でデータを送受信する。直接通信できる範囲ではEthernetがデータの送受信を行なうが、異なったネットワークの場合はIPが「ルーティング」という経路決定の技術を用いて、通信を可能にする。具体的には、宛先のホストがあるネットワークまでの経路をルータという機器が算出し、データをバケツリレーで送っていくことになる。

一方、IPは電気信号をデータに変換したり、媒体（ケーブル）を共有するためにデータの送受信を制御するような仕組みを持っていない。そのため、Ethernetのような下位のネットワーク規格に配送を依頼するのである。

このようにTCP/IPとEthernetは絶妙に連携し合って、われわれのネットワークを支えているのだ。

第5部では、進化を続けるEthernetの技術に焦点を当ててみたい。まずは、ここまでのEthernetの歴史と進化、そして現在もっとも身近な100BASE-TXの仕組みなどを見ていく。そのあとで、さらなる高速化を実現したギガビットEthernetと、広域Ethernetの技術についても解説していきたい。

第5部 100Mbps&ギガビットEthernetのすべて

第1章　Ethernetの歴史と仕組み

Ethernetとは

Ethernetの原型「ALOHANET」

　Ethernetの原型は、1968年に米ハワイ大学で開発されたALOHANET（アロハネット）まで遡る。

　ハワイ州はご存知のように、多くの島で構成されている。そのためハワイ州にあるすべての島で相互に通信を行なうのは困難だ（図1-2）。たとえば4つの島があったとして、これらを直接結ぶ経路を有線ですべて作るのはたいへんである。そこで、無線を使った相互接続が考案された。無線であれば海を渡って回線を引く必要もなく、相手と直接通信できる。

　さらにALOHANETは、通信を手軽に行なうために、いくつかの簡略化を行なった。実際にはもう少し複雑な処理もしていたし、その後いくつかの改善も行なわれるが、ここでは基本概念を理解してもらうため単純化して解説する。1つ目は、送信すべきデータを持っている機器はいつでも送信してよいという点。2つ目は、同時に送信したために破壊されたデータは破棄されるという点。しかし、データが破棄されてしまっては通信できないので、エ

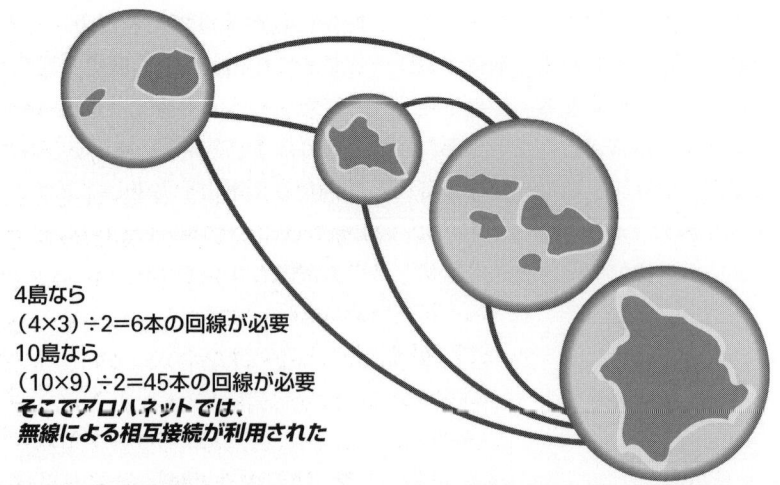

4島なら
（4×3）÷2＝6本の回線が必要
10島なら
（10×9）÷2＝45本の回線が必要
**そこでアロハネットでは、
無線による相互接続が利用された**

図1-2●Ethernetの原型「ALOHANET」：島が多くなれば接続に必要なケーブルも多くなる。そこでALOHANETでは無線が使われた

Ethernetの歴史と仕組み　第1章

ラー時の再送要求などは上位層に任せている。

ここで重要な概念は「誰でもいつでもデータを送信できる」点と、「通信路を共有する（Multiple Access）」という点である。この2つの概念は、のちのEthernetの誕生に大きな影響を与えた。

Ethernetの誕生

1973年、米ゼロックスのPARC（Palo Alto Research Center）で、ボブ・メトカーフ氏が3Mbpsの高速なネットワークを発明した。このネットワークは、かつて光を伝播する物質として考えられていたエーテル（Ether）にちなんで、「Ethernet（イーサネット）」と命名された。「イーサ」はEtherの英語読みである。エーテルの存在はアインシュタインなどにより理論的に否定されたが、Ethernetの方はその存在感

を増していった。

EthernetはALOHANETをヒントに考案されたが、無線ではなく1本の長い同軸ケーブルを多数の機器で共有する形態（トポロジ）を採用した。このようなネットワークトポロジを「バス型」という。ちなみに、現在多く利用されているのは、「スター型」と呼ばれるトポロジだ（図1-3）。「リング型」というものもあるが、これについては後述する。

バス型の特徴は、ケーブルの両端に電気的に通信を安定させるための「ターミネータ（終端抵抗器）」を装着することだ（図1-4）。ターミネータをつけることで、エラーの元となる信号の反射は起きなくなる。

その後ゼロックス（というよりPARCの研究者たち）は、このEthernetを標準規格として広めることを考えた。最終的に1982年、DEC、インテル、ゼロックスにより10Mbpsの速度に対応した共同規格が発表された。この規格

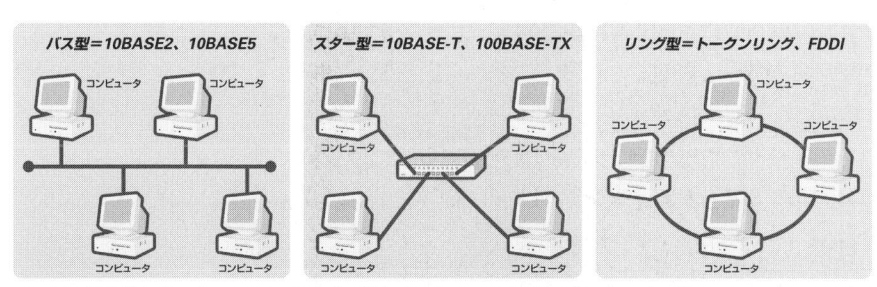

図1-3●基本的なネットワークトポロジ：基本ネットワークトポロジには、バス型、スター型、リング型の3つがある

203

第1章　Ethernetの歴史と仕組み

を3社の頭文字を取って「DIX規格」あるいは「Ethernet II」と呼ぶ。

Ethernetの機器接続方法

Ethernetが誕生した当時に使われた同軸ケーブルを「標準Ethernetケーブル」という。黄色いケーブルが圧倒的に多かったので「イエローケーブル」

とも呼んだ。一方、後述するIEEE802では「10BASE5ケーブル」と呼ぶ。これを「Thick Wire（太いケーブル）」と呼ぶこともあるが、これはあとで10BASE2の「Thin Wire（細いケーブル）」が登場してからできた言葉だ。

通信には、同軸ケーブルに針を突き刺し（タップ）、ケーブルにかかる電圧を検出する。この同軸ケーブルに刺すための機器を「トランシーバ」とい

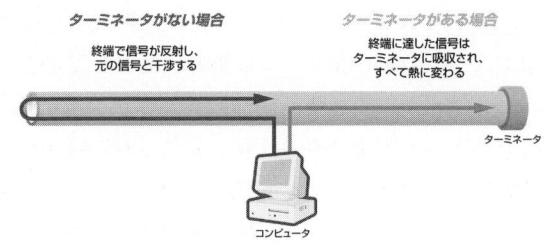

図1-4●バス型で利用するターミネータ：バス型のネットワークでは、ターミネータを使って信号を安定させる必要がある

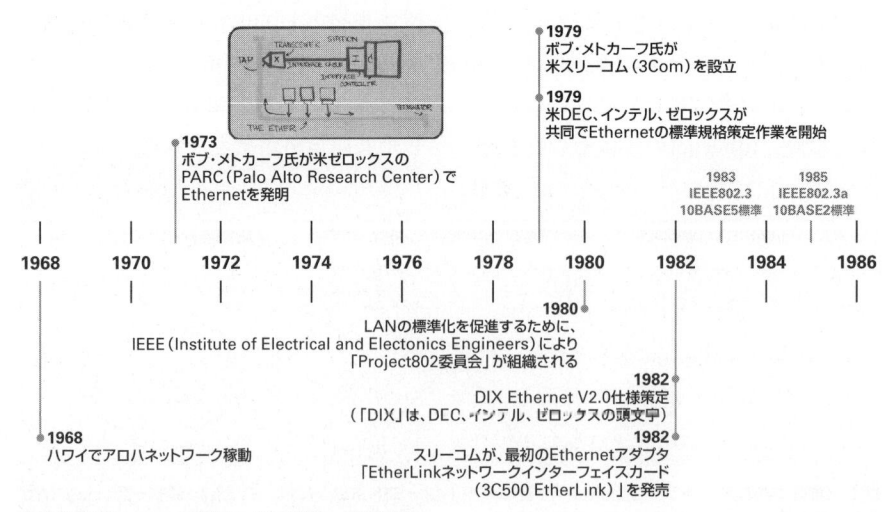

図1-5●Ethernetの歴史：1968年～1986年

Ethernetの歴史と仕組み　第1章

う（写真1-1）。トランシーバとコンピュータ（Ethernet用語では「ステーション」）を結ぶには、トランシーバケーブルを使用する。トランシーバケーブルの両端にはD-Sub15ピンコネクタが付く。

　この方式の利点は、通信中のデータに影響を与えないで機器を増設できる点である。しかし逆にいうと、誰でも通信者に悟られずに勝手に機器を増設できてしまうことになる。そのため、セキュリティを重視する企業では、Ethernetケーブルを鉄パイプの中に通すなどの工夫をしていた。しかしあまり厳重にすると、ケーブルを目視できなくなってしまうためメンテナンスに苦労したらしい。

DIXとIEEE802.3

　Ethernetは、1980年2月にIEEEの802委員会で標準化されることとなった。1980年2月に設立されたので「802委員会」と呼ぶ。802委員会はEthernetだけではなく、ローカルエリアネットワークについて広く議論する場で、Ethernetについては802.3委員会で取り扱っている。最終的に1983年に、IEEE802.3（10BASE5）の規格が標準化された。

　IEEE802.3とDIXでは、フレームの構造が若干違う（図1-6）。ただし、いずれを使っているかはヘッダを見ればわかるので、同じネットワークで混在させることは可能だ。一般にTCP/IPではEthernet IIを、それ以外のプロトコルではIEEE802.3を使うことが多い。

CSMA/CDの仕組み

　Ethernetでは、1本の同軸ケーブルを2台以上のコンピュータで共有しながら通信を行なう。ただし、ある瞬間には同時に1台しか通信できない。そこで、何らかの仕組み（アクセス制御方式）が必要だ。Ethernetで同軸ケーブルを使うためのアクセス制御方式を、CSMA/CDと呼ぶ。CSMA/CDはCarrier Sense Multiple Access/Collision Detectionの略で、以下のような動作を行なう（図1-7）。

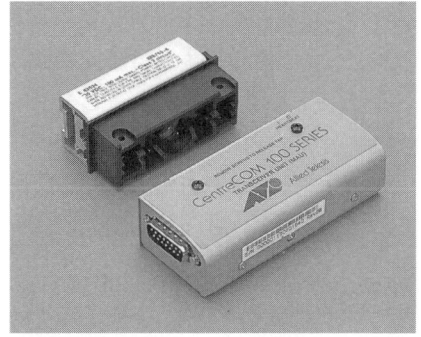

写真1-1●イエローケーブルに機器をつなげるために刺して利用する「トランシーバ」

第1章 Ethernetの歴史と仕組み

IEEE802.2 LLC1の標準フレーム・フォーマット

Pre	宛先アドレス	送信元アドレス	データ長	宛先SAP	発信SAP	Ctl	ユーザーデータ（可変）	パディング	CRC

EthernetⅡの標準フレーム・フォーマット

Pre	宛先アドレス	送信元アドレス	プロトコルタイプ	ユーザーデータ（可変）	CRC

IEEE802.2/3およびEthernetのフレームの違い

フィールド名	説明
Pre	プレアンブルとフレーム開始デリミタ。CSMA/CDの物理層がフレーム開始位置を決定するために使用する
宛先アドレス	宛先（Destination）アドレス
送信元アドレス	送信元（Source）アドレス
データ長	送信データの長さ（Length）を表示する
宛先SAP	宛先の上位層プロトコルを特定する。標準フォーマットではIEEEが定めた特定値
送信元SAP	送信元の上位層プロトコルを特定する。標準フォーマットではIEEEが定めた特定値
Ctl	LLCコントロールフィールド。LLC1ではUI（非番号制御情報）、XID（LLCフレームの交換ID）、Test（LLCのループバックフレーム）がある。なお、AAは非標準のプロトコルを識別する値
プロトコルタイプ	Eternetアドレス管理者によって定義される上位プロトコル番号
ユーザーデータ	LANデータリンクユーザーによって提供される
パディング	余分のビット。データが最小フレーム長に達しないときに付加して調整する
CRC	巡回冗長検査。IEEE802.2/3ではCRC-2を使用する

図1-6●DIX（Ethernet II）とIEEE802.3の違い：IEEEが定めたフレームフォーマットは、「IEEE802.2 LLC1フレーム」と呼ばれる

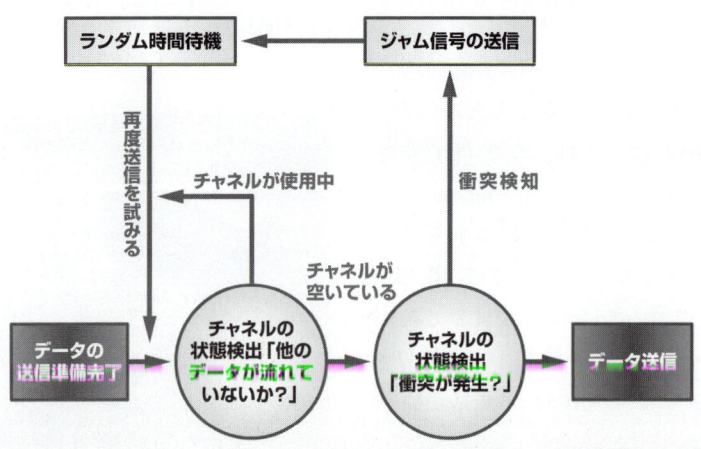

図1-7●CSMA/CDの基本動作：他のデータが流れていなければ送信し、衝突が検出されれば一定時間後にデータを再送信する

Ethernetの歴史と仕組み　第1章

●前提

Ethernetに接続された機器は、誰もが任意のタイミングで送信できる。これは先に説明したアロハネットと同じである。

●Carrier Sense（搬送波検出）

すでに他の機器からデータが送信されているのにもかかわらず別の機器がデータを送信すると、信号が相互に干渉して双方のデータが破壊されてしまう。そのため、現在誰かが送信中かどうかを検出する仕組みが必要だ。これがキャリアセンス（Carrier Sense）である。キャリア（搬送波）は、信号を伝えるための電力の意味である。

●Multiple Access（共有アクセス）

ここでいう共有とは、伝送媒体を共有するという意味だ。Ethernetでは1対1の接続ではなく、1本の媒体（同軸ケーブル）を複数の機器で共有する。なおアロハネットでは、電波を使ったため媒体は空間であった。電波は光の一種なので、この媒体を「エーテル」と呼んでもよいだろう。

●Collision Detection（衝突検出）

以上のような工夫をしても、信号の衝突は避けられない。そこで送信中も媒体をモニタし、衝突を検出することが考案された。これが「衝突検出」である。衝突が検出されると機器は送信を中止し、乱数で決めた時間待ったあ

1987
IEEE802.3d
FOIRLファイバリンク標準

1988
CERN（ヨーロッパ素粒子物理学研究所）がWWWを開発

1988
アンガマンバスが世界初のハブ「Access/One」を発売

1990
EEE802.3i
10BASE-T標準

1990
カルパナ（1994年にシスコシステムズが買収）が世界初のスイッチ「EtherSwitch」を発売（写真）

1992
ヒューレッド・パッカードとAT&Tが、CSMA/CDと互換性のないアクセス制御方式「デマンドプライオリティ」に基づく「100VG-AnyLAN」を提案

1992
Project802委員会で、UTPケーブルを用いた100Mbps対応の「Fast Ethernet」を検討開始

1987
シンオプティクスが、10BASE-Tの原型となるツイストペアケーブルを使った「LATTISNET」を出荷

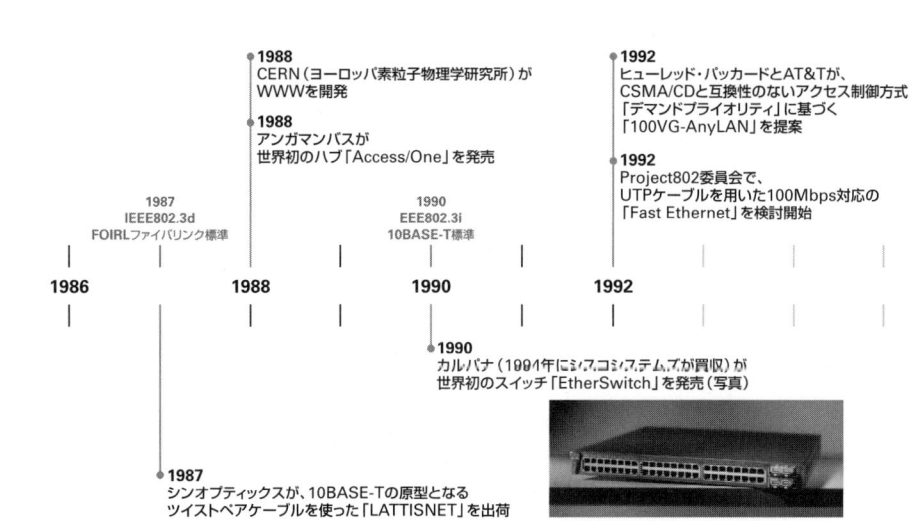

図1-8●Ethernetの歴史：1986年〜1992年

と改めて送信を開始する。

　CSMA/CDは、しばしば、信号のない交差点に例えられる。交通量の少ない交差点では、車が来ていなければ（キャリアセンス）誰でも自由に渡れる（マルチプルアクセス）。しかし、渡りかけてから車を発見した場合は、あわてて渡るのを中止することもある（衝突検出）。

10BASE5、10BASE2、そして10BASE-T

　今となってはイエローケーブルを見たことのある人も少ないだろうが、その太さはとても家庭内にひけるようなものではなかった。そこで、もう少し細いケーブルを使った規格が生まれた。それが10BASE2、通称「シンワイヤ（Thin Wire）Ethernet」である。ここでいう10BASE2は「10Mbpsのベースバンド（単一デジタル信号）方式のLANで最大ケーブル長が200m（厳密には185m）」であることを意味する。それに対して、10BASE5（最大ケーブル長500m）で利用されるイエローケーブルは、シックワイヤ（Thick Wire）Ethernetの通称がついた。

　10BASE2は、ケーブルが細いため10BASE5のようなタップを使えない（狙いを定めてタップを立てるのが難しい）。そこで、「BNCコネクタ（高周波測定機器などによく使われるコネクタ）」を使うことにした（写真1-2）。また、10BASE5で利用していたトランシーバはネットワークカードに内蔵することで、コストダウンがはかられた。

　10BASE2は10BASE5に比べて扱いやすくなったが、接続箇所が多いため、BNCコネクタが緩んだり外れるといったトラブルが多かった。しかも、T型コネクタ（写真1-3）を使ったデイジーチェーン接続なので、どこか1カ所でも切れるとネットワーク全体が停止してしまう。そこで、新たにより対線（ツイストペアケーブル）を使った規格が誕生した。これが10BASE-Tである。ただしツイストペアケーブルは同軸ケーブルに比べノイズに弱いため、最大ケーブル長は100mと短い。

　10BASE-Tは、ハブを中心としたスター型の構造であるが、内部的には紛れもなくバス型のEthernetである（図1-9）。今でもEthernetによるネットワークを図1-9の下部のように記述するのはそのためである。

　10BASE-Tで複数の機器を接続するには、ハブが必要になる。当時はハブのコストも高かったが、1カ所の接続ケーブルが切れても他の機器に影響しないため、広く受け入れられた。現在ではハブの価格も劇的に下がり、そのコストは無視できるほどになった。

Ethernetの優位点と欠点

現在のLANでは、Ethernetが主流であることは確かである。しかし普及するまでには、さまざまな対抗勢力も存在した。だがそれらの規格よりも優位な点があったからこそ、Ethernetはここまで普及してきたのだ。

Ethernetの優位点は、CSMA/CDという非常に単純なアクセス制御方式に負うところが大きい。アクセス制御が単純なので、実装のコストを低く抑えることができるからだ。しかし、これは同時に欠点にもなる。

交通量の少ない交差点では、信号などない方が便利だ。しかし、交通量が増えてくると信号がないと不便になる。信号がない場合、いつまで待って

写真1-2●10BASE2では、トランシーバの代わりに「BNCコネクタ」が使われた

写真1-3●10BASE2のケーブルをつなぐための「T型コネクタ」

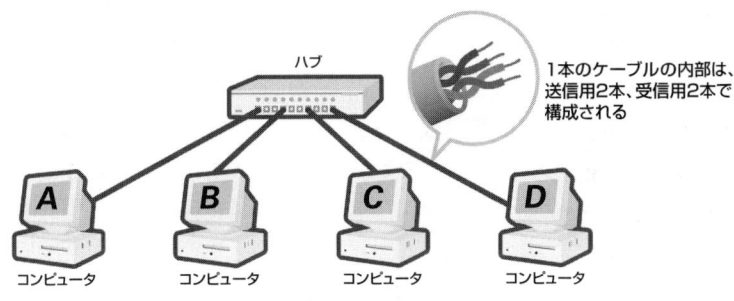

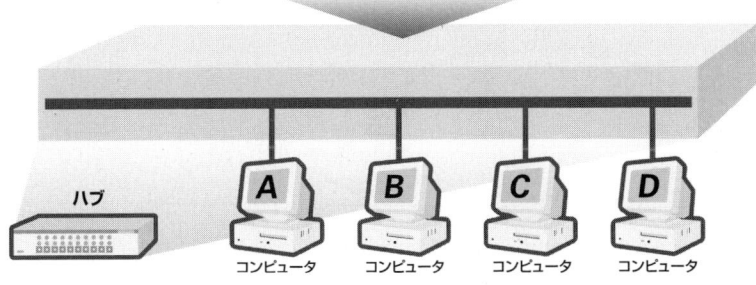

図1-9●ハブを使った10BASE-TのEthernet：10BASE-Tはハブを使ったスター型だが、内部的にはバス型のネットワークである

第1章　Ethernetの歴史と仕組み

も車の流れが途絶えなければ渡れない。しかし、信号があれば、どれだけ交通量が多くても一定時間待てばかならず渡れる。このような考え方に基づき、Ethernetの対抗勢力として出てきたのが「トークンパッシング」方式である。

トークンパッシング方式は「トークン（送信権）」を持つ機器だけがデータを送出するため、衝突が発生しない。トークンパッシング方式には、IBMが中心になって制定したトークンリング（図1-10）や、ゼネラルモータースが工場内で使うために開発したトークンバス方式などがある。トークンは一定時間後にかならず開放されるので、待ち時間の予測も可能だ。しかし、トークンが失われた場合の回復処理や、なくなったと思ったトークンが復元した場合の処理など複雑な制御が必要になり、製品のコストが上昇した。そのため、トークンバスは早くに市場から消え、トークンリングも現在では限られた用途にしか使われていない。

100Mbps Ethernetの普及

結果的にCSMA/CDの単純な仕組みで優位に立ったEthernetだが、通信量が増えるにしたがって、10Mbpsという速度が問題になってきた。同じ速度

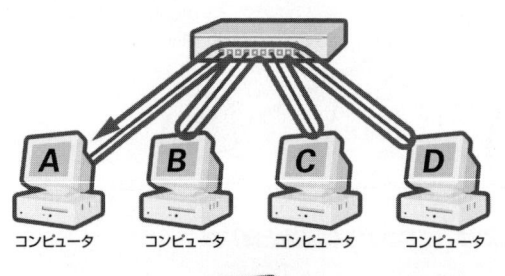

送信権（トークン）は
A→ハブ→B→ハブ→C→ハブ→D→ハブ→Aと流れる。
送信したいデータを持った機器は、トークンを受け取ったときだけ送信できる。1回の送信が終了したら、トークンを開放する

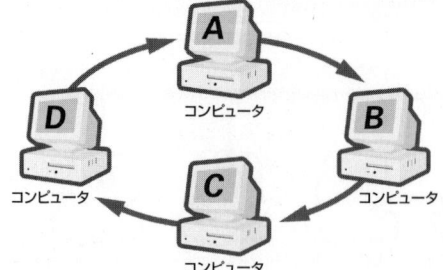

論理的なトークンの流れがリング状なので「トークンリング」という

図1-10●トークンリング：トークンリングは、トークン（送信権）を持つ機器だけがデータを送信できるという方式

で通信量が増えると、通信時間が増大し、衝突の可能性が増えるため、送信待ち時間が長くなるからだ。

そこで、以下のような規格が提案された。

①FDDI

Fiber Distributed Data Interconnectの略で、光ファイバで100Mbpsの通信を行なうトークンパッシング方式のネットワーク。

②100VG-Any LAN

従来のツイストペアケーブルを使い、優先順位を制御可能な100Mbpsのネットワーク。100Mbpsの通信を音声品質（Voice Grade：コストは安いが品質がよくないという意）のケーブルで実現する。Ethernetやト

ークンリングなど、任意のLAN（Any LAN）と共存可能。

③100BASE-TX

ツイストペアのEthernet（10BASE-T）ケーブルを改良し、単純に100Mbpsにした方式。

まずFDDIは光ファイバを使うため、コストが高すぎた。FDDIの技術を同軸ケーブルに適用したCDDI（Coaxial Distributed Data Interconnect）も提案されたが、トークン方式の複雑さもあって、バックボーンなどの限定された用途にしか使われていない。

次の100VG-Any LANは、データに優先順位をつけることで、より効率的な通信方式を実現した。しかしCSMA/CDほど実装が単純ではなく、

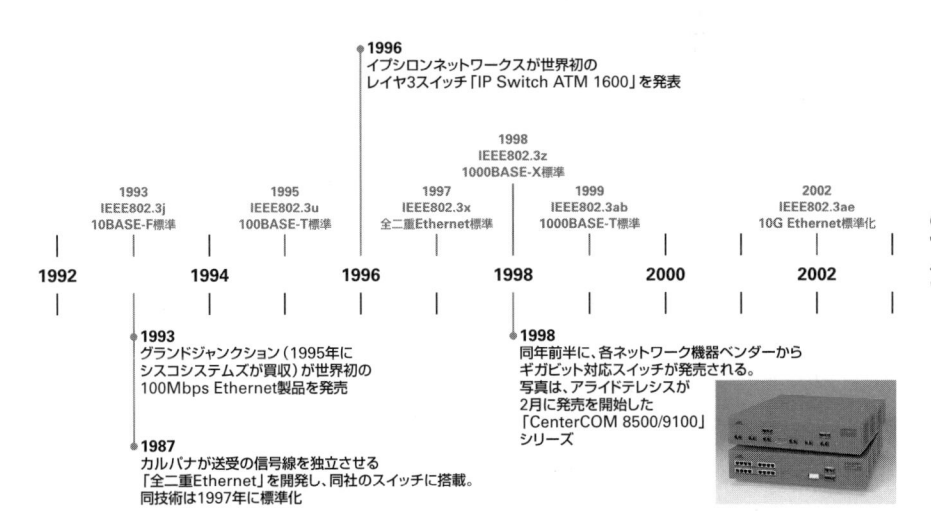

図1-11●Ethernetの歴史：1992年〜現在

市場から消えた。

結局、残ったのは、技術的には何の目新しさもない100BASE-TXであった。実は100BASE-TXは、先に説明したEthernetの抱える通信量の増大に対する問題は解決できない。にもかかわらず市場で勝者となったのは、単純さゆえにコストを低く抑えられたことや、スイッチによる衝突回避機能が普及したことなどが考えられる。また、10/100BASE-TX自動切換え機能（オートネゴシエーション）付きのネットワークカードが早くから市場に出回ったことも有利に働いた。

しかし、10ギガビットEthernetが登場するとCSMA/CD方式では限界があり、異なる方法へ移行することになった。それでも「Ethernet」と呼べるのか、という疑問もあるが、Ethernetの延長線上にあることは確かである。

第2章 100Mbps Ethernet

高速化を実現化した伝送メカニズムを探る

これまでに、Ethernetに関連するさまざまな規格が生まれてきた。そして、現在は100Mbps Ethernetが主流となっている。本章では、100Mbps Ethernetに関連する各種の規格とその仕組み、必要となるネットワーク機器について見ていこう。

100Mbps Ethernetはこう動作している

10Mbpsから100Mbpsへ

Ethernetが誕生してから長い間、10BASE5/2/Tといった10MbpsのEthernetが広く使われていた。しかし、LANやインターネットが普及しはじめた1990年代に入ってから、速度の不足が問題となるようになり、より高速なネットワークの規格が試行錯誤されてきた。そこで誕生したのが伝送速度を10倍の100Mbpsにした100Mbps Ethernetだ。10Mbps Ethernetでは、伝送媒体にUTP（シールドなしツイストペア）ケーブルを用いた10BASE-T規格がもっとも普及したため、100Mbps EthernetでもUTPケーブルを主要な伝送媒体として規格が検討／採用された（図2-1）。

10BASE-Tでは、品質は低いがコストの安い、音声品質と呼ばれるカテゴリ3の8心UTPケーブルを利用し、2対の心線を使って通信を行なっている。100Mbps Ethernetの規格を検討していた当初、この方式を踏襲したまま10倍高速な100Mbpsのデータ伝送を実現するのは困難だと考えられていた。しかし、技術の向上によってこれが解決できることが分かった。そこで、1995年10月にIEEE（Institute of Electrical and Electoronics Engineers）で標準化された最初の規格（IEEE802.3u）では、UTPケーブルを用いる方式が2種類採用された。

まず1つ目が、カテゴリ3のUTPケー

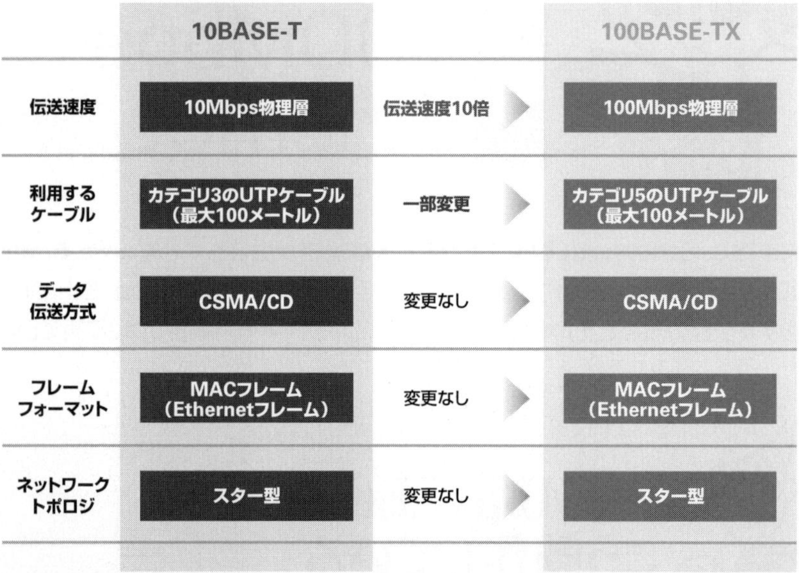

第2章 100Mbps Ethernet

	10BASE-T		100BASE-TX
伝送速度	10Mbps物理層	伝送速度10倍	100Mbps物理層
利用するケーブル	カテゴリ3のUTPケーブル（最大100メートル）	一部変更	カテゴリ5のUTPケーブル（最大100メートル）
データ伝送方式	CSMA/CD	変更なし	CSMA/CD
フレームフォーマット	MACフレーム（Ethernetフレーム）	変更なし	MACフレーム（Ethernetフレーム）
ネットワークトポロジ	スター型	変更なし	スター型

図2-1●100Mbps Ethernetのコンセプト：100Mbps Ethernetは、10Mbps Ethernetの基本仕様は変更しないように設計された

ブルには4対の心線がある。その心線すべてを使い、各対に流れるデータの信号周波数を低く抑える方式で、これは「100BASE-T4」と名付けられた。2つ目は、価格が高くなるが高品質なカテゴリ5のUTPケーブルを使い、2対の心線を利用して信号周波数を高くする方式である。これは「100BASE-TX」と名付けられた。またこの際、2組の光ファイバを用いる方式（100BASE-FX）もあわせて規定化された。

その後、デジタル信号の処理を行なうためのDSP（Digital Signal Processor）の性能向上などにより、10BASE-Tの規格と同じく、カテゴリ3のUTPケーブルの2対の心線だけで100Mbpsの

データ伝送を実現する方式が開発された。これは「100BASE-T2」と呼ばれ、IEEE802.yとして1997年3月に標準化された。

これらの4つをまとめたものが、図2-2だ。なお図2-2を見るとわかる通り、100Mbps Ethernetでは、OSI7階層モデルの物理層とデータリンク層の間に、MII（メディア非依存インターフェイス）と呼ばれるレイヤが設けられている。先に説明した各種の100Mbps Ethernetの規格に対応するために、MIIで下位層の違いを吸収するように設計されているのだ。

100Mbps Ethernet 第2章

```
┌─────────────────────────────────────────┬─────────────────┐
│        IEEE802.3u標準規格                │ IEEE802.3y標準規格│
└─────────────────────────────────────────┴─────────────────┘
```

データリンク層: 100BASE-X CSMA/CD

MII（メディア非依存インターフェイス）レイヤ

物理層:
- 100BASE-TX　2対のカテゴリ5 UTP またはカテゴリ1 STP
- 100BASE-FX　2対の光ファイバ（シングルモードまたはマルチモード）
- 100BASE-T4　4対のカテゴリ3〜5 UTP
- 100BASE-T2　2対のカテゴリ3〜5 UTP

現在は、100BASE-TXと100BASE-FXの2つが主流だ

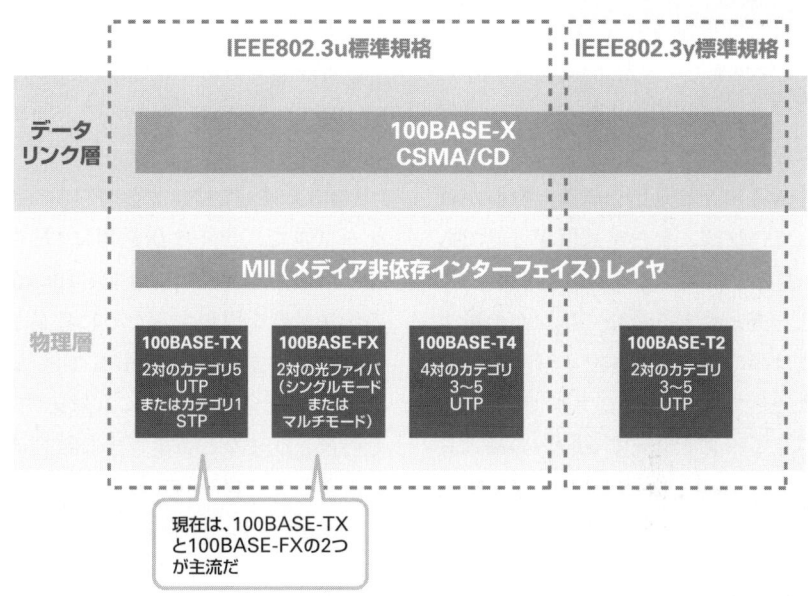

図2-2●100Mbps Ethernetの標準規格の概要：100Mbps Ethernetでは、大きく4つの規格が存在した

100Mbps Ethernetの4つの規格

100Mbps Ethernetでは、IEEE802.3uで3種類・IEEE802.3yで1種類、合計4種類の物理層の規格が規定されている。10BASE-5/2などの古典的なEthernetで使われていた同軸ケーブルは、100Mbps Ethernetでは採用されていない。ではここで、これら4つの規格の詳細を見ていこう。

●100BASE-TX＋カテゴリ5 UTPケーブル

100BASE-TXは、FDDIの光ファイバに代えて銅線を用いるCDDI規格を流用して策定された。これにより、同じく銅線を使う10BASE-Tからの移行が容易になった。

100BASE-TXでは、2対のUTPケーブルとRJ-45コネクタを使用し、リンクの最大長が100メートルである点などが10BASE-Tと類似している。ケーブルの各対は、送信専用と受信専用が独立しているため、両端の機器が対応していれば全二重通信が可能である。1台のリピータで構成するLANの最大長は200mで、2台のリピータなら205mである。

●100BASE-FX＋光ファイバ

100BASE-FXは、FDDIの標準規格

を流用して策定され、FDDIにより普及したマルチモード光ファイバ(MMF)ケーブルを2組使用する。各組は送信専用と受信専用に独立しているため、100BASE-TXと同じく両端の機器が対応していれば、全二重通信が可能である。端末と端末、スイッチとスイッチ、スイッチと端末をつなぐリンクの最大距離は半二重通信で412メートル、全二重通信では2000メートルである。1台のリピータで構成するLANの最大長は320メートル、2台のリピータで構成するなら228メートルとなる。

● **100BASE-T4＋4対の**
　カテゴリ3 UTPケーブル

100BASE-TXや100BASE-FXは、既存のFDDIやCDDIの規格を流用したのに対し、100BASE-T4は新しく作られた規格である。それまで10BASE-Tで大量に導入されたカテゴリ3のケーブルを利用することを目的として考案されたものだ。100BASE-T4では、カテゴリ3以上のUTPケーブルで、4対の心線を使用する。100BASE-TXや100BASE-FXと違い、送信専用と受信専用の対が独立していないので、全二重通信は不可能である。

● **100BASE-T2＋2対の**
　カテゴリ3 UTPケーブル

100BASE-T2は、実際には製品が存在しない規格である。ただし、第3章で紹介するギガビットEthernet（1000BASE-T）の基盤技術なので、簡単に説明しておこう。

100BASE-T2は、カテゴリ3のUTPケーブルで、データ伝送用に2対の心線しか使用できない場合でも100Mbpsの伝送速度を実現するために考案されたものだ。また、100BASE-T4では不可能だった全二重通信にも対応する。その後、DSPなどさまざまな技術の進歩によりカテゴリ3の2対の心線だけで100Mbpsのデータ伝送を可能にしたが、2年早く標準化された100BASE-TXが市場を制してしまったため、製品化されることなく幻の技術となってしまった。

表2-1は、これら4つの100Mbps Ethernet規格と10BASE-T規格の比較である。現在の100Mbps Ethernetとして普及しているのは、100BASE-TXとカテゴリ5のUTPケーブルだ。100BASE-T4方式はほとんど使われていない。現在使われているのは、100BASE-TXと光ファイバを使用したFXだけといってよい。

100BASE-Xの仕様

100BASE-TXと100BASE-FXの2つをまとめて「100BASE-X」と呼ぶ。100M

100Mbps Ethernet 第2章

表2-1●各規格の物理層の比較

	10BASE-T	100BASE-TX	100BASE-FX	100BASE-T4	100BASE-T2
IEEE標準規格名	802.3i	802.3u	802.3u	802.3u	802.3y
使用ケーブル	UTPカテゴリ3	UTPカテゴリ5・STP	光ファイバ(SMF・MMF)	UTPカテゴリ3	UTPカテゴリ3
必要な心線数	2組	2組	2組	4組	2組
送信に使う心線数	1組	1組	1組	3組	2組
符号化方式	マンチェスタ符号	4B/5B+MLT-3	4B/5B+NRZI	8B6T	PAM 5x5
信号周波数	20MHz	125MHz	125MHz	25MHz	25MHz
セグメントの最大長	100m	100m	2000m	100m	100m
全二重対応	○	○	○	×	○

bps Ethernetの4種の規格のうち、現在はこの100BASE-Xだけが使われている。ここでは、LANの主流となった100BASE-Xの技術を見ていこう。

100BASE-Xは、ANSI（アメリカ規格協会）のFDDI規格の伝送技術を流用した100Mbps Ethernet方式の総称で、100BASE-TXと100BASE-FXの2つの規格がある。なお、100BASE-TXの規格には、Ethernetの対抗技術だったトークンリングで使用されるSTP（シールドつきツイストペア）ケーブルも含まれているが、STPケーブルに対応した100BASE-TX製品はほとんど存在しない。

まずは、OSI7階層モデルにのっとって100BASE-Xの動作原理を見てみよう。100BASE-Xでは、銅線と光ファイバの違いによる差異を少なくするため、PCS（物理符号化副層）／PMA（物理媒体接続部）／PMD（物理媒体依存部）と呼ばれる3つの層に分割し、最下層のPMDを交換するだけで伝送媒体を変更できるように設計されている（図2-3）。

またEthernetフレーム形式やアクセス制御については、10Mbps Ethernetと同じだ。100BASE-Xを含む100Mbps Ethernetを流れるデータフレームは、IEEE802.2形式である。また、100Mbps Ethernetの媒体アクセス制御（MAC：Media Access Control）も10Mbps Ethernetと同じCSMA/CDを採用し、半二重通信をサポートしている。伝送速度が10倍になり時間に関するパラメータが表2-2のように10分の1になったこと以外は、10Mbps Ethernetと変わらない。

さまざまな符号化方式

符号化とはデータを伝送信号（電気パルス）に変換する際に利用する技術だ。伝送距離が長くなったり同じ信号が連続して送られる場合でも、通信相手が信号を誤認識せず正しく復元できるよう、多様な方式が研究されて実用化もされている。100BASE-Xでは、「4B/5B符号化」「NRZI符号化」「MLT-

第2章　100Mbps Ethernet

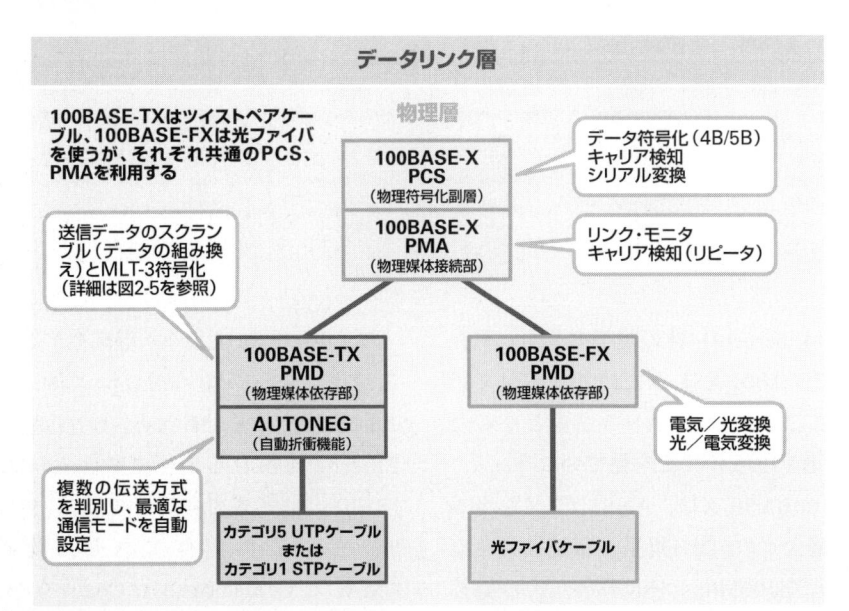

```
                        データリンク層
                        ─────────
                          物理層
100BASE-TXはツイストペアケー
ブル、100BASE-FXは光ファイバ         100BASE-X        → データ符号化(4B/5B)
を使うが、それぞれ共通のPCS、           PCS             キャリア検知
PMAを利用する                      （物理符号化副層）      シリアル変換

                                 100BASE-X
送信データのスクランブ                   PMA           → リンク・モニタ
ル（データの組み換                   （物理媒体接続部）      キャリア検知（リピータ）
え）とMLT-3符号化
（詳細は図2-5を参照）

        100BASE-TX              100BASE-FX
           PMD                     PMD
       （物理媒体依存部）           （物理媒体依存部）
                                                 → 電気／光変換
        AUTONEG                                    光／電気変換
       （自動折衝機能）

複数の伝送方式
を判別し、最適な
通信モードを自動
設定              カテゴリ5 UTPケーブル       光ファイバケーブル
                     または
                 カテゴリ1 STPケーブル
```

図2-3 ● 100BASE-Xの機能構成：100BASE-Xでは、物理層をさらに3つの層に分割し、それぞれで符号化が行なわれている

表2-2 ● 10Mbpsと100Mbps EthernetのMACパラメータ

	10Mbps	100Mbps
スロット時間（秒数）	51.2μ秒	5.12μ秒
最小フレーム長	64バイト	64バイト
最大フレーム長	1518バイト	1518バイト
インターフレームギャップ	9.6μ秒	0.96μ秒
MACアドレスサイズ	48ビット	48ビット

3符号化」の3つの符号化を組み合わせて利用している。それぞれ、先に説明した物理層のPCS/PMA/PMDで処理が行なわれる。

まずPCS（物理符号化副層）では、4B/5Bと呼ばれる符号化が行なわれる。4B/5B方式とは、1バイト（8ビット）のデータを2分割し、4ビットずつを1つの塊（ニブル）として5ビットの符号に変換するものだ（図2-4）。4ビットは16の値で表わされるが、5ビットは32値なので、利用できる信号値が増える。

このように信号値を増やすことで、次のようなメリットが生まれる。それは、受信側が信号の同期を取りやすくなることだ。送信側からの信号が変化せず長時間「0」だけの信号が続く場

100Mbps Ethernet 第2章

```
送信データ 100Mbps
1001  1101  0110
```

4ビット（4B）ずつのひと塊が「ニブル」

4B/5B符号化は、1バイトの半分の4ビットを1つの塊（ニブル）として、5ビットの値に変換する。データ符号化後の伝送速度は、4分の5倍の125Mbpsとなる

4B/5B符号化

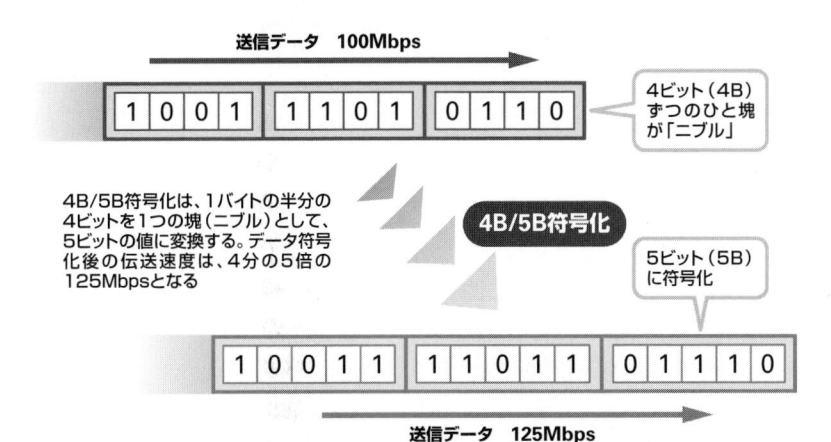

5ビット（5B）に符号化

```
10011  11011  01110
```
送信データ 125Mbps

図2-4●4B/5B符号化：4B/5B符号化では、4ビットずつを1つの塊（ニブル）として5ビットの符号に変換する

合、受信側では電気的に信号の同期を取ることが難しくなる。これはつまり、受信したデータを正確に復元できなくなってしまうということだ。10Mbps Ethernetではデータが存在しない期間は無信号状態になり、次のデータが送信される際に再同期を行なっている。これは10Mbpsの速度であれば問題ないが、伝送速度を上げていくと再同期が間に合わず、データを復元できない問題を起こす可能性が高くなる。そこで100BASE-Xでは、信号として0が3つ以上続かないようにする仕組みを考えた。4B/5B符号化では、0が3つ以上続かないようにビットが変換されるようになっている。またデータが存在しない期間でも4B/5B方式により「11111」のアイドル信号（伝送データが存在しないことを表わす信号）を流すことで、

受信側が継続して同期を取り続けられる。

一方、4B/5B符号化にはデメリットもある。それは、データの伝送量が多くなることだ。データが4ビットごとに1ビット余分に伝送されるので、100ビットの実データを伝送するには、電気信号としては125ビットを伝送する必要があるからだ。

NRZI符号化とMLT-3符号化

4B/5B方式で符号化されたデータは、次にPMA（物理媒体接続部）でシリアル（直列）信号に変換される。ここではNRZI（Non Return to Zero Inversion）と呼ばれる符号化が行なわれる。NRZIとは、2値の信号レベル（高・低）の変化によって値を表現する符号化方

第2章　100Mbps Ethernet

式だ（図2-5）。ビット値「1」を伝送するときは、信号レベルが高から低、または低から高へ変化する。一方、ビット値「0」では、レベルの変化がないという方式だ。

100BASE-FXでは、PMAから受け取ったNRZI符号の信号を、最後にPMD（物理媒体依存部）でそのまま光のオン／オフ信号へ変換して伝送媒体（光ファイバ）へ送出する。

一方の100BASE-TXでは、銅線ケーブルを使うことで発生するノイズ障害を避けるために、PMDでの処理は100BASE-FXよりも複雑になっている。

100BASE-TXで、PMAから受け取ったNRZI符号の信号は、まず、NRZ（Non Return to Zero）符号へ変換される。NRZ符号化は先のNRZI符号化よりもさらに単純で、単にビット値「1」を信号レベル高、ビット値「0」を信号レベル低へ置き換えるだけで、符号化とすらいえない簡単なものだ。これに加えて、ノイズを減らすためスクランブル処理（データ列の組み替え）をほどこし、最後にMLT-3（Multi level Transmition-3）符号化を行なって伝送媒体（UTPケーブル）へと送出する。

MLT-3符号化とは、3つの値の信号レベル（高・中・低）の変化によりビット値を表現する符号化方式である（図2-5）。ビット値「1」を伝送するときに信号レベルが変化し、ビット値「0」の場合はレベルの変化がない。信号レベルの変化は、中→高→中→低→中→高などといった具合に変化するようになっている。この電圧変化の波形を電気的に眺めると、もとのNRZI符

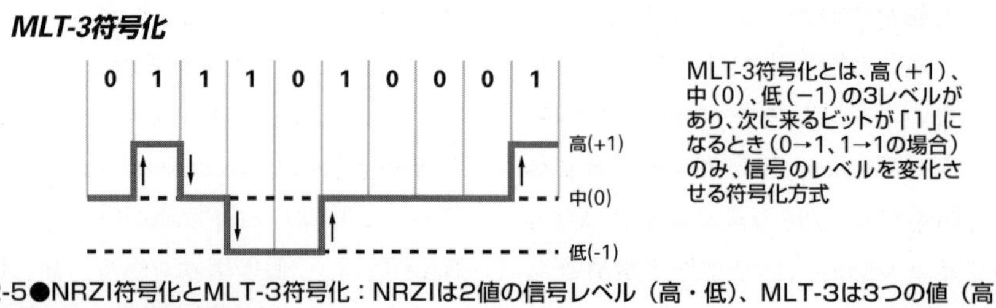

NRZI符号化

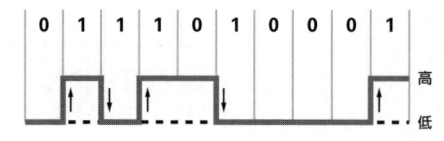

```
0 1 1 1 0 1 0 0 0 1
```
高／低

NRZI符号化とは、次にくるビットが「1」になるとき（0→1、1→1の場合）のみ、信号のレベルを反転させる符号化方式

MLT-3符号化

```
0 1 1 1 0 1 0 0 0 1
```
高(+1)／中(0)／低(-1)

MLT-3符号化とは、高(+1)、中(0)、低(-1)の3レベルがあり、次に来るビットが「1」になるとき（0→1、1→1の場合）のみ、信号のレベルを変化させる符号化方式

図2-5●NRZI符号化とMLT-3符号化：NRZIは2値の信号レベル（高・低）、MLT-3は3つの値（高・中・低）でビット値を表現する

号よりもずっと低い周波数の波になる。つまり、MLT-3は、高周波数特性のよくないUTPケーブルに向いた（ノイズに強い）符号化処理なのだ。

10Mbpsと100Mbpsの混在環境

100Mbps Ethernetの実用化によって、これまでの10BASE-Tとあわせて、UTPケーブルとRJ-45のモジュラジャックを使用するLANの規格が複数存在することになった。これにより、ケーブルを見ただけではどの規格を使っているか判断することが難しくなった。複数の規格が混在して利用されることも容易に想定されたため、NICやハブ、スイッチなどの機器間で情報をやり取りし、自動的に最適な通信モード（伝送速度や全二重／半二重など）を設定する機能が必要になった。これが「オートネゴシエーション」機能である。オートネゴシエーションは、IEEE 802.3uとして規格化されている。

オートネゴシエーションはIEEE 802.3u規格のオプション機能であり、実装が義務づけられているわけではない。ただし、現在出荷されている100Mbps Ethernet製品はほとんどすべて対応していると考えてよい。また、ギガビットEthernetでは標準規格となっている。オートネゴシエーションの基本動作は、次の通りである（図2-6）。

まず、UTPケーブルの両端に接続された装置がどちらもオートネゴシエーションを備えていれば、双方が動作可能なもっとも速いスピードに、動作状態を自動的に調整する。つまり、より高速なモードを優先して選択するようになっているということだ。

また、同レベルの伝送速度が利用できる場合は、要求されるケーブルの品質が低いものを選択する。ただし、ケーブルの品質を自動的に検出する機能は含まれていない。つまり100BASE-TXの機能を持つ機器同士がカテゴリ3のUTPケーブルに接続されている場合には、手動で100BASE-TXが動作しないように設定する必要があるということだ。

100BASE-Xの機器

100BASE-Xで利用する機器は、その大半が100BASE-TXに対応している。工場の建屋間や高層ビルのフロア間などを接続する場合、あるいは100BASE-TXの最大値である100メートルを超える場合などに100BASE-FX製品が必要になる。ただほとんどの利用シーンでは、100BASE-TX規格の製品が主流だ。ここでは100BASE-TXで利用するネットワーク機器について紹

第2章 100Mbps Ethernet

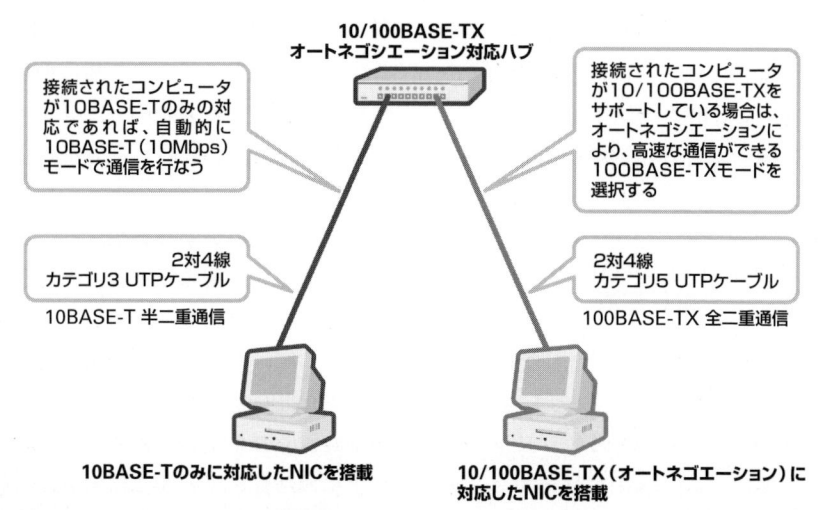

図2-6●オートネゴシエーションの動作例：オートネゴシエーションとは、自動的に最適な通信モード（伝送速度や全二重／半二重）を設定する機能だ

- 10/100BASE-TX オートネゴシエーション対応ハブ
- 接続されたコンピュータが10BASE-Tのみの対応であれば、自動的に10BASE-T（10Mbps）モードで通信を行なう
- 接続されたコンピュータが10/100BASE-TXをサポートしている場合は、オートネゴシエーションにより、高速な通信ができる100BASE-TXモードを選択する
- 2対4線 カテゴリ3 UTPケーブル / 10BASE-T 半二重通信
- 2対4線 カテゴリ5 UTPケーブル / 100BASE-TX 全二重通信
- 10BASE-Tのみに対応したNICを搭載
- 10/100BASE-TX（オートネゴエーション）に対応したNICを搭載

介しよう。

まずはNIC（ネットワークインターフェイスカード）である。パソコンを100BASE-TXのネットワークにつなぐには、100BASE-TXに対応したNICが必要だ。クライアント用であれば、現在量販店で1000円程度から買える10/100BASE-TX両対応のNICで十分だ。サーバ用なら、そろそろギガビット対応（1000BASE-T/100BASE-TX両対応）のNICも視野に入れたいが、こちらも1万円未満で買えるようになってきた。

次に利用されるのが、複数台のパソコンを接続するためのリピータハブである。数年前に100BASE-TXが市場に出始めたころにはリピータハブも多く使われていたが、現在ではスイッチが主流だ。リピータではネットワークの拡張性が非常に制約される上に、現時点ではスイッチとの価格差がほとんどなくなってきた。そのためリピータハブを使う必然性はまったくない。そもそも入手可能な製品も激減している。

リピータハブに代わって登場したのが、スイッチである。現在では、全ポートが10BASE-T/100BASE-TXに対応したスイッチがネットワーク機器の主流だ。スイッチ製品には、ルーティング機能を持つL3（レイヤ3）スイッチと、ルーティング機能を持たないL2（レイヤ2）スイッチがある。ワークグループ規模のオフィスではL2スイッチで十分だろう。SNMP（Simple Network Management Protocol）を使った管理機能が充実した「インテリジ

ェント（L2）スイッチ」でもポート単価が数千円未満である。管理機能がない「ノンインテリジェントスイッチ」では、ポート単価が1000円未満と価格も安くなってきた。スイッチはいまや、リピータハブを市場から完全に駆逐してしまった。

100BASE-Xとスイッチの機能

100Mbps Ethernetで主流のネットワーク機器であるスイッチ。最後に、スイッチの主要な機能について見ていこう。スイッチの代表的な機能としては、「全二重通信への対応」と「フロー制御」が挙げられる。

Ethernetでは、メディアへのアクセス制御方式として、CSMA/CDを利用している。これにより、旧来のリピータハブを用いたネットワークでは、ある端末が送信している間は、同一のリピータに接続された他の端末は送信を行なうことができない。これは単体の端末にもいえることで、1台の端末が送信しているときは、受信ができないということになる。この状態を「半二重通信」と呼ぶ。

これに対し、スイッチを使うことでデータの送受信を同時に行なうのが「全二重通信」である。UTPケーブルの2対の心線を使う100BASE-TXも、光ファイバの2組の心線を使う100BASE-FXも、送信と受信を独立した心線で行なう仕様なので、全二重通信に対応している。

全二重通信は、IEEE802.3x規格で標準化されている。現在市販されているスイッチやNICのほとんどは、IEEE802.3xで規定された全二重通信を実装している。IEEE802.3xに対応したスイッチとNICを組み合わせれば、オートネゴシエーションで「上り100Mbps＋下り100Mbps＝200Mbps」の帯域が利用できる。

また全二重通信に付随するメリットとして、ケーブル長の制限が緩和されていることが挙げられる。全二重通信ではメディアの共有が行なわれず、衝突を検知して通知する必要もなくなる。よってスイッチを使うことで、ネットワークの最大延長が伸びることになる。100BASE-FXの規格では、マルチモード光ファイバ（MMF）を使って2000メートルまでリンクの最大長を伸ばすことができる。また規格にはないが、シングルモードの光ファイバ（SMF）ケーブルを用いて、リンクの最大長を80キロメートルまで延長する製品も存在する。

全二重通信とともに100BASE-Xのスイッチで利用できる機能としては、「フロー制御」が挙げられる。フロー制御は、処理速度が異なるさまざまな

第2章　100Mbps Ethernet

機器が混在するネットワークに必須の機能で、基本的にスイッチに実装されることになっている。

100BASE-TXのネットワークで、サーバ1台に対して複数台のクライアントからデータを送信する場合を考えてみよう。複数のクライアントが1台のサーバに向けて送信すると、サーバに向けて送出可能な量をはるかに超えるフレームがスイッチに集まる。スイッチには通常、このような場合にフレームを一時的に貯めておくバッファが用意されている。しかしこの状態が長く続くと、スイッチのバッファは一杯になってしまう。この状態を、「バッファのオーバーフロー」と呼ぶ。バッファがオーバーフローしてしまうと、データが破棄されてしまうことになる。データの消失を防ぐためには、スイッチが各クライアントに対して送信を一時停止するように合図を出さなければならない。これが「フロー制御」である。フロー制御は、半二重／全二重通信でその方法が異なる。

半二重通信の場合、スイッチがクライアントに向けて擬似コリジョンを起こす（コリジョンが発生しているかのようにジャム信号を送出する）という方法がとられる。スイッチはその間に、バッファにたまったデータをサーバ側に向けて送出し、バッファを空けることができる。

ところがスイッチとクライアントの接続が全二重通信だと、スイッチが擬似的にコリジョンを発生させるだけではクライアントからの送信処理を止めることはできない。そこで、「ポーズ(Pause)フレーム」と呼ばれる特殊なフレームを送ることにより、フロー制御を行なっている。ポーズフレームは、全二重通信を規定したIEEE802.3xで、あわせて規格化されているものだ。

ポーズフレームを実装したスイッチは、受信バッファが溢れそうになると、データを送信してくる端末に向けてポーズフレームを連続的に送出する。ポーズフレームを受信した端末は、それが送られている間は送信を中断し待機することにより、バッファのオーバーフローが防げる仕組みになっている。

COLUMN
リピータハブの前身「マルチポートトランシーバ」
文●グローバル ナレッジ ネットワーク　横山哲也

　筆者がEthernetに初めて触れたのは、1987年に当時のDECに入社したときである。大学ではメインフレームとPCを使っていたが、メインフレームはEthernetをサポートしなかったし、PCはネットワーク化されていなかった。当時、すでにUNIXを使ったネットワークを構築していた学校もあったようだが、残念ながら筆者はそうした環境には恵まれなかった。

　入社当時のEthernetはほとんどが10BASE5だった。また「マルチポートトランシーバ」と呼ばれる機器が広く使われていた（写真）。通常10BASE5のEthernetは、ケーブルにタップを立て、トランシーバ経由でコンピュータと接続する。しかしタップを立てる作業は意外に難しく、面倒であった。そのため、1台のトランシーバで複数のコンピュータをサポートすることが考えられた。

　これがマルチポートトランシーバである。形式的には現在のリピータハブと同じ扱いである。実際、内部的にもリピータハブだったようで、マルチポートトランシーバは最大2段までカスケード接続できた。「リピータハブの段数制限は4段では？」といぶかる人もいるだろうが、同軸ケーブルの場合、リピータは最大2段までしかサポートされないのだ。

　その後10BASE2が登場し、トランシーバはネットワークカードに内蔵されるようになった。トランシーバが不要なので、設置はずいぶん楽になったが、一筆書き的な接続経路を考えたり、BNCコネクタがしばしば緩んだり、面倒な点もあった。筆者が自宅に初めてLANを導入したのは1994年の暮れで、これも10BASE2であった。ただし10BASE-Tの普及の兆しはあったので、10BASE-Tと10BASE2の両用タイプを購入したことを覚えている。

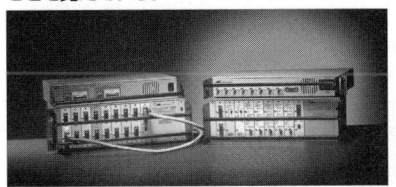

写真●マルチポートトランシーバ
（写真提供：アライドテレシス）

第3章 ギガビットEthernet

銅線ギガビットの低価格化でデスクトップまで普及

策定当初の疑念とは裏腹に、現在は誰もがふつうに100BASE-TXを使っており、「次はギガビットで」というのも当然の流れになっている。本章では、企業のバックボーンとして不可欠な存在となったギガビットEthernetについて解説していく。

100Mbpsから ギガビットEthernetへ

Ethernetの進化は10倍ゲーム

　IEEEが100Mbps Ethernetの規格を承認したのは1995年6月だが、休む間もなく、その年の11月にはギガビットEthernetを検討するIEEEの規格検討委員会（タスクフォース）が発足している。100Mbps Ethernetの実現で、EthernetのCSMA/CD MAC方式が「スケーラブル」であることが証明され、Ethernetの速度を10Mbpsから100Mbpsへ10倍にすることができた。次のターゲットも速度を10倍、すなわち1000Mbps（1Gbps）にしようというのは必然的な動きだったわけだ。

　この頃、すでに先進諸国でサービスが提供されていた商用インターネットのユーザーは世界中で爆発しつつあり、同時にインターネット技術を企業内システムに流用したイントラネットの構築もまた加速していた。この結果、企業内で部門ごとに分散していたサーバの集約化が進み、データネットワークを使った映像のデジタル配信が普及するなど、急速にギガビットEthernetの市場が立ち上がるのは明らかだった。

　ギガビットEthernetのブレイクを目前にした現在でもこの事情は同じで、2002年6月には10Gbps Ethernetの標準化（IEEE802.3ae）が完了した。

ギガビットEthernetの規格は4種類

　ギガビットEthernetの標準規格は

IEEE802.3zとIEEE802.3abの2つに大別されているが、伝送媒体に着目するとさらに4つの仕様に細分される。IEEE802.3z規格は短波長光ファイバを使う1000BASE-SX、長波長光ファイバを使う1000BASE-LX、二芯平衡型同軸ケーブルを使う1000BASE-CXの3つの仕様を規定し、IEEE802.3ab規格はUTPケーブルを使う1000BASE-Tの仕様を規定している。このうち、同軸ケーブルを使う1000BASE-CXは実際には使われていないため、現在利用されているギガビットEthernet製品の仕様は3種類だ。

1000BASE-SXはマルチモード光ファイバ（MMF）を伝送媒体とし、波長850n（ナノ）mの短波長レーザーを使う。1000BASE-LXはシングルモード光ファイバ（SMF）またはMMFを伝送媒体とし、波長1330nmの長波長レーザーを使う。1000BASE-SXはネットワーク機器は安いが、伝送距離が比較的短く、1000BASE-LXは伝送距離を比較的長くできるがネットワーク機器が高いという特徴がある。これは、光ファイバの構造上の違いにより、MMFでは電光変換素子に精度の低い安価な発光ダイオードが使えるが、SMFでは精度の高い高価な半導体レーザーしか使えないからであり、特に1000BASE-LXのSMF対応機器は突出して高価である。このため、数百メートル以上のリンクが必要不可欠な場合にのみSMFの1000BASE-LXが使われ、それより小規模なネットワークでは1000BASE-SXが使われる。

1000BASE-CXは同軸ケーブルを使い、配線クロゼット（ラック）内のネットワーク機器の相互接続を目的としたが、1000BASE-Tの登場もあって、ほとんど使われていない。

1000BASE-Tはカテゴリ5以上のUTPケーブルを使う。主として企業のワークグループやSOHO、一般家庭のデスクトップLANで使われる（図3-1）。

ギガビットEthernetの技術

ギガビットEthernetでは、媒体アクセス制御（MAC）に10Mbps/100Mbps Ethernetと同じCSMA/CDによる半二重通信のサポートが引き継がれた。このため、ギガビットクラスの伝送速度を保証しながら衝突検出に必要な時間的余裕を確保する必要が生じ、半二重通信モードで2つの技術拡張が行なわれた。これが「キャリア拡張」と「フレームバースト」である。

①キャリア拡張（Carrier Extention）

CSMA/CDを正確に動作させるには、「最小のフレームを送出するのにかかる時間（スロットタイム）よりも、電

第3章 ギガビットEthernet

	1000BASE-SX (850nmの短波長レーザー)	1000BASE-LX (1330nmの短波長レーザー)	1000BASE-CX	1000BASE-T (802.3ab)
略語の意味	Short Wavelength	Longlength	Coax	Twisted Pair Cable
伝送媒体	マルチモード光ファイバ (MMF)	マルチモード光ファイバ (MMF) / シングルモード光ファイバ (SMF)	2心平衡型同軸ケーブル	UTPケーブル (カテゴリ5以上)
最大伝送距離	220～550m	550m(MMF)/ 5000m(SMF)	25m	100m
符号化方式	8B/10B	8B/10B	8B/10B	8B1Q4

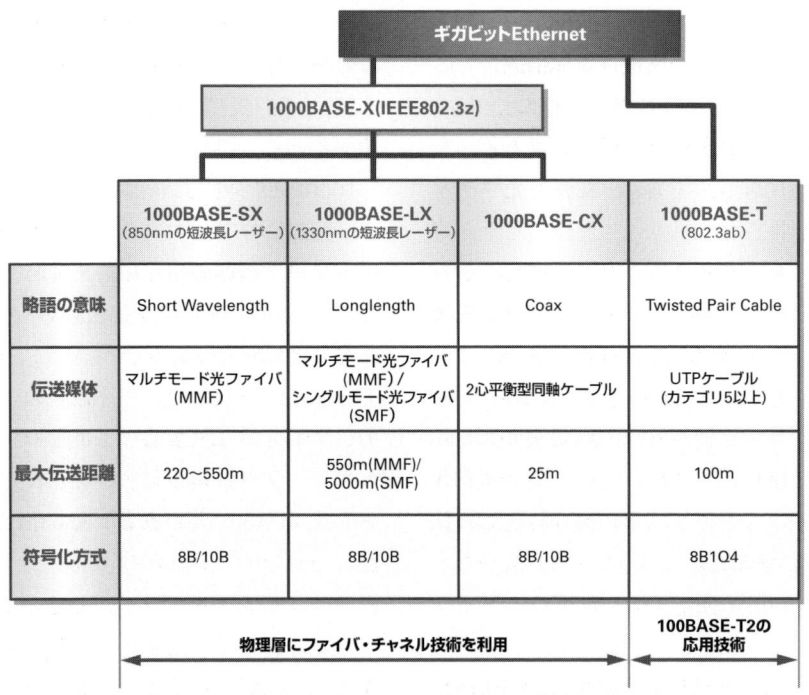

全体: 1000BASE-X(IEEE802.3z)
1000BASE-SX/LX/CX: 物理層にファイバ・チャネル技術を利用
1000BASE-T: 100BASE-T2の応用技術

図3-1●ギガビットEthernetの種類：ギガビットEthernetは大きく2つの規格に分かれる。光ファイバを用いる1000BASE-LXとSXが先に標準化され、銅線を使う1000BASE-Tはあとから登場した

気信号がネットワークの端から端まで往復する時間の方が短い」ことが必要である。これが保証されない場合、伝送エラーが発生する。伝統的なEthernetの最小フレーム長は64バイト（＝オクテット　512ビット）だが、これを1Gbpsで計算すると

1Gbps：512÷1Gbps=0.512μ秒
（10Mbps：512÷10Mbps=51.2μ秒
100Mbps：512÷100Mbps=5.12μ秒）

がスロットタイムとなる。

ここで、1台のリピータに2台の端末をつなげたネットワークを想定する。信号の往復距離はリンク長（リピータと端末との距離）の4倍なので、リンクの最大長100mを維持すると、往復距離は最大400mだ。銅線上の電気信号は100mあたり0.556μ秒で進むので、400m進むには2.224μ秒かかる。実際にはさらにリピータ内で伝送遅延が生じるため、2.5μ秒程度となる。ところが前述のようにギガビットではスロットタイムは0.512μ秒なので、CSMA/CDは正確に機能せず、半二重通信は

第3章 ギガビットEthernet

実現不可能となる。

そこで、ギガビットEthernetではスロットタイムを4.096μ秒に拡張し、CSMA/CDを正確に動作させながらリンクの最大長100mを確保した。これは512バイト（4096ビット）のデータ送出時間に相当する値だ。そして、フレーム長が512バイト未満のフレームを送信する場合にのみ、「キャリア拡張（Carrier Extention）」により、「パディング（意味を持たない調整用のバイト列）」をEthernetフレームの後に付加している。つまり、見かけ上の最大フレーム長を512バイトにしているわけだ（図3-2）。

②フレームバースト（Frame Burst）

半二重通信モードでは、上記のキャリア拡張によってフレーム内の無意味な部分が増大するため、転送効率が下がることが予想される。64バイトの最小フレームが連続する場合、データ転送速度が実効122Mbpsにしかならない。そこで考案されたのが「フレームバースト（Frame Burst）」である。

フレームバーストの仕組みは、ある端末が最初のパディング付きフレームの送信に成功すると、引き続き、合計で8192バイトに達するまでキャリア拡張のないフレームを連続して送信することができる、というものだ。従来のEthernetではフレームの切れ目（インターフレーム・ギャップ）で送信を止めるが、バースト送信ではパディングを送信し、伝送路を占有し続ける。

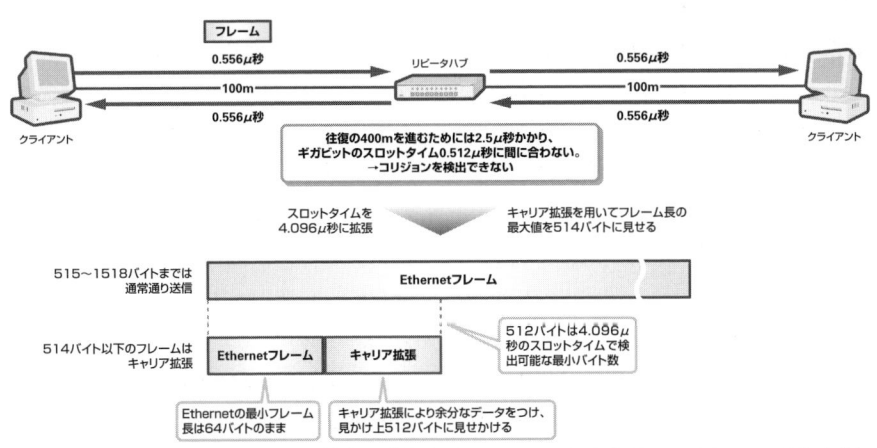

図3-2●スロットタイムとコリジョン検出：ギガビットEthernetは100Mbps Ethernetよりさらにコリジョン検出の条件が厳しくなる。そのため、スロットタイムを延ばしたり、キャリア拡張によって最小フレーム長を延ばす方法がとられている

第3章 ギガビットEthernet

1000BASE-Tの技術

ここでは、今後もっとも普及すると見られている、UTPケーブルの1000BASE-Tの仕組みに焦点を当ててみることにしよう。

①4対の信号線でDual-Duplexの通信

10BASE-Tで使うUTPケーブルも1000BASE-Tで使うUTPケーブルも、基本的には同じ構造である。銅線をプラスチック絶縁した8本の心線を2心1対でより合わせ、4対のより対線（ツイストペアケーブル）としている。これをポリ塩化ビニール製の保護シースで被覆したケーブルが、UTPケーブルである。

100Mbps Ethernetの100BASE-TXは、データの送信用と受信用に各1対を独立して使っている。この場合、UTPケーブルの4対のうち2対は使われていない。これに対し、1000BASE-Tでは100BASE-T2の技術を流用して、4対すべての心線で送受信を同時に行なう。これをDual-Duplex伝送（デュアル全二重通信）といい、上りと下りの信号を正しく混成／分離するハイブリッド回路が使われる。一方、全二重通信は、カテゴリ3のUTPケーブルの2対だけで100Mbpsの伝送を実現している。Dual Duplex伝送はこれをさらに拡張し、カテゴリ5のUTPケーブルの4対の心線すべて使う。1000BASE-Tはこの100BASE-T2の技術を継承したものといえる（図3-3）。

②符号化方式は 8B1Q4

100Mbps Ethernetでも説明したが、「符号化」とは伝送距離が長くなったり、同じ信号が連続して送られる場合でも、通信相手が信号を誤認識せず正しく復元できるように用いられる技術である。

1000BASE-Tでは、8ビットのデータを1クロックあたり5値化して、4本のケーブルで送る「8B1Q4（8bit-1 Quanary Quartet：8ビット-1/5値4組）符号化方式」が採用された。この方式は、①送信データ（MACフレーム）を8ビットごとに区切ってスクランブル関数にかけ、②その結果にエラー検出用ビットを付加して9ビットの符号を作成し、③この9ビット符号を対応表を用いて4組の5値符号に変換する、というものだ。信号の区別は最終的には電圧の違いになるので、エラー検出用ビットを付加することで伝送の信頼性を高める必要がある。かつ9ビット（$2^9=512$）を4組5値（$5^4=625$）の信号に割り当て、残った符号をパケットの終了や無通信状態などを表わす通信制御用の符号として使っている。

さらに1000BASE-Tでは、上記の

ギガビットEthernet　第3章

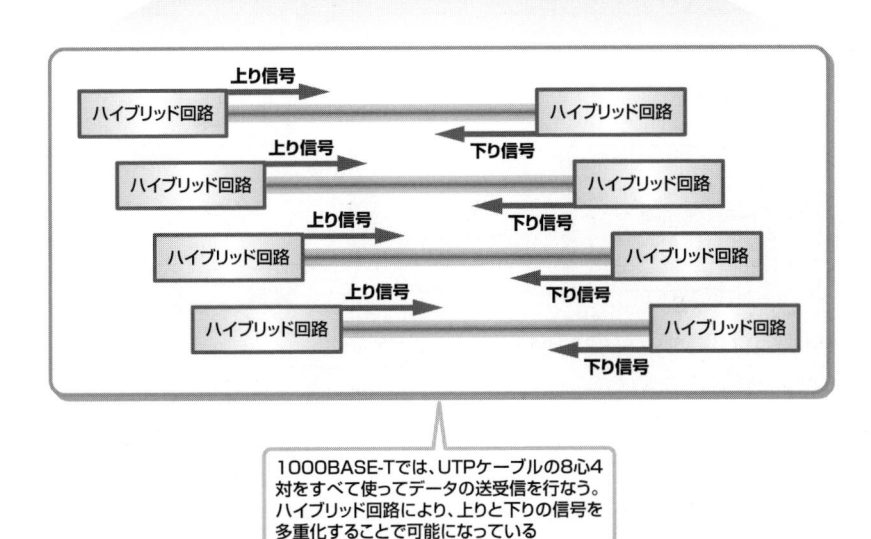

図3-3●8心4対を使ってのDualDuplex通信：1000BASE-Tで1Gbpsを実現できたのは、UTPケーブルの8心4対をすべて使うDualDuplexを実現できたため。1対あたり250Mbps×4で1000Mbpsとなっている。この8心4対に効率的に信号を流すためには図3-4の符号化技術が必要になる

8B1Q4で5値符号化したデータをケーブルに送り出す際に、100BASE-T2の技術（PAM5x5）を発展させたものを使っている。2値符号（ビット列）の場合には「0、1」の2値を表わす電気信号だけで済むが、5値符号では「+2、+1、0、-1、-2」の5値が必要になる。1000BASE-Tではこれに「+1V、+0.5V、0V、-0.5V、-1V」という電圧差を割り当てている。そして、4組の5値符号をランダム関数を用いて変換し、各対の直流バランスを整えたうえで、4対のより対線を使って一度に送出する（図3-4）。

③伝送周波数は125MHz

②で説明した通り、8ビットの送信データを1クロックでケーブルに載せて送出するので、信号の周波数は1000M÷8=125M（Hz）となる。この値は「UTPケーブルの限界」といわれた100Mbpsの100BASE-TXと同じなので、UTPケーブルも基本的には既存のカテゴリ5が使える。

第3章　ギガビットEthernet

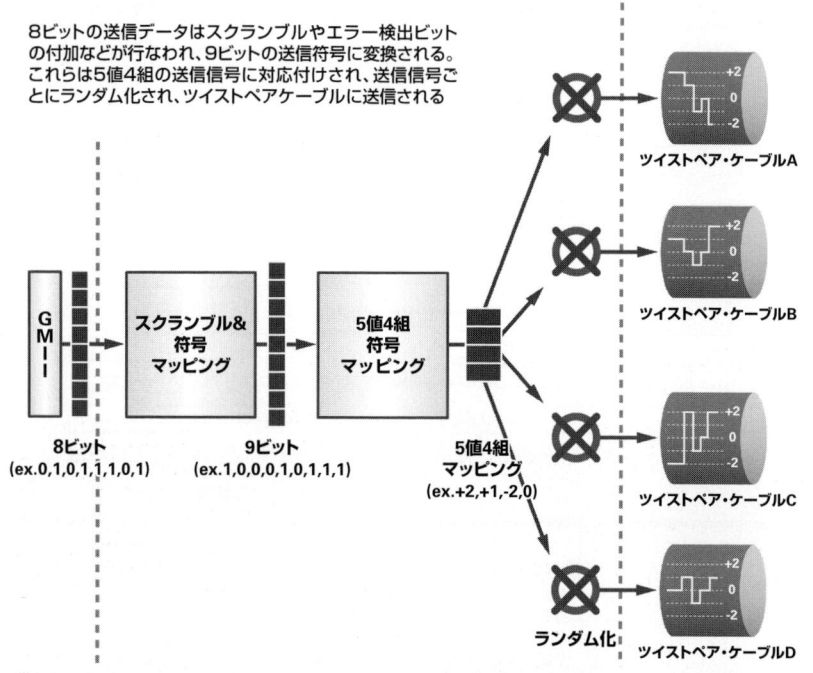

図3-4●8B1Q4の符号化：100BASE-TXでは1クロックあたり、2値（1と0）で送っているが、1000BASE-Tでは1クロックあたり5値（実際は4値のみ使い、残りは信頼性を高めるための余剰）で送信する。4対ケーブルで629種類の符号（データは512種類）を送信でき、残りは制御用符号として用いられる

また、伝送周波数が一致するため、100BASE-TXと1000BASE-Tとでネットワーク機器の部品の共通化を図ることができ、機器費用の低下に寄与している。

④ノイズの除去機構

①で説明したように、1000BASE-Tでは送信と受信が同時に発生し、かつ4対のより対線を同時に使用することから、従来なかった2つの不要信号（ノイズ）が混在するようになった。

まず、上りと下りの信号を同じ対線に同時に流すため「エコー」が発生する。これは送出した信号が自分側や相手側のハイブリッド回路で反射して戻ってくる現象で、電話などで経験がある読者も多いだろう。

これに加えて4つの対線で同時に信号を送受信するため、「クロストーク（漏話）」が発生する。漏話には、自分側の機器から他のより対線を使って送信した信号が混入する「近端漏話」と、相手側の機器から他のより対線を使っ

第3章 ギガビットEthernet

て送信した信号が混入する「遠端漏話」がある。

これを防ぐため、1000BASE-Tでは受信時に4対のより対線の各対ごとに「エコークロストークキャンセラ（ノイズ補正器）」が接続されている。これは自対の送信信号と他の3対の送信信号をフィードバックすることで、これらの不要信号を算出し、除去するという仕組みである（図3-5）。

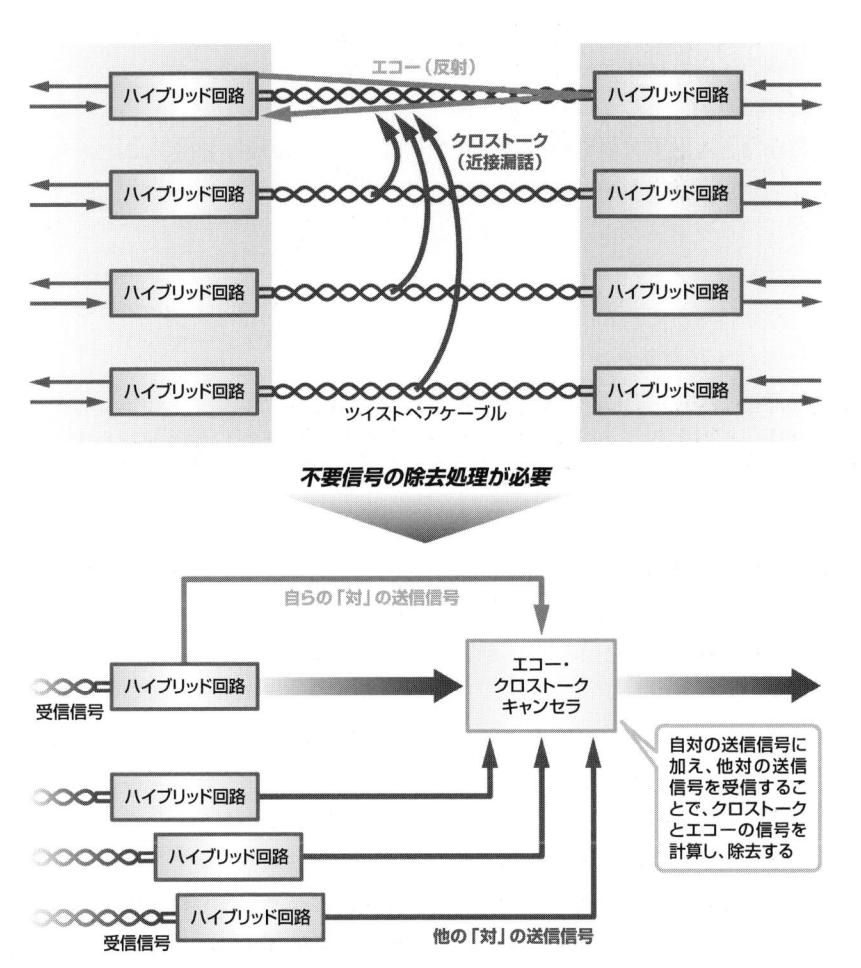

図3-5●エコーとクロストークを除去：UTPケーブルを使うにあたって発生する不要信号（エコーとクロストーク）を、エコークロストークキャンセラで除去する。具体的には自対以外に他の3対の信号を集めて、不要信号を算出し、除去する

1000BASE-Tの利用

光ファイバを利用する1000BASE-SXや1000BASE-LXは伝送距離が長く、信号品質が安定しているというメリットがある。しかし、石英ガラスで作られた光ファイバは折り曲げが難しく、コネクタの圧着もUTPケーブルほど簡単ではないため、一般ユーザーが配線するのはほとんど不可能である。さらにネットワーク機器や配線部品も高価なため、バックボーンネットワーク以外での導入はコストパフォーマンスが悪い。それに対して、100BASE-TX用に敷設した既存のカテゴリ5ケーブルが流用できるのは、1000BASE-Tの大きなメリットだろう。

ただし前述の通り、エコーやクロストークといった1000BASE-Tに特有のノイズの問題があるので、カテゴリ5のUTPケーブルの規格にはない3つの伝送特性（反射減衰量・遠端漏話減衰量・近端漏話減衰量）を満たすケーブルが推奨されている。既設のカテゴリ5のUTPケーブルを1000BASE-Tでも使い続けたいのであれば、ケーブルテスタでギガビットに対応可能かどうか確認しておく必要がある。不適格だった場合でも、ケーブルを短く切り詰めていけば規格をクリアすることが多い。

予算に余裕があってトラブルに悩みたくないなら、やはりギガビットEthernetへの対応テストに合格したケーブルに交換しておこう。適合ケーブルは「エンハンスドカテゴリ5」等の名称で販売されている。また、ギガビットEthernetでの利用を念頭に置いた「カテゴリ6」規格も存在し、「カテゴリ6」に対応したケーブルも存在する。いずれにせよ、最近は「ギガビット対応」とパッケージに目立つように表記されているので、間違えることはないだろう。

ギガビットEthernetのパフォーマンス

せっかくギガビットEthernetを導入したのに、期待したほどパフォーマンスが出ない、というケースがよくある。ここではパフォーマンス向上のための注意点をあげておこう。

①L2スイッチ＋全二重通信

ギガビットEthernetでなくても、パフォーマンスを稼ぐには、L2スイッチ＋全二重通信が必須となる。半二重通信を維持するためにキャリア拡張やフレームバーストなどの工夫がなされたギガビットEthernetだが、現実には半二重通信用のリピータは販売されていない。ギガビットEthernet対応であれば、やはりスイッチなのだ。

第3章 ギガビットEthernet

②フロー制御をきちんと機能させる

既存の10Mbpsや100Mbpsのネットワークをすべて廃棄して、ギガビットEthernetにすべて更新するという「富豪的アプローチ」はなかなか実現しない。段階的に移行していき、当面は既存の100Mbpsのネットワークと共存す

るというのが一般的だろう。この状況では、第2章の「100Mbps Ethernet」で説明した、フロー制御が重要になる。

速度が異なるネットワークがつながったスイッチでは、速い方から入ってきたデータを遅い方が受けきれない。ギガビットEthernetでは10秒で1Gバイ

COLUMN
ジャンボフレームという選択肢

最近ではEthernetのジャンボフレームに対応するギガビットスイッチも登場してきた。ジャンボフレームとは、Ethernetの最大フレームサイズを9K～16Kバイトに拡張する機能である。

ご存じの通り、IEEE802.3開始当初から守られてきたEthernetの最大フレーム長は1518バイトである。しかし、近年は伝送データ容量が飛躍的に伸びたため、今までのサイズに分割し、ヘッダをつける処理がパフォーマンスに影響を与えるようになってきた。そこでギガビット

Ethernetの最大フレーム長自体を拡張するジャンボフレームのオプションを追加したのである。

ジャンボフレームを利用するには、対応のNICとスイッチが必要になる。NICとしてはインテルなどが対応を行なっており、スイッチとしてはアルテオン、エクストリーム、シスコシステムズなどエンタープライズ向けの製品はほぼサポート済みという状態だ。安価な製品も登場しつつあるので、導入する際は64ビット対応とあわせて検討要件に加えておくのがよいだろう。

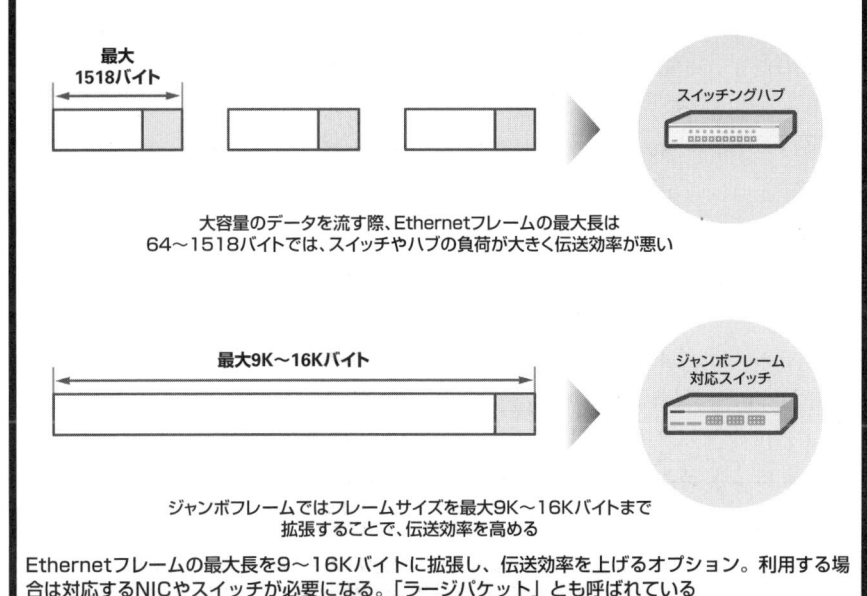

最大1518バイト

大容量のデータを流す際、Ethernetフレームの最大長は64～1518バイトでは、スイッチやハブの負荷が大きく伝送効率が悪い

スイッチングハブ

最大9K～16Kバイト

ジャンボフレームではフレームサイズを最大9K～16Kバイトまで拡張することで、伝送効率を高める

ジャンボフレーム対応スイッチ

Ethernetフレームの最大長を9～16Kバイトに拡張し、伝送効率を上げるオプション。利用する場合は対応するNICやスイッチが必要になる。「ラージパケット」とも呼ばれている

トのデータが流れ込むので、スイッチのバッファを大きくするにも限度がある。バッファあふれによりデータが廃棄されると、再送処理が発生して伝送効率が下がるので、あふれる前に送信を止める機構、すなわちフロー制御が必要だ。ただ、フロー制御は接続された機器のすべてが対応していないと正常に機能しないので、スイッチと端末のLANアダプタ（NIC）のすべてを、IEEE802.3x規格に対応した製品にしておこう。

③バスの帯域

クライアント用のパソコンが原因でパフォーマンスが出ない可能性もある。たいていの場合、ギガビット対応のNICはパソコンのPCIスロットに装着するのだが、一般のパソコンのPCIスロットの規格（PCIバスの帯域）は32ビット/33MHzなので、理論上のデータ処理能力はちょうど1Gbpsとなる。実質的な処理能力はその半分以下になるので、ギガビットにはほど遠い。

パフォーマンスを目いっぱい享受したいのであれば、64ビット／66MHzの帯域を持つPCIバスや、PCIバスと互換性のあるPCI-Xバスをサポートした、サーバやワークステーション用のパソコンを使おう。もちろん、NICのほうもこれらのバス帯域に対応した製品を選択する。

④クライアントのOS

また、パフォーマンスを確保するにはOSの選択も重要である。OSの選択によっては導入効果がほとんど得られない場合すらある。ギガビットでのパフォーマンスを考えればWindows 95や98、NT4など旧来のOSは不向きである。やはり最新のWindows 2000やXPなどのほうが性能は高いし、ギガビット搭載のデスクトップ機があるMacintoshや、サーバOSとしての実績の高く、動作が軽量なUNIXのほうがギガビット環境に向くといわれる。また、サーバの設定やドライバのバージョンなどもパフォーマンスに大きな影響を与える。このようにギガビットEthernetは100BASE-TXの移行のように、単にNICやスイッチを入れ替えば速くなるというものでもないので、注意したい。

ギガビットEthernetの導入パターンとしては、前述したように、すべてギガビットに置き換える「富豪的アプローチ」ではなく、100Mbps環境を温存しつつ、特に効果の高い箇所においてピンポイントで導入するのがおすすめである。

もっとも効果の高いのは、バックボーンへのアップリンクにギガビットEthernetを導入する方法だ（図3-7）。もちろん、バックボーン側がギガビット対応しているという前提が必要にな

ギガビットEthernet　第3章

るが、スイッチの置き換えだけで効果が得られるため導入も容易だ。最近では、アップリンクのみギガビット対応というスイッチングハブがかなり安価に導入できるようになってきた。特に重要なリンクに関しては、リダンダント（冗長）ポートの機能を使って、二重化しておくとよいだろう。

また、サーバ間をギガビットで接続するというのも、パフォーマンス不足を補うよい方法である。複数のアプリケーションサーバが連携している場合や、同時接続の多いデータベースサーバ、ファイルサーバなどがある場合は、これらをギガビットスイッチで集線してしまうとよい。

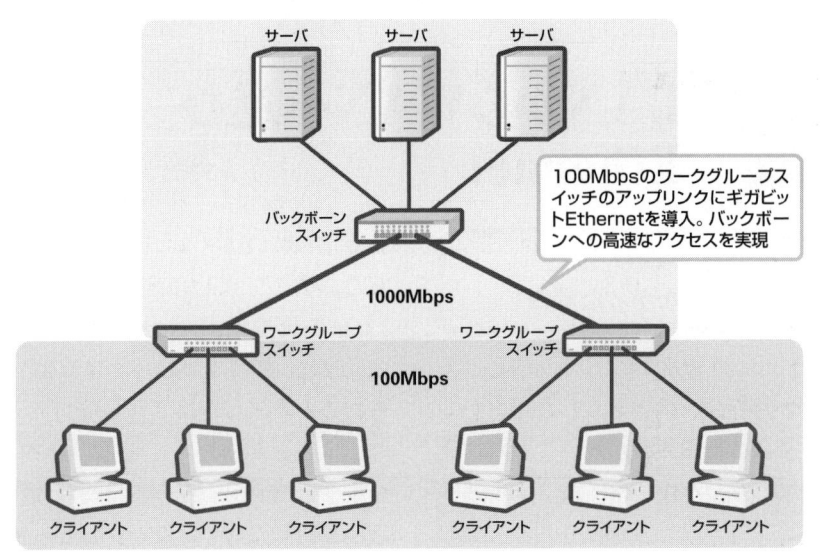

図3-7●ギガビットEthernetをアップリンクに：ワークグループスイッチのアップリンクにギガビットEthernetを導入することで、社内のデータベースサーバやインターネットへの接続が高速化される。機器も安価に提供されており、導入も容易だ

第4章 EthernetはなぜLANだけだったのか?
LANからWANへ

これまでは、EthernetはLANの領域を対象として使用されてきた。しかし、その製品価格の安さから、近年ではWANの領域への進出が著しい。本章では、10Gbps EthernetやWAN向けの機能拡張など、広域Ethernetを支える技術を見ていく。

LANからWANへ進むEthernet

LANでしか使われなかった理由

　Ethernetの普及がLANのみにとどまっていたのは、はっきりした理由がある。それは伝送距離が短いことだ。世界中に普及した10BASE-T、100BASE-TXは、ともに伝送距離が100m。LAN向けのネットワーク規格なのだから、この通信距離はある意味で当然ともいえる。一方、ADSLも10BASE-Tなどと同様に銅線を使うが、伝送距離は約4kmと長距離である。ただし、ADSLは速度で劣っているため、LAN内でのADSL利用は電話線しか引けないところでのあくまでニッチな需要である。

　ただし、Ethernetで長距離伝送ができないわけではない。光ファイバを用いる100BASE-FXなどの規格もあるからだ。ましてWANで用いられているTDMの交換機やATMなどの機器はEthernetの機器よりはるかに高価であるため、本来ならばこうしたファイバのEthernetが使われてもよいだろう。つまり、EthernetがWANで使われない理由は距離だけではない。むしろ重要なのは通信品質や信頼性、セキュリティといった問題である。

　WANの場合、公衆でのケーブルの敷設権を持つ通信事業者が、顧客となる企業や個人に対して、サービスとしてネットワークを提供する。専用線やATM、フレームリレーなどが、こうしたWANサービスにあたるだろう。しかし、こうしてサービスとして提供するからには、通信事業者は通信品質や

信頼性などを確保しなければならない。しかも、専用線以外のWANサービスは複数の顧客が1つのネットワークを共有することになるため、セキュリティが必須となる。他の企業に大事な通信データを盗聴されたり、なりすまされてサーバや帯域といったリソースを使われたりしたら大きな問題になる。自前で構築するLANと大きく異なるのはこの点だ。WANサービスを展開するにあたって、Ethernetはこれら通信品質、信頼性、セキュリティなどの部分が欠如していたのである。

広域Ethernetの登場

しかし、ブロードバンドへの流れが通信事業者を動かし、低価格で高速なEthernetのWANサービスが登場した。もはや多少のデメリットを無視しても、EthernetをWANで使わざるをえない事情が出てきたのである。以下、Ethernetの話とはちょっと異なるが、WANにEthernetが使われるようになってきた事情を考えてみよう。

インターネット接続やLAN間接続に用いられた専用線はとにかく高価で、月額で数百万円というメニューも珍しくなかった。その一方で、数Mbpsで月額3000円台という個人向けのADSLのインターネット接続サービスが普及

した。その結果、既存の専用線とこうした安価なサービスとの価格差が開きすぎてしまったのだ。企業としても、社内LANだけでなく、インターネットや拠点間でのデータのやりとりはどんどん増えており、より安価で高速なサービスが求められてきたわけだ。

また国内に関しては、NTT東西が保有している光ファイバを他の通信事業者に貸し出すというダークファイバが実現したことも大きい。つまり、自前でケーブルを保有していなくても、通信サービスが提供できるという環境が整ったわけで、これがWANサービス競争に火をつけたのである。

その他、ベンダー独自の技術によりEthernetの伝送距離が飛躍的に伸びたというのも、後押しとなった。確かに1000BASE-LXのような光ファイバでのEthernetでも、伝送距離は最大で5km（シングルモード）である。これだと都市をまるごとカバーすることはできない。そのため、たとえばシスコシステムズやエクストリームネットワークスは独自技術を用いて40km、100kmに延長する製品を用意している。これだけの距離があれば、ATMやSONET/SDHといった他の通信規格と比べて遜色ない通信範囲をカバーできることになる。

こうした状況の中、広域Ethernetのサービスが続々とスタートした。この

WANサービスの内容はきわめて単純で、離れた拠点をEthernetで接続するというものだ（図4-1）。通信事業者側にもEthernetスイッチがあり、顧客はつなぎたいポート数ごとに月額料金を払えばよい。このサービスはレイヤ2までしか提供していないため、拠点間をつなげば遠距離でも同じセグメントに見えるのである。光ファイバのEthernetを使えば長距離伝送という部分をクリアできるため、こうしたサービスはいつ登場してもおかしくなかったわけだ。事業者側も通常のEhernet機器でサービスが提供できるため、コストが安く済む。簡単で、便利で、価格が安いという、とても有用なサービスなのだ。現在はADSLを使ったサービスも登場している。

また、企業向けにも提供されるようになったFTTHのインターネット接続サービスも、100BASE-FXなどで提供される。光ファイバのEthernetを銅線に変換するメディアコンバータを使う点も同じであり、広域Ethernetサービスの一種と考えられるだろう。

EthernetのWAN展開をはばむ障壁

しかし、この広域Ethernetサービスを使っても、冒頭で述べた通信品質、信頼性、セキュリティという問題が解決できるというわけではない。つまり、現在の広域Ethernetサービスは、既存

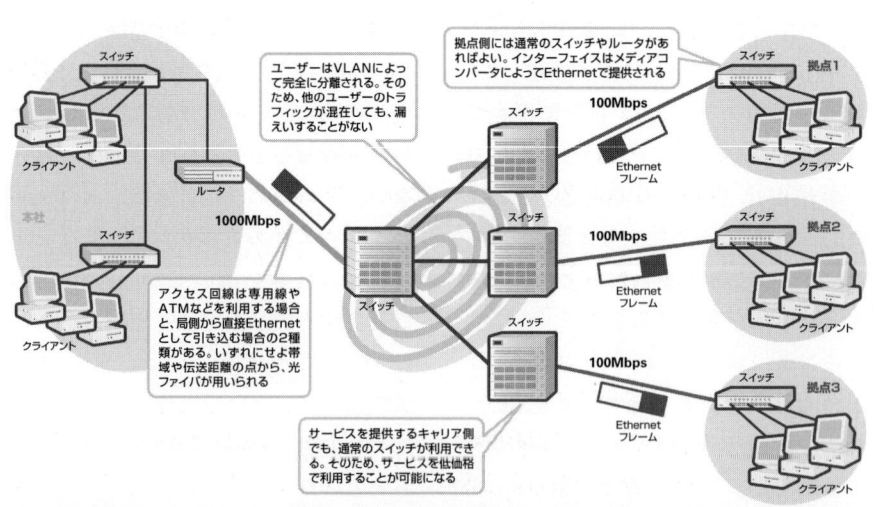

図4-1●広域Ethernetサービスの構成：広域Ethernetサービスはクロスウェイブコミュニケーションズ、NTT東西、KDDI、パワードコムなど大手の通信事業者がサービスを展開している。最近では、アクセス回線にATMなどを用いず、直接Ethernetを収容するサービスもある

のEthernet技術でこれらの問題を解決しようという「見切り発車」的な部分があったのである。

具体的に見てみよう。まず通信品質の点で見ると、Ethernetは完全にベストエフォートである。たとえば、10Mbpsのインターフェイスで提供された場合、業者はユーザーに対して「せいぜい10Mbps出ればよいですね」というしかない。速度や帯域の保証もなければ、どの通信を優先的にするかといったQoS（Quality of Service）の機能もない。現状で、優先制御という意味ではフレームに対して8段階の転送の優先度をつけるIEEE802.1pといった機能くらいしかない。ただし、この場合、LANカードやスイッチのレベルで対応する必要があり、非対応のスイッチではタグも無視されるので、品質がエンドツーエンドで保証されるわけではない。

次に信頼性の問題がある。Ethernetでの通信の信頼性を実現するための機能としては、スパニングツリーが挙げられる。これは複数の経路がある場合、経路を1つに絞り込んでおき、いざどこかで障害が起こった際は、自動的に迂回経路を選択する機能である。しかし、新しい経路が決まるまで通常30秒程度かかる。LANでの運用ならともかく、通信サービスとして考えた場合は30秒では遅すぎるのである。

そしてもっとも頭が痛いのはセキュリティと拡張性の問題である。広域Ethernetでは複数のユーザーで1つのネットワークを共有するため、盗聴されないように顧客ごとに通信を分離する必要がある。そのため、スイッチのポートをグループ化するVLAN（Virtual LAN）によって、顧客の通信を分離している。異なるVLANではブロードキャストも通らないため、通信はいっさいできないことになる。しかし、このVLANグループを構成するためのVLAN IDは最大4096（12ビット）しか作れない。つまり、4096を越える分割が行なえないことになるのだ。

こうした点を踏まえてEthernetをATMと比べた場合、やはりATMのほうが優れていることになる。ATMは、帯域幅や速度の設定も自由にできるうえ、伝送単位であるセルにラベルをつけて転送するため、これを顧客ごとに割り振ればセキュリティも保てる。Ethernetと比べた弱点は、機器が高価であるという点のみになるのだ。

EoMPLSとRPRで弱点をカバー

こうした問題を解決すべく、2つの方法での拡張が現在進められている。

1つ目は、EthernetをMPLSの上で実現する、「EoMPLS（Ethernet over

MPLS)」で通信品質とセキュリティを補う方法である。

MPLS（Multi-Protocol Label Switching）はMACアドレスを学習するのではなく、「ラベル」をフレームに付けることで、高速なスイッチングを可能にする技術だ。パケットをラベルでカプセル化するということを考えれば、一種のVPN技術と考えてよいだろう。パケットを受け取ったルータは、ルーティングテーブルではなく、宛先のIPアドレスとラベルが関連づけられたテーブルをもとにラベルを付け、あとのMPLS対応スイッチはそのラベルを参

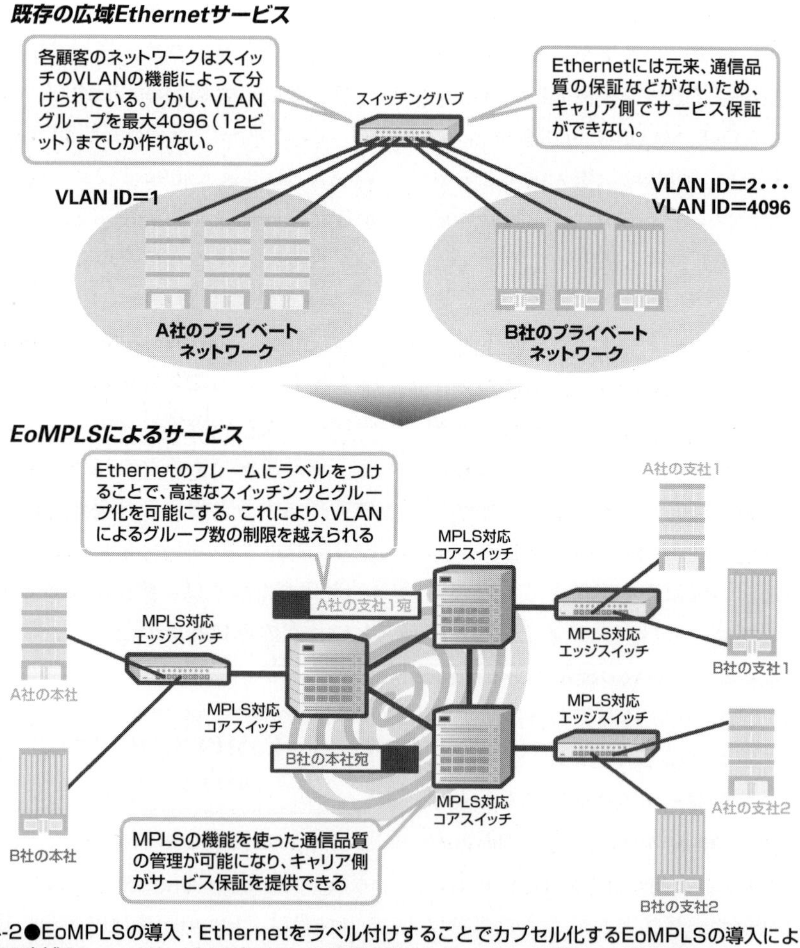
既存の広域Ethernetサービス
各顧客のネットワークはスイッチのVLANの機能によって分けられている。しかし、VLANグループを最大4096（12ビット）までしか作れない。
スイッチングハブ
Ethernetには元来、通信品質の保証などがないため、キャリア側でサービス保証ができない。
VLAN ID=1
VLAN ID=2・・・
VLAN ID=4096
A社のプライベートネットワーク
B社のプライベートネットワーク
EoMPLSによるサービス
Ethernetのフレームにラベルをつけることで、高速なスイッチングとグループ化を可能にする。これにより、VLANによるグループ数の制限を越えられる
A社の支社1
MPLS対応コアスイッチ
A社の支社1宛
MPLS対応エッジスイッチ
B社の支社1
A社の本社
MPLS対応エッジスイッチ
MPLS対応コアスイッチ
MPLS対応エッジスイッチ
B社の本社宛
A社の支社2
MPLS対応コアスイッチ
B社の本社
MPLSの機能を使った通信品質の管理が可能になり、キャリア側がサービス保証を提供できる
B社の支社2

図4-2●EoMPLSの導入：Ethernetをラベル付けすることでカプセル化するEoMPLSの導入により、既存の広域Ethernetサービスで欠けていた通信品質やセキュリティを補うことができる

照して、次のスイッチに転送していく。これはIPアドレスとMACアドレスの関係と同じである。

　MPLSは、もともとルータの高速化を目的にした技術であったが、最近のレイヤ3スイッチの進化により、この目的ではMPLSは重要視されなくなった。代わりに注目されているのが、トラフィックの集中がないように経路を明示的に決定しておき、帯域や通信品質を網全体で管理する「トラフィックエンジニアリング」という機能である。そして、もう1つがVLAN IDの限界を超えるネットワークの分割機能である。ラベルをグループとして論理的にネットワークを分割してしまえば、同一のIPアドレスを使っても通信は混在しないし、盗聴の危険性もない。EthernetフレームをMPLSのラベルでカプセル化することで、前述した通信品質とセキュリティの問題はクリアできるわけだ。これがEoMPLSである（図4-2）。

　このEoMPLSは、レイヤ2のプロトコルをポイントツーポイントで運ぶ仮想回線（VC：Virtual Circuit）を張るための「Martini（マティーニ）」と「Kompella（コンペラ）」という方法が提案されている。実際には、これらの転送・カプセル化技術とMACアドレスの学習機能を持つトンネリング技術が併用されることになる。

　一方、信頼性を向上させる方法としては、RPR（Resilient Packet Rings）が用いられることになる（図4-3）。これはIEEE802.17という委員会で標準化が行われているネットワークの冗長化技術で、要はEthernetをリング構成にすることで耐障害性を高める技術だ。長距離伝送で用いられているSONET/SDHのSONETリングをEthernetに応用したもので、50ミリ秒の瞬断を検知し、通信を迂回させる。また、最短経路を自動的に選択する機能もある。これにより、スパニングツリーよりも高い信頼性を実現し、WANサービスで利用されることになる。

長距離伝送と高速化 10GbEの登場

　さて、こうしたWANでの需要もあって、1Gbps Ethernetの次にあたる10Gbps Eternet（10GbE）が2002年6月にIEEE802.3aeとして策定された。10GbE製品の出荷もこの策定前から開始されている。

　10GbEの仕様は、下位層の伝送方法の違いにより、シリアル伝送の10GBASE-SR/LR/ER、長距離伝送の世界標準規格であるSONET/SDH伝送の10GBASE-SW/LW/EW、光波長多重（DWDM）を用いる10GBASE-LX4などの全7種類に分けられる（表4-1）。

第4章　LANからWANへ

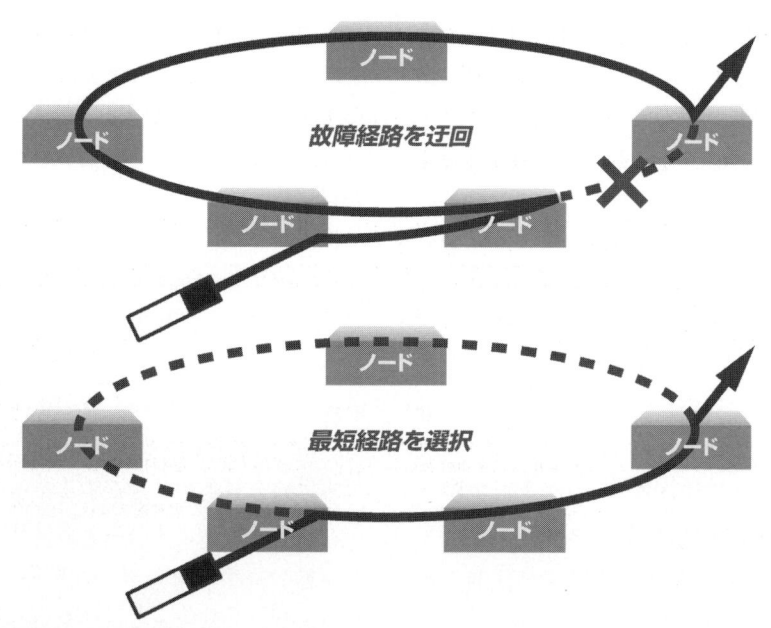

図4-3●RPRによる信頼性の向上：収束が遅いスパニングツリーに対し、RPRでは迂回経路や最短経路を高速に選択する。標準化の前に、対応スイッチはすでに出荷されている

　10GbEはいろいろな点で、過去のEthernetと決別した規格になっている。まず、100Mbps、1Gbps Ethernetと延命し続けてきたCSMA/CDがついになくなる。CSMA/CDはEthernetのコアとも呼べるアクセス制御技術だが、全二重通信とスイッチングハブの登場でコリジョンが事実上ほとんどなくなったため、10Gbps Ethernetからはサポートされなくなった。10Gbps Ethernet対応リピータハブというのは存在せず、すべてスイッチでの全二重通信となる。

　また、普及を支えてきた銅線の規格もなくなり、すべてが光ファイバでの伝送になった。1000BASE-Tでは250Mbpsを4対で送信することで1Gbpsを実現してきたが、周波数や符号化、変調方式などあらゆる改善を行なっても10Gbpsの伝送は不可能と判断されたのである。

　そして、10GbEの用途はずばりWANやMAN（Metropolitan Area Network）の領域である。これは冒頭から説明している広域Ethernetのバックボーンを指していると考えてよいだろう。シングルモード光ファイバを用いる10GBASE-ER/ERなどでは、最大40kmの伝送が可能となっており、SONET/SDHとの共存も可能になっている。

このようにEthernetは、LANからWANの世界に飛び出した。一方で、家電やゲーム機でも、無線を含めたEthernetが幅広く採用されるようになってきた。あらゆるネットワークがEthernetを使うという世界は、すでに目の前にやってきているのである。

表4-1●10GbEの各規格 ：10GbEの規格は伝送方式と伝送媒体により、全部で7種類ある。これでEthernetの共通仕様はMACフレームだけとなった

仕様名	伝送方法	伝送速度	光信号の波長	光ファイバ	最大長	用途
10GBASE-SR	シリアル	10.3125Gbps	短波長 (850nm)	MMF	82m	LAN
10GBASE-LR			長波長 (1310nm)	MMF/SMF	10km (SMF)	LAN/MAN
10GBASE-ER			長波長 (1550nm)	SMF	40km	MAN/WAN
10GBASE-SW	SONET/SDH	9.95328Gbps	短波長 (850nm)	MMF	82m	LAN
10GBASE-LW			長波長 (1310nm)	MMF/SMF	10km (SMF)	LAN/MAN
10GBASE-EW			長波長 (1550nm)	SMF	40km	MAN/WAN
10GBASE-LX4	WWDM	12.5Gbps	長波長 (1310nm)	MMF/SMF	10km (SMF)	WAN

WWDM：光ファイバに異なる波長の信号を多重化して載せるWDM技術の一種 ／ SONET/SDH：光ファイバでデータを伝送するためのフレームフォーマットの1つ
SMF：シングルモード光ファイバ ／ MMF：マルチモード光ファイバ ／ MAN：都市圏ネットワーク／WAN：広域ネットワーク

INDEX

数字

1000BASE-CX/LX/SX	227
1000BASE-T	230
100BASE-FX	8, 215
100BASE-T2/T4	214
100BASE-TX	8, 211, 214
100Mbps Ethernet	210, 213
100VG-Any LAN	211
10BASE2	208
10BASE5	8, 204
10BASE-T	8, 208
10Gbps Ethernet	244

A、B、C

ADSL	52, 238
ALOHANET	7, 202
ARP	13, 85
AS	158, 188
AS番号	189
BGP	68, 133, 158, 160, 187, 191
CIDR	12
CSMA/CD	5, 8, 200, 205, 223, 245

D、E、F

DHCP	76, 80
DIX規格	6, 204
DMZ	60
DR	175
EGP	158, 188
Ethernet	198, 204, 209, 223
FDDI	211
FTTH	52

I

ICANN	4
IEEE	5
IEEE802.3	205
IEEE802.3ab	227
IEEE802.3ad	32
IEEE802.3ae	226
IEEE802.3u	213, 221
IEEE802.3x	223
IEEE802.3y	214
IEEE802.3z	227
IETF	4
IGP	158, 187
IP	12, 48, 201
IPsec	67
IPv4	54
IPv6	48, 54
IPアドレス	12, 75
IPヘッダ	6
IPマスカレード	42, 57, 111

K、L

L2TP	67
LAN	2, 10, 17, 37, 130, 209, 238
LANカード	201
LLC	200
LSA	174, 175, 181
LSDB	171, 179
LSR	176

M

MAC	200, 217
MACアドレス	85, 201, 242
MACアドレステーブル	23
MACフレーム	8
MIB	36, 67
MPLS	242

INDEX

N、O
NAPT ……………………………………57
NAT ……………………42,54,56,108,109
OSI参照モデル ………………2,4,198
OSPF ………48,68,94,98,103,133
158,160,170

P、Q
pps ……………………………………25,148
PPTP …………………………………………67
QoS ………………………………………34,241

R、S、T
RADIUS ……………………………………65
RAS ……………………………………………64
RIP …………………48,68,94,97,133
158,159,162,194
SNMP ……………28,35,67,138,222
TCP ……………………………………………12
TCP/IP …………4,12,40,156,198

U、V、W
UTPケーブル ………3,8,21,213,230
VLAN ……………28,48,83,130,241
VLSM ………………………………………79,95
vMAN …………………………………………153
VoIP ……………………………………………34
VPN ……………………………………………64
VRRP ………………64,115,116,136

あ行
アクセスルータ ………14,63,73,108
アドレス変換 ……………………………109
アプリケーション層 ……………………198
アライドテレシス ………………………141
アロハネット ………………………7,202
イエローケーブル ……………………9,204
インターネット …………………108,120
インターフェイス ………………………157
インテリジェントスイッチ ………………28
エクストリーム …………………………142
エコークロストークキャンセラ ……233
エリア ………………………………99,184
エリア境界ルータ ………………99,179
エンコーディング ………………………199
オートネゴシエーション ………25,221

か行
拡張NAT ……………………………………57
カスケード接続 ……………………………21
仮想LAN ……………………………………28
カットスルー ………………………………24
カプセル化 ………………………………242
ガベージコレクションタイマ ………167
ギガビットEthernet ……………………226
キャリアセンス …………………………207
クラス …………………………12,76,162
グローバルIPアドレス …………75,109
クロストーク ……………………………232
経路交換 …………………………163,193
経路制御 …………………45,124,156
経路の冗長化 …………………………134
ゲートウェイ ……………………………157
ケーブル …………………………………201
広域Ethernet ……………………4,239
コスト …………………………………98,171
コリジョン ………………10,19,41,224
コリジョンドメイン ………………………20

【さ行】
最短パスツリー …………………………171
サブネット …………………………75,76
サブネットマスク …………………………78
サマリLSA ………………………………182
シックワイヤ ……………………………208
修正カットスルー ………………………24
冗長化 ……………………32,115,134,150
衝突検出 …………………………………207
自律システム ……………………158,188
シングルホーム・マルチイグジット …189
シンワイヤ ………………………………208
スイッチ …………………………2,19,222
スイッチングハブ ……2,10,19,25,124
スター型トポロジ …………………9,203

247

スタブエリア …………………180
ステーション …………………205
ストア＆フォワード ……………23
スパニングツリー …………32, 134, 241
スプリットホライズン ……………168
静的ルーティング　13, 94, 100, 133, 157
全二重通信 ………………25, 223

た行

タグVLAN …………………131
タグヘッダ ……………………30
ディスタンスベクタ ………95, 163, 194
データリンク層 ………………200
デフォルトゲートウェイ ………13, 88
動的ルーティング ………14, 94, 100
　　　　　　　　　103, 133, 156, 157
トークンリング ………………210
トポロジ ………………9, 177, 203

な行

ネクストホップ ……………157, 164
ネットワークLSA ……………176
ネットワークアドレス ……………77

は行

バーチャルリンク ……………180
パケット ………………5, 12, 201
パケットフィルタ ……………58, 113
バス型トポロジ ……………9, 203
パスベクタ ……………………193
バックプレッシャー ………………27
バックボーンエリア ……………180
ハブ …………………………9
半二重通信 ……………………25
ピアリング ……………………191
標準MIB ………………………36
フィルタリング ……………47, 108
符号化 ………………199, 217, 230
物理層 …………………………198
プライベートIPアドレス　12, 55, 75, 108
プライベートMIB ………………36

ブリッジ ………………10, 20, 38
フレーム …………………5, 23, 200
フロー制御 ………………26, 223
ブロードキャスト ……………77, 201
ブロードキャストストーム ………39
ブロードキャストドメイン ………20
ブロードバンドルータ …………15, 53
プロトコル ………………38, 50
ポートトランキング ………………32
ポート番号 ……………………59
ポートフォワーディング …………60
ポートベースVLAN ………28, 49, 131
ポートミラーリング ………………32
ホストアドレス …………………77
ボックス型レイヤ3スイッチ …127, 140
ボトルネック …………………148

ま行

マルチホーム …………………189
マルチモード光ファイバ ………223
メトリック …………95, 163, 167

ら行

リピータハブ ……………8, 19, 222
リモートルータ …………………14
リング型トポロジ ……………9, 203
リンクステート ………………170
ルータ ………2, 12, 37, 52, 72, 125, 172
ルーティング　85, 88, 100, 124, 156, 201
ルーティングテーブル ……………90
ルーティングプロトコル ……68, 94, 188
ルーティングループ ……………168
レイヤ2スイッチ ………………19, 31
レイヤ3スイッチ …37, 45, 73, 117, 124
ローカルルータ ………………14, 63

執筆者一覧

第1部 スイッチ&ルータ入門
文●編集部、伊藤玄蕃
※NETWORK MAGAZINE 2002年3月号 特集1「スイッチ&ルータ再入門」より

第2部 ルータ設定の実際
文●編集部、中野功一
※NETWORK MAGAZINE 2003年5月号 特集1「ルータ設定実践ガイド」より

第3部 レイヤ3スイッチ徹底理解
文●編集部、中野功一
※NETWORK MAGAZINE 2004年1月号 特集3「くらべてわかるレイヤ3スイッチ徹底理解」より

第4部 動的ルーティングを極めよう
文●編集部、鈴木暢、許先明
※NETWORK MAGAZINE 2004年2月号〜6月号 連載「動的ルーティングを極めよう」より

第5部 100Mbps&ギガビットEthernetのすべて
文●横山哲也（グローバル ナレッジ ネットワーク）、伊藤玄蕃、編集部
※NETWORK MAGAZINE 2002年8月号 特集2「Ethernetのすべてを知る」より

●ウェブ読者アンケートのお願い
ウェブ読者アンケートにご協力ください。回答者の方に抽選でプレゼントを提供しています。
(http://mkt.uz.ascii.co.jp/)

●落丁・乱丁本は、送料弊社負担にてお取替えいたします。お手数ですが、弊社出版営業部までお送りください。

●お客様の個人情報の取扱等につきましては、弊社ホームページに掲載したプライバシーポリシー
(http://www.ascii.co.jp/privacy.html) をご参照ください。

●本書へのお問い合わせ方法は弊社ホームページ (http://www.ascii.co.jp/books/help/) に詳しいご案内がございます。なお本書の記述を超えるご質問にはお答えできかねますので、ご了承ください。

・お問い合わせメール　http://www.ascii.co.jp/books/help/
・FAX　03-6888-5962
・TEL　0570-003030（受付時間　平日10：00～12：00　13：00～17：00）

すっきりわかった！スイッチ＆ルータ

2005年3月4日　初版発行
2006年11月16日　第1版第5刷発行

著　者　ネットワークマガジン編集部
発行人　福岡 俊弘
発行所　**株式会社アスキー**
　　　　〒102-8584　東京都千代田区九段北1-13-5 日本地所第一ビル
　　　　出版営業部　03-6888-5500（ダイヤルイン）

Copyright © 2005 ASCII Corporation

本書（ソフトウェア／プログラム含む）は、法律に定めのある場合または権利者の承諾のある場合を除き、いかなる方法においても複製・複写することはできません。

編集協力　川崎 晋二
制　　作　株式会社 明昌堂
印　　刷　大日本印刷 株式会社

ネットワークマガジン編集部　担当 田邊 裕貴

ISBN4-7561-4588-4　　　　　　　　　　　　　　　　　Printed in Japan
・1191555